J.-L. VAN AELBROECK

# L'AGRICULTURE PRATIQUE DE LA FLANDRE



Elibron Classics
www.elibron.com

Elibron Classics series.



ISBN 0-543-97464-2 (paperback)
ISBN 0-543-97463-4 (hardcover)

This Elibron Classics Replica Edition is an unabridged facsimile of the edition published in 1830 by Mme Huzard, Paris.

# L'AGRICULTURE
## PRATIQUE
# DE LA FLANDRE.

IMPRIMERIE
DE MADAME HUZARD (NÉE VALLAT LA CHAPELLE),
rue de l'Éperon, n°. 7.

# L'AGRICULTURE

PRATIQUE

# DE LA FLANDRE,

PAR M. J.-L. VAN AELBROECK,

MEMBRE DES ÉTATS-PROVINCIAUX
ET SECRÉTAIRE DE LA COMMISSION ROYALE D'AGRICULTURE
DE LA FLANDRE ORIENTALE,
MEMBRE DU CONSEIL MUNICIPAL DE GAND.

> Omnium rerum ex quibus aliquid acquiritur, nihil agriculturâ est melius, nihil uberius, nihil dulcius, nihil libero homine dignius. (*Cicer.*, DE OF., *lib.* I.)

PARIS,

MADAME HUZARD (NÉE VALLAT LA CHAPELLE), LIBRAIRE,

RUE DE L'ÉPERON, N°. 7.

1830.

# DIVISION DE L'OUVRAGE.

## DIALOGUE PREMIER.

Diverses qualités des terres dans la Flandre. — Leurs défauts, et moyens de les corriger.

## DIALOGUE II.

Bonnes et mauvaises espèces de prés. — Moyens de les améliorer. — Prairies naturelles et artificielles.

## DIALOGUE III.

Les engrais. — Quelles en sont les meilleures espèces. — Pour quelles terres et quels fruits on les emploie. — Nécessité des distilleries. — Influence bienfaisante de l'air atmosphérique sur le sol.

## DIALOGUE IV.

Les principaux instrumens aratoires. — Le Labour. — La manière de bêcher et de nettoyer la terre.

## DIALOGUE V.

Éducation et nourriture des bêtes à cornes. — Manière de les engraisser. — Saisons, méthode et ordre pour les semailles et pour le plantage de toutes sortes de productions. — Leur rapport. — Division des travaux pendant les douze mois de l'année.

## DIALOGUE VI.

Les arbres de haute-futaie autour des terres labourables. — Formation des vergers et leur utilité. — L'*orobanche* dans les trèfles et la *carie* dans le froment. — La grande et la petite culture. — Les petits cultivateurs, les fileuses et les tisserands. — L'exportation du lin.

# PRÉFACE DU TRADUCTEUR.

L'ouvrage publié par M. *van Aelbroeck* en idiome flamand, sous le titre *d'Agriculture pratique de la Flandre*, est considéré dans ce pays comme un traité bien conçu, profond, exact et complet. Des raisons de convenance qu'indique suffisamment une lettre citée à la page xv ne permettent pas au traducteur de s'étendre sur le mérite des dialogues instructifs qu'il présente aujourd'hui aux lecteurs de toutes les nations : son témoignage, qui par lui-même ne doit être d'aucun poids aux yeux des agronomes, serait particulièrement suspect en cette circonstance. On se bornera donc à transcrire les jugemens que les rédacteurs de plusieurs journaux belges très estimés ont portés sur le travail de leur concitoyen. L'extrait se compose d'articles insérés dans le *Journal de Gand*, les *Annales belgiques*, et le *Journal général d'Agriculture des Pays-Bas*, signés par des membres de l'Institut national d'Amsterdam, ou de l'Académie des Sciences, à Bruxelles.

« Rien de ce qui tient à l'agriculture n'est omis dans cet ouvrage : labours, assolemens, engrais, amendement du sol, choix des semences, prairies naturelles et artificielles, éducation des bestiaux, préparation des laitages, tous les détails d'une ferme bien ordonnée sont présentés par l'auteur ; il n'a rien négligé de ce qui peut contribuer à la prospérité d'une exploitation rurale : on reconnaît en lui un propriétaire agronome, qui est familier avec tous les modes de culture, parce qu'il les a étudiés, comparés et appréciés; on voit qu'il parle en connaissance de cause et en praticien éclairé.

» M. *van Aelbroeck* a pensé que la forme du dialogue était la mieux appropriée au but qu'il voulait atteindre. Il met en scène un propriétaire foncier à qui aucun genre de culture n'est étranger, et qui raisonne avec un cultivateur fermier sur tout ce qui a rapport à la culture des terres dans la Flandre.

» Six dialogues forment l'ouvrage : le premier traite de la nature même des terres ou du sol, et expose l'opinion des cultivateurs et des agronomes flamands eux-mêmes sur les différences notables qui s'y rencontrent par rapport à la situation du terrain, ou à la substance du sol; on y discute les diverses opinions sur les défauts de ces terres, et sur les améliorations qu'elles peuvent ou doivent subir.

» Le second est consacré aux prairies : on indique les bonnes et les mauvaises, c'est à dire celles qui sont ou ne sont pas productives ; on discute les moyens d'amélioration de ces dernières ; on parle enfin des prairies artificielles et naturelles.

» Le troisième traite de la nature et de la force substantielle des différens engrais, et indique leur usage et leur application : c'est dans ce dialogue qu'est établie la nécessité des distilleries.

» Le quatrième est consacré à la description des principaux instrumens et outils et de leurs variétés, qui sont le plus en usage parmi les cultivateurs des différens districts de la province; aux différens modes de labourage à la charrue, à la bèche, etc.

» Le cinquième traite d'abord de tout ce qui concerne la culture du bétail; mais la plus grande partie de ce dialogue, un des plus intéressans de l'ouvrage, est pour le cultivateur de la campagne ce que l'*Annuaire du bon Jardinier* devient pour le cultivateur des jardins, un manuel indispensable et que même les plus instruits ne consultent jamais sans fruit;

c'est un recueil complet de notions classiques fondées sur l'expérience et les résultats, et recueillies avec méthode, sur l'époque précise de l'année, sur les procédés et l'ordre successif qu'il est utile de suivre lorsqu'on sème ou qu'on plante des productions agricoles, et sur leurs produits respectifs et présumés pendant chacun des mois de l'année. Aucune production céréale, ou nutritive de toute autre façon, aucun fourrage naturel ou artificiel, aucune plante oléagineuse n'échappe à l'attention ni à la discussion ; le lin et les différens procédés de rouissage, le chanvre, le tabac et le houblon y sont traités avec un soin particulier ; et déjà même la garance, dont la culture est nouvellement introduite en Flandre, y a son chapitre et des encouragemens.

» Enfin, dans le sixième et dernier dialogue, l'auteur traite de l'usage général en Flandre d'entourer les champs d'arbres montans ; il nous donne ses idées sur la meilleure formation et le meilleur mode de planter des vergers, et sur l'utilité qui en résulte ; sur quelques maladies des plantes céréales et fourragères, et sur les plantes parasites qui nuisent à leur croissance. C'est encore dans ce dernier dialogue que l'auteur a consigné des observations très judicieuses, et présentées sous un point de vue neuf, sur ce qu'on appelle les grandes et les petites fermes, et sur la position actuelle des exploiteurs de ces dernières ; il n'est pas difficile de voir qu'avec tous les bons esprits, notre auteur est partisan de la division des terres et des petites fermes : c'est encore ici que sont consignées des notions très intéressantes sur les tisserands et les fileurs de lin, classe si nombreuse et si industrieuse parmi les habitans de la campagne en Flandre ; et à cette occasion, l'auteur, en homme qui a bien vu, bien étudié la chose, et qui en a pesé les avantages et les inconvéniens, dit aussi son mot sur l'exportation des lins. Le fermier interlocuteur, comme de raison, insiste pour l'exportation ; mais si, comme on l'a supposé, l'autre interlocuteur représente M. *van Aelbroeck*, qui lui-même est propriétaire et non manufacturier, les objections qu'il fait et les restrictions dont il démontre la nécessité n'en acquerront que plus de poids, et prouveront avec quelle impartialité, quelle conscience, l'auteur a émis son opinion.

» Telle est l'analyse de l'ouvrage, réduite à ses termes les plus simples. Il en est peu qui soient plus substantiels, quoiqu'ils remplissent plusieurs volumes.

» L'interlocuteur-propriétaire est l'homme instruit et éclairé, imbu de tout ce que les diverses théories offrent de plus ou moins avantageux, de plus ou moins nuisible; mais aucune pratique n'est étrangère à sa longue expérience ni à sa parfaite sagacité; il met successivement toutes ses notions sous les yeux et à la portée de l'intelligence de l'interlocuteur-fermier; mais celui-ci n'est pas un *compère :* c'est dans la bouche de ce fermier que sont mises les objections, le plus souvent aussi fondées sur sa propre expérience et dès lors très difficiles à réfuter; le propriétaire, lorsqu'il croit devoir le faire, le fait avec succès; mais la *causerie* du fermier est si remplie d'intelligence, l'exposé de ses travaux pratiques et de leurs résultats est si nourri de faits, porte un caractère si naïf de véracité, et prouve un esprit et un discernement si vrais, qu'on serait quelquefois fâché que le propriétaire l'interrompît : c'est ce que M. *van Aelbroeck* n'a garde de faire; et le lecteur attentif pense qu'il n'y a pas moins à s'instruire, en tenant note des observations pratiques du fermier, qu'en se pénétrant bien des notions théoriques du maître.

» Un grand écueil à éviter dans des ouvrages de cette nature, c'est l'esprit de système. M. *van Aelbroeck* n'en suit aucun, n'en prêche aucun : l'expérience et ses résultats plus ou moins probables, voilà son système, et voilà aussi pourquoi son ouvrage est éminemment utile. Il sera lu *avec plaisir,* parce que, bien pensé, bien conçu, clairement énoncé, il aura encore l'avantage d'amuser en instruisant; et c'est parce qu'il instruira qu'il sera lu *avec fruit* non seulement par les propriétaires et les fermiers, mais encore par les négocians et les manufacturiers, qui y trouveront des discussions approfondies sur plusieurs productions et ingrédiens qui forment la matière première dans plusieurs branches de commerce et d'industrie.

» Les figures, exécutées d'après les dessins de l'auteur lui-même et de M. Charles *van Aelbroeck*, son fils aîné, sont de la plus grande exactitude et en même temps d'une élégance et d'une pureté de trait bien rares. »

Des lettres du Ministre des finances et du Ministre de l'instruction publique, de l'industrie nationale et des colonies des Pays-Bas, ont félicité M. *van Aelbroeck*, dans les termes les plus flatteurs, du succès de son livre, et ces fonctionnaires lui en ont demandé un certain nombre d'exemplaires pour le compte du Gouvernement. D'autres lettres, soit de plusieurs Conseillers d'État belges, placés à la tête des diverses administrations lors de la publication de ce traité, soit du président de la Société d'Agriculture et de Botanique de Gand, ont exprimé la même approbation.

M. *van Aelbroeck*, dans sa préface, a rendu compte des circonstances curieuses auxquelles ce livre doit son origine. Un mémoire français envoyé au concours que venait d'ouvrir la Société d'Agriculture de Londres, mémoire dont l'auteur avait gardé les matériaux et le moule primitif, est devenu plus tard un ouvrage beaucoup plus étendu, que l'habile agronome a rédigé dans sa langue maternelle, afin de rendre service d'une manière certaine et générale aux cultivateurs des deux anciens départemens de la France (de l'*Escaut* et de la *Lys*), dont il a décrit les travaux et qui conservent le dialecte vulgaire du pays, quoique sous les anciens souverains de la Belgique, dès le XIIe. siècle jusqu'en 1794, la langue française eût toujours été employée dans ces contrées, tant pour les documens officiels, qu'à la cour des princes, et pour les études littéraires ou les relations sociales des classes qui jouissaient de quelque aisance. De nos jours, dans les usages ordinaires de la vie, les Français du département du Nord, partie intégrante du royaume, soit depuis la paix des Pyrénées en 1659, soit depuis les Traités d'Aix-la-Chapelle et de Nimègue en 1668 et 1678, persistent de même à se servir du dialecte flamand, et notamment ceux qui habitent les environs de Dunkerque, de Cassel, de Steenvoorde, de Bailleul, et tout le territoire jusqu'aux bords de la Lys et aux portes de Saint-Omer (1).

Tout à fait distinct de l'idiome nouveau des anciennes provinces-unies hollandaises (langue inconnue aux Belges), ce vieux dialecte flamand est riche en mots et en tournures, invariablement consacrées depuis le XV^e^. siècle sans avoir subi aucune modification, et qui sont inintelligibles pour les Hollandais. Devenus indépendans sous la conduite du plus illustre des Nassau, digne gendre du brave Coligny, par suite de la guerre nationale qu'excita la tyrannie de Philippe II, tandis que la Belgique continua d'appartenir soit à l'Espagne, soit à l'Autriche, les républicains septentrionaux parvinrent à se créer peu à peu une langue littéraire, savamment raisonnée, ornée de plusieurs milliers de mots et d'expressions qu'on fut obligé d'emprunter à tous les peuples du Nord, en s'écartant chaque jour davantage du type originel et primitif. Sous la monarchie de 1814, établie par les Traités de Londres et de Vienne, en faveur de l'héritier collatéral du Grand Guillaume, ce langage régulier n'en forme pas moins avec le flamand populaire, et en vertu d'une ordonnance, la langue *nationale* des Pays-Bas, au moyen de laquelle on s'entend d'une province à l'autre, avec le secours d'un interprète-juré. Deux millions d'habitans savent le hollandais; le dialecte flamand est celui d'une grande partie de la population des anciens départemens de la Lys, de

(1) *Populus sancti venerator Homeri* : c'est ainsi que les habitans de Saint-Omer sont désignés dans la *Philippide*, poëme latin de dix mille alexandrins, par *Guillaume le Breton*, chapelain de Philippe-Auguste vers l'an 1200. Voyez le *Recueil des historiens de France*, édition de *Duchesne*, tome V. Un auteur belge a conclu de ce passage que le chantre d'Achille et d'Hector était né à Saint-Omer et qu'il parlait flamand.

l'Escaut, des Deux-Nèthes, de la Meuse-Inférieure et de la Dyle, territoire qui contient deux millions et demi d'habitans, parmi lesquels on en compte cinq cent mille véritablement incapables de s'exprimer dans cet idiome vulgaire et qui parlent français exclusivement; un million et demi d'autres anciens Belges, du Brabant méridional, du Hainaut, de Liége, de Namur, du Luxembourg n'entendent que le français, dont la connaissance d'ailleurs est généralement répandue parmi les hommes lettrés des autres provinces, même en Hollande (1).

Afin de se faire entendre des agriculteurs hollandais qui se livrent à des études philologiques, M. *van Aelbroeck* a eu soin de modifier sa phraséologie et d'assujettir un peu aux formes hollandaises les tournures du dialecte employé dans cette partie de la Belgique où l'usage de la langue française n'est pas exclusif. On voit qu'il tient moins à conserver le caractère originel de sa langue maternelle, qu'à rendre plus facile à ses nouveaux concitoyens du Nord l'intelligence d'un traité véritablement élémentaire. Il sacrifie à ce besoin jusqu'à l'orthographe primitive de ses véritables compatriotes, pour adopter, dans les mots

---

(1) Au 1er. janvier 1829, la population totale du royaume des Pays-Bas s'élevait à six millions deux cent quatre-vingt-cinq mille ames, dont un tiers pour la partie septentrionale (Hollande) et deux tiers pour la partie méridionale (Belgique) : chacune de ces deux parties est représentée par cinquante-cinq députés à la seconde Chambre des Etats-Généraux.

La partie septentrionale (langue hollandaise) se compose des anciens départemens de l'Empire français, *le Zuiderzée, les Bouches-de-la-Meuse, les Bouches-de-l'Escaut, les Bouches-du-Rhin, les Bouches-de-l'Yssel, l'Ems occidental, la Frise, l'Yssel supérieur.*

La partie méridionale (Belgique) se compose :

1°. Des anciens départemens de l'Empire français, *l'Escaut, la Lys, les Deux-Nèthes, la Dyle* et la *Meuse-Inférieure*, ensemble deux millions et demi, dont la plupart entendent le flamand et le français;

2°. Des anciens départemens français, de *Jemmapes*, de *l'Ourthe*, de *Sambre-et-Meuse*, des *Forêts*, où l'on n'entend ni le flamand ni le hollandais, et où l'on ne parle que français, population d'un million et demi d'ames.

communs aux deux dialectes, la manière suivie aujourd'hui par les Hollandais; mais il n'a jamais porté trop loin ce scrupule, qui aurait pu l'empêcher d'atteindre, dans la Flandre proprement dite, le but principal que l'auteur s'était proposé.

Le traducteur avait conçu depuis long-temps le projet de publier en français un livre si éminemment utile et si remarquable. Elevé en Flandre, où il fut chargé depuis 1802 jusqu'en 1807 de la direction d'une grande bibliothèque publique (celle de l'École centrale de l'Escaut, à Gand), ainsi que du cours de bibliographie et d'histoire littéraire; plus tard, en relation journalière dans leur pays même avec les écrivains les plus distingués de la Hollande, et possédant les deux langues des Pays-Bas, *Sermones utriusque linguæ,* comme dit Horace (1), il crut pouvoir exécuter ce travail sans y rencontrer aucune difficulté sérieuse. Devenu étranger à la Belgique par un long séjour à Paris, qu'ont à peine interrompu depuis 1807 quelques voyages en d'autres pays de l'Europe, il s'était lié, surtout dans les derniers temps, avec feu M. François de Neufchâteau, fondateur des cours de bibliographie aux écoles centrales, ministre de l'intérieur à l'époque du Directoire, et qui, sous le règne de Napoléon, fut titulaire de la sénatorerie de Bruxelles. Peu de temps avant la mort de cet académicien, président de la Société royale d'Agriculture de Paris, la traduction se trouvait achevée. Toujours plein de zèle pour tout ce qui pouvait contribuer aux progrès de la science agronomique, M. François de Neufchâteau présenta ce travail à la Société savante dont il était un des membres les plus éclairés. M. Cavoleau, à qui nous devons l'excellent traité intitulé *OEnologie française* (2), et M. Michaux si honorablement connu par ses travaux sur la botanique, furent nommés commissaires pour l'examen du manuscrit.

---

(1) Ode 8 du livre 3.

(2) *OEnologie française*, ou Statistique de tous les vignobles et de toutes les boissons spiritueuses de la France, suivie de considérations générales sur la culture de la vigne. Paris, chez madame Huzard, in-8°.

Une lettre de ce dernier, adressée au traducteur, contient ce passage : « M. Cavoleau me charge de vous dire que de concert » avec M. Silvestre, il fera tout ce qui dépendra de lui pour » remplir vos vues, attendu qu'il considère ce travail comme » le plus parfait qu'il connaisse sur l'agriculture de cette » partie de l'Europe. » M. le baron Silvestre, secrétaire perpétuel, écrivit au même traducteur : « Monsieur, il a été » rendu à la Société royale et centrale d'Agriculture un compte » très favorable du Traité sur l'Agriculture pratique de la » Flandre, composé par M. votre oncle et traduit par vous » du flamand en français. Cet ouvrage donne une idée très » avantageuse de l'agronome éclairé qui s'est occupé de sa » rédaction. La publication pourra en être fort utile pour nos » agriculteurs, et la Société ne pourra la voir qu'avec beaucoup » d'intérêt. » Enfin, dans un des rapports des travaux de la Société royale, M. Challan, vice-secrétaire, s'exprime en ces termes : « M. le comte François de Neufchâteau, notre » président, qui nous fait partager les regrets si vifs qu'il » éprouve lui-même de ce que l'état de sa santé ne lui permet » pas d'assister à nos séances, s'y rend cependant présent » autant qu'il le peut, par des communications écrites, que » la Société apprécie ; et c'est par là qu'elle a reçu dernièrement » encore un ouvrage ayant pour titre : *L'Agriculture pratique* » *des Flamands ;* il est écrit dans cette langue : M. *van Ael-* » *broeck* en est l'auteur, et M. *Wallez* le traducteur. Ce » travail est le fruit d'une longue expérience acquise dans un » pays où l'agriculture est si florissante : non seulement l'ou- » vrage dit tout ce qui s'y pratique par rapport à elle, mais » il donne un *Calendrier agricole* détaillé pour les douze mois » de l'année, et il traite beaucoup de questions qui intéressent » l'économie domestique et commerciale (1). »

---

(1) *Mémoires d'Agriculture, d'Économie rurale et domestique*, publiés par la Société royale et centrale d'Agriculture, année 1825, page 49. Paris, madame Huzard.

Le traducteur fut invité à donner les évaluations des poids et mesures d'après le système décimal, réduction que M. *van Aelbroeck* n'avait pas faite alors pour le texte de son livre, destiné à l'usage de la Flandre. Deux ou trois membres de la Société royale d'Agriculture de Paris exprimèrent aussi le désir de voir supprimer dans l'édition française la forme du dialogue adoptée par l'auteur belge; mais cet avis, combattu vivement par M. François de Neufchâteau et par beaucoup d'autres écrivains éclairés, hommes de goût et bons juges de ce qui convient à un ouvrage scientifique, ne pouvait être celui du traducteur : le livre y aurait perdu les incontestables et nombreux avantages si bien appréciés par les rédacteurs des articles cités pages VIII et X de cette préface.

Des circonstances dont le récit n'aurait aucun intérêt empêchèrent pendant quelque temps la publication de cet ouvrage en langue française. Aujourd'hui, le traducteur s'en félicite, puisque ce retard lui a fourni l'occasion de rendre son travail moins imparfait; ses études s'étant plus spécialement dirigées vers les sciences naturelles, surtout vers la botanique et l'agriculture, dont il s'est occupé beaucoup sur les bords de la Marne et de la Seine et pendant ses fréquentes excursions dans les départemens.

Le système qu'il a suivi est celui d'une interprétation complète, fidèle et littérale du texte, sans autres modifications que celles dont l'auteur belge, s'il eût publié son livre à Paris, aurait lui-même reconnu la nécessité, en ce qui concerne quelques formes et tournures que n'admettent pas les habitudes souvent un peu capricieuses des lecteurs français. Le traducteur s'est toujours attaché à cette méthode pour le grand nombre d'ouvrages anglais et allemands, politiques, historiques et littéraires qu'il a tâché de rendre en français, et ce n'est que bien rarement qu'il croit devoir se conformer au précepte d'Horace :

*Nec verbum verbo curabis reddere, fidus*
*Interpres* (1).

Au reste, si dans un petit nombre de passages d'une autre nature, il existe quelque différence entre le texte original et la traduction, ces endroits ont été retouchés ainsi par M. *van Aelbroeck* lui-même, qui a bien voulu envoyer à l'éditeur un exemplaire du traité flamand sur l'*Agriculture*, enrichi de notes manuscrites marginales, avec toutes les réductions de poids et mesures, plusieurs éclaircissemens, l'indication d'un petit nombre de lignes à supprimer, et quelques remarques essentielles, résultat d'un plus mûr examen ou d'expériences répétées depuis l'impression du texte original. La traduction française est devenue ainsi en quelque sorte le type d'une seconde édition flamande *revue et corrigée*, sauf les notes du traducteur, tout à fait étrangères à l'auteur du livre. Ces notes, signées T., sont, pour la plupart, étrangères même au sujet principal, puisqu'elles ne contiennent guère que des explications exclusivement utiles au lecteur qui ne connaîtrait en aucune manière le pays dont on parle, sa langue, sa topographie, ses coutumes locales et sa situation politique. Les notes de l'auteur, anciennes et nouvelles, sont signées A.

En traduisant ce traité sur l'agriculture flamande, on s'est flatté de rendre à la fois un service essentiel et aux nombreux habitans des provinces de la Belgique où l'on n'entend pas l'idiome de la Flandre, et à la France, dont plusieurs départemens ont le même sol et le même climat que les anciens départemens de l'Escaut et de la Lys, et enfin aux autres parties du monde civilisé, pour lesquelles, plus que jamais, la langue française est la langue universelle des relations scientifiques et littéraires.

---

(1) *Épître aux Pisons*, v. 133.

## PRÉFACE DE L'AUTEUR.

### *Origine de l'Ouvrage.*

La Flandre, détachée de la France pour faire partie du nouveau royaume des Pays-Bas, commençait à goûter le repos que semblaient devoir consolider les événemens de 1815, quand les voyageurs anglais vinrent en foule visiter nos contrées. En parcourant la province, ils observèrent les travaux des cultivateurs : ils virent le sol le plus ingrat se couvrir de riches moissons; ils s'aperçurent que nos champs, tenus dans un mouvement continuel de production par d'ingénieux travaux, ne sont jamais réduits à l'état de jachère. Un spectacle si intéressant excita l'émulation de ce peuple industrieux, dont le patriotisme recherche constamment les moyens d'accroître la prospérité de la Grande-Bretagne, en s'appliquant toutes les découvertes utiles.

L'attention du *Bureau d'Agriculture* de Londres (*Agricultural Board*) se porta sur notre système agronomique. Le président de ce comité, le savant et honorable sir John Sinclair, baronnet d'Écosse, amateur éclairé de l'agriculture, arriva parmi nous. Ce voyageur fut très bien accueilli : on le reçut membre de la Société d'Agriculture de Gand; on lui donna toutes les facilités; on lui ouvrit les voies pour l'examen de ce qu'il désirait connaître, c'est à dire les détails de la pratique effective et réelle de notre système agricole, afin qu'il en tirât des renseignemens qui pussent devenir utiles à l'amélioration de la culture en Angleterre.

Mais sir John Sinclair fut convaincu bientôt que ces détails sont trop compliqués pour qu'on en forme un ensemble complet au moyen des diverses réponses de nos cultivateurs à des questions nombreuses et variées. Il vit surtout que les gens de la campagne exécutaient leurs opérations sans posséder une théorie précise et sans adopter de règle générale; qu'ils n'étaient guidés, en un mot, que par une longue expérience et par une série d'observations recueillies dans le cours de leurs travaux. Ce fut vraisemblablement par ces motifs que l'agronome anglais ne tarda pas à interrompre ses recherches, et qu'il nous quitta sans avoir complétement atteint son but. Arrivé à Londres, il se contenta d'y publier quelques remarques sur l'agriculture des Flamands. Son ouvrage étant parvenu à la Société d'Agriculture d'Irlande, elle éprouva le désir d'explorer à son tour nos secrets.

A cet effet, M. Radcliff fut envoyé en Flandre en 1816 (1). Celui-ci prit beaucoup plus de peine

(1) Il paraît que l'ouvrage de sir John Sinclair ne se trouve

pour faire connaître, s'il était possible, à la Grande-Bretagne les opérations de nos cultivateurs. Les Gouverneurs de la Flandre orientale et de la Flandre occidentale (1) donnèrent à M. Radcliff des lettres de recommandation auprès de plusieurs propriétaires, afin qu'il pût recueillir tous les renseignemens propres à faciliter le succès de sa mission. Les Belges ne sont ni égoïstes ni jaloux; ils aiment à communiquer ce qu'ils savent, surtout quand ces communications sont utiles au bien général : ils n'hésitèrent donc point à donner d'amples explications sur ce que l'on désirait savoir.

M. Radcliff parcourut la Flandre pendant deux ans; il prit des notes de tout ce qu'il put voir ou entendre, et il publia son ouvrage en anglais (2). L'auteur y reconnaît l'accueil qu'il reçut en ce pays chez des personnages distingués; il nomme avec gratitude les magistrats qui, par considération pour une grande Société d'agronomes dont il était le com-

---

pas dans le commerce de la librairie : nous ne le connaissons que par M. Radcliff : « *The interesting outline of the agri-* » *culture of Flanders, published by the right honourable sir* » *John Sinclair, gave rise to the present work.* » (Préface de son *Rapport* dont le titre exact est indiqué à la note 3). T.

(1) Anciens départemens de l'Escaut et de la Lys; chefs-lieux, Gand et Bruges. T.

(2) *A Report on the agriculture of eastern and western Flanders, drawn up at the desire of the farming Society of Ireland, with an appendix, by the reverend Thomas Radcliff.* London, 1819, in-8°.

missaire, le traitèrent avec obligeance. M. de Coninck, à cette époque gouverneur de la Flandre orientale (1), lui remit une circulaire, adressée à tous les bourgmestres de la province, afin que les agriculteurs de chaque district donnassent au porteur les éclaircissemens nécessaires. Ce gouverneur lui fournit lui-même des notes exactes sur le pays de Waes. M. le baron de Loen, chambellan de S. M., et alors gouverneur de la Flandre occidentale, accorda au voyageur irlandais un libre accès aux archives, pour en extraire tout ce qui a rapport à l'agriculture. M. le baron de Serret, à Bruges, cultivateur très instruit (2), le mit au courant de plusieurs procédés utiles; feu M. le comte Herwin, ancien sénateur, pair de France, grand propriétaire en Belgique, sa patrie, et à qui l'on doit d'importantes améliorations dans les environs de Furnes, ainsi que MM. Wielant, de Clair, et Piquet, lui expliquèrent le système d'agriculture suivi dans la banlieue de Courtray. M. Lippens, membre actuel de la députation des États de la Flandre orien-

---

(1) Décédé après avoir occupé la place de ministre de l'intérieur et celle de ministre des affaires étrangères, dans le royaume des Pays-Bas. Il avait été successivement préfet des départemens de l'Ain (Bourg-en-Bresse), de Jemmapes (Mons), et des Bouches-de-l'Elbe (Hambourg), sous le gouvernement impérial. T.

(2) Maire de Bruges sous le Gouvernement français, et un des membres les plus distingués de la seconde Chambre des Etats-Généraux pendant plusieurs années. T.

tale (1), lui fit les réponses les plus satisfaisantes sur toutes ses questions, et ces divers fonctionnaires publics ou citoyens notables, ainsi que plusieurs autres personnes de distinction, lui donnèrent accès auprès des meilleurs agronomes de nos campagnes. Malgré cela, il fait entendre, dans la conclusion de son livre, que ses recherches ne peuvent offrir un résultat satisfaisant sur l'agriculture de la Flandre, puisqu'il est impossible de recueillir chez les cultivateurs de ce pays, du moins avec quelque ensemble, tous les élémens d'un exposé exact et complet des opérations régulières et effectives de leur industrie, surtout pour quelqu'un qui ne possède pas l'idiome flamand et qui parcourt certaines communes rurales dont les habitans ont peu d'usage de la langue française (2).

Ce point étant reconnu, ceux qui désiraient si vivement approfondir notre système agricole ne

---

(1) Institution qui remplace les *Conseils de préfecture*. T.

(2) L'archiduc Jean d'Autriche, qui parcourait la Belgique à peu près à la même époque, a su faire tourner au profit de l'agriculture allemande le voyage qu'il avait entrepris. Les connaissances solides et positives de ce prince éclairé lui assigneraient un rang distingué parmi les savans de profession. M. Radcliff lui rend justice : « *His royal higness the archduke* » *John of Austria preceded the author by a few months in a* » *tour through Flanders, and was so fully satisfied with what* » *he observed, as not only to note the practice, but to transport* » *the implements in his own country.* » T.

pouvaient être encore satisfaits. En conséquence, le *Bureau d'Agriculture* à Londres imagina un autre moyen : en 1818, il annonça, dans tous les journaux de la Flandre et du Brabant, qu'il ouvrait un concours de trois prix à décerner aux trois mémoires qui, en offrant les renseignemens les plus exacts sur les objets compris dans son programme, expliqueraient les travaux de notre agriculture : les ouvrages des concurrens devaient être envoyés à Londres avant le 20 mai 1820, et le *Bureau* promettait de prononcer son jugement avant le 20 mai 1821 (1).

Invités honorablement par une commission savante établie chez une grande nation à traiter un sujet important, et empressés de répondre à un appel si flatteur, les agriculteurs flamands s'occupèrent de bonne foi de satisfaire, par un travail consciencieux, à l'attente des Anglais.

On assure qu'en conséquence de ce programme, sept mémoires furent transmis à Londres, en temps utile, tous plus ou moins complets relativement aux points de doctrine ou de pratique reçus en Flandre sur les principales branches de l'agriculture. Mais la décision promise pour l'époque du 20 mai 1821,

---

(1) M. Radcliff rappelle ce programme, dans l'ouvrage qu'on vient de citer : « *The importance generally attached to* » *the subject, and particularly the interest which the* Board of » Agriculture *in England has latterly manifested respecting* » *it, in the* very liberal *premiums offered for the best detail* » *of the flemish husbandry.* » T.

et la distribution des prix, l'une et l'autre annoncées à la face de l'Europe, n'eurent jamais lieu; on apprit même qu'il était question à Londres de la dissolution du *Bureau d'Agriculture*, et que sa décision sur les mémoires envoyés ne paraîtrait point. Plusieurs lettres furent envoyées à cette Société : on protesta qu'on espérait bien qu'elle ne se déterminerait point à payer d'un silence injurieux le zéle des Belges qui s'étaient efforcés de répondre dignement à l'appel qui leur avait été adressé; on lui fit observer que ces écrivains, quoiqu'ils n'eussent pas travaillé dans le seul but d'obtenir les récompenses annoncées, mais bien plutôt par un sentiment d'émulation, en voyant honorer ainsi la principale industrie de leur pays, croyaient cependant devoir réclamer l'exécution d'un traité formel, puisqu'ils estimaient avoir donné des notions exactes et détaillées sur les travaux agricoles de leurs compatriotes; qu'enfin ils avaient satisfait pleinement aux demandes proposées, quand même plusieurs des opérations décrites par eux sembleraient impraticables en Angleterre, ou quand elles ne plairaient pas aux cultivateurs anglais. On ne pouvait, disaient-ils, objecter que quelques uns des mémoires envoyés n'indiquaient pas le bénéfice net des cultivateurs, attendu que cela ne saurait être établi que d'une manière fort imparfaite, et qu'il faudrait pour ce seul point un volumineux traité; enfin l'intention de la Société ne pouvait avoir été que d'apprendre les procédés les plus usités dans l'agriculture flamande, et non d'exiger une description générale et complète d'opérations très variables. On ajoutait que si la Société pensait que, dans quelques mémoires, certains procédés fussent mal expliqués, ou, peut-être, oubliés, ce défaut était probablement moins réel qu'apparent, vu le peu de connaissances locales de quelques uns des juges du concours; qu'ainsi les objections disparaîtraient, soit en totalité, soit en partie, dans le cas où l'auteur du mémoire serait appelé à répondre sur ces difficultés. On terminait par déclarer que sans doute on ne pouvait pas contraindre le *Bureau d'Agriculture* à l'accomplissement de ses promesses, mais qu'on avait au moins le droit d'exiger qu'il motivât son refus de prononcer un jugement et qu'il rendît aux auteurs les mémoires envoyés au concours, moyennant l'exhibition d'un double de l'épigraphe ou l'indication de la marque distinctive de chaque mémoire. Quelque raisonnable que fût cette demande, on n'obtint pas seulement de réponse. Certaines personnes, à ce qu'on assure, se sont partagé les écrits parvenus à Londres; le *Bureau* a été supprimé; enfin l'affaire s'est terminée par un profond silence (1).

---

(1) Un écrivain spirituel et très instruit, ancien collègue du *traducteur*, à l'École centrale de l'Escaut, fit beaucoup de démarches infructueuses, pendant son séjour à Londres, pour obtenir quelques renseignemens sur le sort des mémoires envoyés au concours. Il publia, dans le *Journal* français de

Après l'accueil qu'ils avaient fait à sir John Sinclair et à M. Radcliff, comme ce dernier l'a reconnu dans l'ouvrage que l'on vient de citer, les Belges

Gand, le récit de sa négociation. Par les soins d'un tiers, le journal fut envoyé à plusieurs membres du Cabinet anglais, ainsi qu'au ministre de ce Gouvernement auprès du Cabinet de La Haye. Tous ces personnages officiels gardèrent le silence; et les journaux politiques et littéraires de la Grande-Bretagne prirent le même parti. On croit devoir donner ici quelques extraits de cet article remarquable, rédigé par M. Cornelissen, membre de l'Institut des Pays-Bas.

« J'ai eu beau chercher dans les *antécédens* (mot qui a beau-
» coup de poids en Angleterre) de toutes les corporations
» savantes qui ont ouvert des concours, je n'ai pu trouver
» nulle part comment il serait possible, je ne dirai pas de
» justifier ni d'excuser, mais d'expliquer seulement la dédai-
» gneuse indifférence avec laquelle ces mémoires, quel que
» fût leur mérite, ont dû être reçus, lus, examinés, discutés,
» jugés et rejetés. La Société de Londres n'a fait connaître, ni
» par la bouche d'aucun de ses membres, ni par écrit, si les
» mémoires avaient été reçus, soumis à la lecture, à l'examen,
» à la discussion, à un jugement quelconque.

» Je profitai d'une occasion pour aller en Angleterre.
» Une de mes premières visites fut chez sir John Sinclair.
» J'appris qu'il était parti pour l'Écosse.

» Le lendemain, j'allai voir les secrétaires de l'*Horticular*
» *Society*, M. Sabine, et M. Lindley connu par une très belle
» *Monographie des Roses;* l'un et l'autre passaient l'été à
» *Turney-Green*, à cinq milles de Londres : dès qu'ils surent
» que j'appartenais à la ville de Gand et à ses institutions, ils
» se firent un plaisir de m'accueillir. Je parlai de sir John et
» de la Société d'Agriculture ; mais, ni de MM. Sabine et Lind-
» ley, ni de M. le capitaine Kater, ni de nombre d'autres per-

avaient le droit de s'attendre à quelque chose de mieux, quand même les écrits envoyés au concours eussent été peu satisfaisans. Mais on n'insistera pas

---

» sonnes du premier mérite, je n'obtins des renseignemens » positifs sur l'existence actuelle du *Bureau d'Agriculture :* » je compris ou crus comprendre que le Gouvernement avait » cessé de lui fournir des secours ; et pourquoi ? on ne sut ou » ne voulut pas me le dire. Il paraît que l'institution avait » moins tenu qu'elle n'avait promis.

» Je heurtai, si je puis m'exprimer ainsi, contre tous les » débris de la Société : c'était à qui me renverrait au noble » baronnet. J'ai dit qu'il était absent ; j'écrivis une lettre, » longue et motivée. J'avais remarqué que sir John Sinclair, » quoique ayant un nom européen et classique, ne refusait » pas de se faire surabondamment connaître par quelques » titres honoraires qui l'attachaient à de grandes institutions » scientifiques dans sa patrie ; j'eus la faiblesse, je m'en accuse » avec candeur, d'épeler aussi quelques titres de la même » espèce, que de légers services et beaucoup de zèle m'a- » vaient bien ou mal acquis ; et, même, comme mon nom seul, » qui ne dit rien, devait être un pauvre titre de recomman- » dation dans les Iles britanniques, je crois, Dieu me le par- » donne, avoir ajouté mon prénom :

. . . . . . . . *Gaudent cognomine molles*
*Auriculæ*. . . . .

» a dit Horace ; et je m'en souvenais.

» Dans cette épître, je disais que, lors de la dissolution de la » Société, quelques billets attachés aux mémoires avaient pu être » ouverts par distraction, mais que cette irrégularité ne devait » pas arrêter les héritiers des débris de la Société ; qu'il était » de toute équité qu'avant de disposer du moindre mémoire, » la Société fît connaître le jugement qu'elle avait porté ; qu'il davantage sur ce point : il suffit d'abandonner la chose aux réflexions du lecteur impartial, et d'exprimer le vœu qu'à l'avenir nos compatriotes mettent un peu moins de bonhomie dans leurs relations avec certains étrangers.

L'ouvrage que je publie n'aurait jamais paru, si beaucoup d'amateurs de l'agriculture ne m'eussent engagé continuellement à le faire imprimer. J'ai long-temps hésité; mon travail me paraissait peu digne d'attention, comme n'offrant qu'une série de remarques sur les usages et les travaux agricoles de la Flandre, que l'insuffisance de mes moyens ne m'avait pas permis de détailler assez bien en quelques endroits. Je pensais qu'on intéresserait faible-

---

» était encore de toute justice que les mémoires fussent renvoyés aux auteurs qui se feraient légalement connaître ; que ces auteurs seuls pouvaient profiter de leurs recherches et les rendre utiles au public ; qu'engouffrés dans les cartons d'un bureau supprimé, les mémoires étaient ou *devaient loyalement être censés* perdus pour l'Angleterre ; enfin, je crois bien avoir aussi touché un mot de ces procédés que se doivent mutuellement et l'institution étrangère qui fait un appel à des étrangers instruits et l'homme instruit qui, se dérobant à ses autres occupations, s'empresse de répondre à cet appel. *Personne* n'a reçu un mot de réponse : le lecteur décidera de quel côté sont les procédés. »

Il est impossible de s'exprimer avec plus de mesure et de modération sur une conduite que les Anglais, si on se l'était permise envers eux, qualifieraient sans ménagement d'*ungentlemanly behaviour*. T.

ment nos concitoyens par le tableau des opérations qu'ils exécutent chaque jour; peut-être même plusieurs personnes parmi nous désapprouvent la facilité avec laquelle nos expériences et nos usages ont été communiqués à des étrangers. Mais on me fit observer que toutes les nations ayant publié la description de leurs procédés agronomiques, les Belges ne doivent pas se montrer plus mystérieux à cet égard; on remarqua surtout que rarement les écrits de cette nature sont à l'abri de la critique, puisqu'il règne peu d'accord sur certains points entre les plus habiles agronomes et les meilleurs écrivains; qu'en conséquence, la crainte d'avoir commis des erreurs ne devait pas me retenir, et que d'ailleurs il est reconnu qu'en général nous avons toujours été plus habiles dans l'exécution des travaux de notre agriculture que dans leur description et dans la théorie de cet art. Quelques erreurs éventuelles ou apparentes devaient, disait-on, m'intimider d'autant moins, que les divers cultivateurs de la même province et souvent ceux du même canton ou de la même commune ont des opinions différentes ; tous croient suivre la meilleure méthode, et, au milieu de cette divergence, les procédés adoptés par l'un jettent de la lumière sur la méthode préférée par l'autre. Enfin, on prétendit que les habitans de nos campagnes ne pourraient que lire avec plaisir les détails propres à leur faire sentir l'importance et la dignité de la profession qu'ils exercent d'une manière si distinguée. Ce livre, à ce qu'on m'assura, pouvait obtenir également le suffrage de plusieurs grands propriétaires qui veulent s'instruire dans l'agriculture pratique, soit comme objet de curiosité, soit afin d'exploiter eux-mêmes une partie de leurs terres par esprit de spéculation ou pour se créer une occupation agréable, comme cela se voit de plus en plus aux environs des châteaux.

Je me laissai donc persuader, quoiqu'avec une certaine répugnance, de publier en langue flamande une édition considérablement augmentée des dialogues français que j'avais envoyés à Londres en réponse au programme; mais j'eus soin d'exprimer d'après notre système usuel des Pays-Bas les évaluations de mesures, de poids et de prix, calculées primitivement dans le système monétaire et métrique des Anglais. Il me fallut aussi faire subir au texte beaucoup de modifications devenues indispensables. Enfin, aux cinq dialogues du mémoire écrit pour le concours j'en ajoutai un sixième et un assez grand nombre de notes.

Les prix des denrées, indiqués alors, sont les prix communs de 1809 à 1819; je n'y ai rien changé en 1823, date de mon édition flamande, quoique dans l'intervalle il y ait eu de grandes variations à cet égard. Ces variations sont continuelles en raison de l'abondance ou de la disette, ainsi que de l'exportation plus ou moins forte (1).

---

(1) Immédiatement après cette *Préface*, on lit dans le texte

original une épître dédicatoire à sir John Sinclair. Les détails qu'on vient de voir sur la *Société d'Agriculture* de Londres permettent de croire qu'il y a eu de la part de M. *van Aelbroeck* un peu de malice et de causticité à placer en quelque sorte son livre sous le *patronage* du noble président. Quoi qu'il en soit, le *Traducteur* a cru devoir reproduire cette lettre. T.

AU TRÈS HONORABLE

*Sir John Sinclair*,

BARONNET D'ÉCOSSE,

PRÉSIDENT DE LA SOCIÉTÉ D'AGRICULTURE, A LONDRES.

---

*MONSIEUR*,

*Le sujet proposé, en 1818, par la célèbre* Société d'Agriculture *à Londres, Société dont les utiles travaux ont si bien mérité du public, est un témoignage qu'elle a bien voulu rendre à l'habileté des Belges, puisque l'agriculture de la Flandre, désignée de préférence comme un objet de recherches intéressantes, est présentée ainsi comme le modèle qui pourrait être suivi, à quelques égards, dans d'autres contrées.*

*Les membres de la* Société de Londres *n'ont pas acquis moins de titres à la reconnaissance de leurs compatriotes, en ouvrant cet utile concours qui, par ses résultats, doit contribuer aux progrès d'un art si nécessaire, et dont la pratique réclame tant de soins. Vous lui avez consacré, Monsieur, vos études et vos savantes recherches. Sans doute c'est au voyage que vous avez fait en Flandre en 1815, que nous devons l'honorable distinc-*

c

*tion qui nous est accordée par la Société dont vous êtes le Président.*

*L'agriculture de chaque pays a souvent des usages qui lui sont propres, et qui cependant pourraient être introduits avec avantage chez d'autres peuples. S'il y a quelques unes de nos coutumes et de nos pratiques dont l'adoption puisse vous convenir, et si, par ce motif, vous désirez les connaître, nous croyons aussi que dans l'agriculture de la Grande-Bretagne il est des usages dont nous pourrions tirer parti. Ne soyons donc ni jaloux ni avares de nos connaissances acquises, et faisons un échange mutuel des fruits de notre expérience, afin de travailler de commun accord au perfectionnement d'un art qui intéresse le bien-être de l'espèce humaine.*

*Jamais ces efforts ne furent plus nécessaires; car aujourd'hui qu'on a vu la fin de tant de guerres désastreuses, et que la salutaire découverte de la vaccine diminue si considérablement la mortalité, la population s'accroît partout : il importe donc de chercher à augmenter les moyens de subsistance. En quelques pays, on peut y parvenir en rendant les terres incultes à l'industrie agricole; mais en Flandre, où l'on ne trouve plus de landes ni de bruyères, on ne peut fonder des espérances raisonnables que sur l'amélioration des procédés. C'est à force de soins et d'activité, c'est à force de bras et de travail que les habitans de ce pays se procurent d'abondantes récoltes. Cette remarque, Monsieur, n'aura pas échappé à votre attention à l'époque où vous avez parcouru notre pays.*

*La* Société de Londres *nous a donné l'éveil et nous a inspiré le désir d'écrire sur l'état de notre agriculture. Si nous pouvons réussir à vous donner des renseignemens qui vous satisfassent, nous en serons flattés : mes faibles moyens ne me permettent pas sans doute d'atteindre ce but; mais veuillez au moins me tenir compte de mes intentions. Je réclame votre indulgence pour les longueurs que l'on trouvera peut-être dans cet écrit; elles étaient nécessaires pour que le tout fût plus intelligible et l'ensemble plus facile à saisir. J'ai voulu que l'on fût en état de passer immédiatement de la lecture de mon Mémoire à la pratique de l'agriculture. On voudra bien me pardonner de même la forme que j'ai adoptée, je l'ai crue propre à remplir plus tard un autre objet d'utilité, quand je me déciderai à communiquer ce travail à mes concitoyens. En effet, il ne faut pas se borner à leur expliquer les procédés employés dans l'agriculture; il est utile de discuter encore avec beaucoup d'exactitude les opinions des cultivateurs, et de s'étendre sur les motifs qui dirigent leurs travaux, d'examiner enfin plusieurs objets relatifs à cet art, qui méritent une étude plus approfondie. Un ouvrage dans lequel on ne traite que de la charrue, du fumier, des travaux des champs, n'admet ni la concision, ni la richesse et la pompe du style; une rédaction défectueuse peut se tolérer dans les entretiens de deux campagnards qui ne parlent que de la culture des terres. Ceux qui ont demandé à des écrivains belges un mémoire sur cette matière n'ont pas exigé un ouvrage de goût, qui dût plaire à l'esprit; ils n'ont désiré sans doute que des notions exactes sur ce qui se pratique et sur ce qui pourrait se pratiquer utilement dans l'agriculture. J'ai cru que c'était là l'intention de* la Société *qui a ouvert ce concours. Si cette idée m'a induit en erreur, ou si elle m'a entraîné un peu loin; si je me suis trop étendu, ou si j'ai traité fastidieusement certains détails; si enfin j'ai dépassé ainsi les bornes prescrites, je crois pouvoir espérer de l'indulgence de* la Société *qu'elle m'appliquera dans ces circonstances le principe admis :* ce qui abonde n'est pas vice.

*C'est dans cet espoir que je soumets mon travail au jugement du respectable Corps qui a fait un appel aux agronomes de la Flandre, et j'ai l'honneur de recommander le fruit de mes recherches et de mes méditations à votre bienveillance et à votre profond savoir.*

J. L. V. A.

# INTRODUCTION.

L'Agriculture est sans contredit l'art le plus utile et le plus digne d'estime; elle nourrit et soutient l'espèce humaine, elle est la source intarissable de la prospérité des nations; elle affermit la puissance des États, et elle assure ainsi l'indépendance et la liberté des citoyens.

Ceux qui travaillent à répandre les bienfaits de la civilisation dans les contrées les plus lointaines et les moins peuplées commencent par y apporter la connaissance de cet art, comme le don le plus précieux que nous ait accordé la Providence. C'est ainsi que, dès les temps les plus reculés, tant de pays déserts et sauvages ont été transformés en terres fertiles et heureuses, que tant de peuplades composées de malheureux esclaves plongés dans l'ignorance et dans la barbarie sont devenues des nations industrieuses et florissantes.

Les Belges ne doivent leur perfectionnement social et leur ancienne prospérité qu'à leur constante application aux travaux de l'agriculture et à leur infatigable activité dans les manufactures et le commerce. Ils avaient commencé par être pauvres, ignorans et superstitieux; ils étaient bons soldats et ils attachaient le plus grand prix au courage militaire, que les chefs des peuples représentaient comme la première qualité d'un véritable ami de la patrie (1). Mais après des siècles de guerres civiles et étrangères, l'esprit des Gouvernemens prit une autre direction : on crut devoir porter les habitans des campagnes aux travaux de l'agriculture, et exciter les habitans des villes à l'étude du commerce. Quel était cependant ce commerce? C'était celui qui n'a d'autre aliment que l'agriculture; celle-ci était la nourricière du commerce et des manufactures, lesquels lui servaient d'appui à leur tour.

Dans le XIIIe. siècle, la ville de Gand possédait quarante mille tisserands pour les toiles et les draps (2). Ces productions du sol et quelques autres produits des travaux agricoles composaient la charge des vaisseaux belges, qui dès lors naviguaient sur l'Archipel et sur la Méditerranée. Bruges était une des villes anséatiques; les marchands de tous les pays avaient appris à faire le voyage de Flandre. Mais rien n'est stable : les manufactures, le commerce et la navigation des Flamands ont reçu plus d'une fois des atteintes mortelles; et à chacun de ces coups, l'agriculture est tombée en langueur.

---

(1) . . . . . Their Belgic sires of old,
Rough, poor, content, ungovernably bold;
War in each breast, and freedom in each brow.
GOLDSMITH.

(2) Mémoires sur les questions proposées par l'Académie de Bruxelles, en 1777.

Dans ces provinces, il faut que le commerce, l'industrie et l'agriculture se tiennent par la main, pour que l'un et l'autre puissent marcher d'un pas sûr.

De tout temps, les Belges ont été les victimes des guerres intestines plus que tout autre peuple : leur territoire a été souvent occupé par des armées étrangères; ils ont vu dévaster leurs propriétés, et ils ont eu à supporter des contributions énormes (1). Malgré toutes ces calamités, l'agriculture et les fabriques ont fourni toujours à l'active industrie des habitans les moyens de se relever promptement et de réparer des pertes si considérables et si souvent renouvelées. Si l'on doit déplorer le malheur qu'ils ont de se voir dépouiller par le plus fort au moment où ils ont recueilli le fruit de leurs travaux ou de leur économie, on peut, en revanche, les féliciter de ce qu'ils ne tardent jamais à oublier leurs revers et à reparer le mal, à force de courage et de patience; leur zèle redouble en proportion de l'embarras où ils se voient plongés. Il est vrai qu'ils ont besoin alors d'être encouragés par leur Gouvernement; aussi, plus celui-ci protége l'agriculture, et plus on voit d'activité dans toutes les branches d'industrie. Il est essentiel, surtout, de ne pas accabler d'impôts exorbitans les travaux de l'agriculture, ses produits ou le sol. Dès que le cultiva-

---

(1) « Flandre, malheureuse contrée, trop étroite pour con-
» tenir les armées qui te dévorent! »

FLÉCHIER, *Oraison funèbre de Turenne.*

teur exposé à tant de vicissitudes et de pertes éventuelles se voit enlever son modeste bénéfice, et qu'il n'a plus la certitude de se procurer une existence honnête, il cesse de travailler avec plaisir; son zèle et son activité disparaissent avec le profit dont on le prive; les propriétaires voient baisser la valeur de leurs fonds, et redoutent continuellement le moment où ils se trouveront forcés de les cultiver eux-mêmes. Dans un pareil état de choses, les produits de l'agriculture pourraient baisser de moitié; l'ensemble de la société civile se trouverait en souffrance; des milliers de bras seraient bientôt réduits à l'inaction; le commerce et les fabriques marcheraient plus rapidement encore vers leur décadence totale, et l'on n'aurait réussi qu'à accroître le nombre des indigens.

Nous vivons à une époque où l'on est convaincu plus que jamais de la nécessité d'encourager les travaux des champs. On suit l'exemple des autres pays, en créant des Sociétés d'agriculture. Le Gouvernement donne à des fonctionnaires publics la mission d'entourer d'une surveillance protectrice les opérations du cultivateur. Les chefs de l'Administration n'ont qu'à le vouloir, pour augmenter de plus en plus l'éclat de notre agriculture. Qu'ils consultent nos anciennes lois et coutumes, les anciennes dispositions sur l'agriculture, les fabriques et le commerce. Je parle principalement des fabriques et du commerce dont la matière première se trouve en Flandre: tels sont le colza pour le commerce des huiles, le houblon pour les brasseries, le chanvre pour les voiles et les câbles, le lin pour le fil et les toiles, et pour tant d'autres étoffes où l'on peut employer le fil de lin; le fil plus fin dont on se sert pour la fabrication des dentelles, que l'on en favorise d'abord la main-d'œuvre, et ensuite l'exportation; qu'on protége les blanchisseries et la teinture, au moins en ayant égard à la conduite réciproque de nos voisins.

Quand on réussit à donner à l'industrie manufacturière et au commerce l'appui de l'agriculture nationale, on est bien sûr de doubler les bénéfices de chacune de ces branches de revenu.

Si quelques personnes se sont félicitées de voir inviter nos cultivateurs à écrire sur l'agriculture, d'autres ont prétendu que l'on s'y prend trop tard, quand tant de bons auteurs se sont acquittés de cette tâche, comme Patulo, Tull, Rosier, Le Roi, Thaer, et surtout M. Duhamel du Monceau, le premier écrivain de son siècle pour cette matière si intéressante, et quand ces livres sont entre les mains de tout le monde et que chacun y peut puiser ce qui lui convient (1).

---

(1) Pattullo (c'est ainsi qu'il signe l'épître dédicatoire à madame de Pompadour, de son *Essai sur l'amélioration des terres*; in-12, Paris, 1758; cette dédicace fut rédigée par Marmontel): Pattullo était Écossais: fixé à Paris vers 1748, quand tous les esprits commençaient à se porter vers l'économie politique, il crut, dit-il, qu'au moment où la France, plus que jamais, s'occupait de perfectionner son agriculture, un étranger tel que lui devait s'y intéresser par reconnaissance de l'asile qu'il y avait trouvé depuis plus de dix ans, et des bien-

Ceux qui parlent ainsi ne savent pas combien peu l'on trouve de renseignemens sur l'agriculture des Flamands dans tous ces ouvrages : ils méconnais-

---

faits du roi dont il jouissait : à cette époque, et long-temps après on ne cessait de citer Pattullo, soit comme autorité, soit pour le combattre.

Tull, Anglais, né dans le comté d'York, en 1680, mort en 1740, dans un de ses domaines, où il faisait des expériences sur les diverses méthodes agronomiques : il avait observé ces procédés pendant ses voyages dans toutes les contrées de l'Europe, dont il avait étudié le sol, la culture et les productions. Il publia son spécimen in-folio, 1731, et en 1733 son *Essai sur l'économie domestique,* traduit en français par Duhamel du Monceau. (Voyez le *Traité de la culture des terres*, suivant les principes de M. Tull, par Duhamel du Monceau; Paris, 1753, 6 vol. in-12.) L'autorité de Tull est invoquée dans beaucoup d'ouvrages de son temps, et il a trouvé un grand nombre d'adversaires.

Rozier (l'abbé), né à Lyon en 1734, tué pendant le siége de cette ville, en 1793, auteur du *Cours complet d'Agriculture théorique, économique, etc.,* ou *Dictionnaire universel d'Agriculture*, Paris, 1781-1800, 12 vol., in-4°., ouvrage dont l'abrégé a été publié en 6 vol. in-8°., et qui a eu deux nouvelles éditions considérablement augmentées; Paris, Déterville.

Le Roy de Lozembrune, instituteur des archiducs d'Autriche, mort en 1801, n'est que le traducteur de l'ouvrage intitulé : *Observations historiques sur les progrès et la décadence de l'Agriculture chez différens peuples,* Vienne, 1790, 5 vol. in-8°.; l'auteur est M. de Hartig.

Thaer, né en 1752, à Celle, dans le pays de Hanovre, mort en 1828 dans sa terre de Moegelin où se trouve l'École d'économie rurale dont il est le fondateur. Fils d'un docteur en médecine, il fut nommé conseiller d'état lors de la réorganisent d'ailleurs le véritable esprit des cultivateurs de la Flandre.

Nos cultivateurs n'aiment pas à lire des ouvrages

---

sation du Gouvernement prussien, après la paix de Tilsitt, et plus tard il obtint le titre d'inspecteur général des bergeries royales. En 1794, il publia ses Leçons sur l'économie rurale britannique, *Anleitung zur Kentniss der englischen Landwirthschaft*, et plus tard ses *Principes d'Agronomie rationnelle*, traduits en français par le baron de Crud, sous le titre de *Principes raisonnés d'Agriculture*, première édition, 4 vol. in-4°., Genève; deuxième édition, Paris, chez madame Huzard, 1830, 4 vol. in-8°. et atlas. M. Mathieu de Dombasle a publié en 1821 la *Description des nouveaux instrumens d'agriculture les plus utiles*, par Thaer, traduite de l'allemand; Paris, madame Huzard, in-4°.

Duhamel du Monceau, riche propriétaire, inspecteur général de la marine de France, né en 1700, mort en 1782 à Paris, sa ville natale, cultiva ses terres du Gâtinais et laissa un grand nombre d'excellens ouvrages parmi lesquels on se borne à citer les suivans.

*Élémens d'Agriculture*, Paris, 1762, 2 vol. in-12, réimprimés en 1779, avec des additions et des figures.

*Expériences et réflexions sur la culture des terres*, Paris, 1753, in-12.

*Traité des Arbres et Arbustes qui se cultivent en France*; Paris, 1755, 2 vol. in-4°.; nouvelle édition, 1770; dernière édition, Paris, 1802-1814. 2 vol. in-folio.

On croit devoir rappeler ici deux écrivains que M. *van Aelbroeck* n'a pas cités.

Olivier de Serres, seigneur de Pradel, né en 1539, à Villeneuve-de-Berg, département de l'Ardèche (route de Privas à Nîmes), mort en 1619, auteur de l'ouvrage classique réimprimé plus de vingt fois depuis 1600 jusqu'à nos jours sous le titre de *Théâtre d'Agriculture*, et où l'on enseigne tout ce où l'on veut réformer tout ce que nous avons vu pratiquer par nos péres; des ouvrages où l'on traite avec trop de subtilité ou de profondeur certains objets qui, par leur nature et dans l'esprit des habitans de la campagne, devraient être traités en peu de mots et avec beaucoup de simplicité; les raisonnemens recherchés et trop ingénieux, les expériences chimiques, les instrumens et outils nouveaux et

---

qu'une longue pratique et une vaste érudition avaient pu apprendre à cet homme extraordinaire. La première édition, dédiée au roi de France Henri IV, fut publiée in-4°., à Paris, en 1600. « Henri IV, nous dit Scaliger, trois ou quatre mois durant, se faisait apporter ce livre après dîner, après qu'on le lui eut présenté, et il le lisait une demi-heure. » Pattullo prétend que l'agriculture du temps de Henri IV était meilleure que celle du règne de Louis XV, et il tire ses preuves d'Olivier de Serres. La huitième édition parut l'année de la mort de l'auteur. La vingtième édition est celle de Paris 1802, 4 vol. in-8°. La vingt et unième et dernière, la seule qu'on recherche maintenant, est celle de Paris, 1804-1805, 2 vol. gr. in-4°., chez madame Huzard. C'est une bibliothèque complète pour l'habitant de la campagne.

Loudon, qui n'est pas encore traduit en français, mais dont la traduction va paraître, tiendra aussi une place distinguée dans la collection de tous ceux qui s'occupent de travaux agricoles. M. J. C. Loudon, agronome anglais, a publié *an Encyclopœdia of Agriculture*, London, 1825, qui est à sa seconde édition en 1830. On en a publié une traduction allemande à Weimar en 1827, sous le titre d'*Encyclopedie der Landwirthschaft*. La traduction française, ornée comme le texte original de plus de 800 gravures, sera publiée en 48 livraisons de deux feuilles gr. in-8°., formant 4 vol. compactes équivalant à plus de 12 vol. ordinaires. T.

coûteux, sont des choses qu'ils ne peuvent ni concevoir ni aimer.

Un jour je m'entretenais avec un des plus habiles fermiers de la Flandre, je lui dis que plusieurs agronomes de diverses nations nous avaient fait connaître les procédés en usage dans leur pays; que l'on commençait aussi, depuis quelque temps, chez nos compatriotes, à s'appliquer à cette étude si utile; que des amateurs s'occupaient à écrire sur l'agriculture pratique de nos provinces, travail qui fait honneur à leur zèle et à leurs connaissances; que j'avais aussi quelque désir de m'essayer dans ce genre d'ouvrage, et que je comptais trouver en lui un homme très capable de m'aider de ses conseils. Mon interlocuteur me répondit en souriant : « pour » enseigner l'agriculture, il faut avoir été cultiva- » teur. La pratique constante de nos pères, en » usage depuis tant de siècles et continuellement » perfectionnée par une longue expérience, est » bien préférable à toutes ces nouveautés que des » écrivains étrangers, si célèbres qu'ils soient, ont » décorées du nom d'*agriculture moderne*. Je n'ai » lu qu'un seul de ces ouvrages, dont le titre sin- » gulier avait piqué ma curiosité : c'est *la Mine* » *d'or des Cultivateurs* (de Boeren Goudmyn), » imprimé à Amsterdam en 1807. L'auteur avoue » qu'il a puisé une grande partie de ses matériaux » dans les ouvrages de l'habile agronome allemand » Thaer, qui a essayé de réformer la culture de sa » patrie d'après la méthode anglaise. L'auteur de » *la Mine d'or*, comme il est facile de s'en aper-

» cevoir, est un homme instruit, et il a lu beau-
» coup de livres très savans : il s'était cru assez
» fort, en conséquence, pour entreprendre la cul-
» ture et s'y enrichir. Il avait acheté une ferme;
» il la fit exploiter sous ses yeux, d'après ses pro-
» pres connaissances et celles qu'il avait acquises
» dans les livres. Mais, après quelque temps,
» trompé dans son attente, il a eu assez de bonne
» foi pour avouer dans son ouvrage (1) que la pra-
» tique ne lui a pas présenté les bénéfices que la
» théorie lui avait promis. Il ajoute qu'il a la con-
» viction que jamais un laboureur n'élèvera les pro-
» duits réels d'un champ jusqu'au point où les ont
» portés les auteurs avec leurs chiffres.

» Nous autres laboureurs, ajouta le fermier,
» nous n'écrivons pas sur notre art; nous n'avons
» besoin de plumes, d'encre, de papier ni de belles
» dissertations. Nous remplaçons toutes ces choses
» par les instrumens du labourage, l'engrais, des
» champs bien préparés, des productions abon-
» dantes et de bonne qualité. Il n'y a que cela de
» réel et de concluant. Enfin, disait-il, croyez,
» monsieur, qu'on n'apprend pas l'agriculture dans
» les livres, mais bien dans les champs, le manche
» de la charrue à la main, c'est à dire par un tra-
» vail assidu, par l'attention et par l'expérience. »

Je répondis que les cultivateurs flamands passent en général pour être un peu trop entêtés; qu'on les accuse de se refuser à tout essai nouveau, par la

(1) Page 225 et suiv.

seule raison que leur père ne l'a point pratiqué : je lui exposai qu'il est toujours utile de consulter les ouvrages écrits de bonne foi sur l'agriculture; que Rosier et Duhamel ayant écrit pour la France, Thaer pour l'Allemagne, Tull et plusieurs autres pour l'Angleterre, et ces divers pays n'ayant pas tout à fait le même climat, la même nature de sol, ni les mêmes usages, il n'est pas étonnant que les écrits de ces savans contiennent quelquefois des raisonnemens et des calculs qui paraissent peu fondés en Flandre. Je reconnus cependant que nous n'avons pas besoin d'apprendre dans les écrivains des autres nations ce qui peut manquer à notre propre agriculture (1). Je lui dis enfin que mon intention était

(1) Il serait heureux, cependant, que l'on pût inspirer aux cultivateurs de la Flandre le désir d'étudier et de connaître les principes de l'agriculture, afin de leur faire concevoir la théorie de leurs propres opérations ; théorie qui en est la base fondamentale et qui explique pourquoi telle chose doit se faire ainsi, et telle chose autrement. Nos administrateurs en ont le moyen; ils sont chargés de l'inspection de toutes les écoles dans les campagnes : qu'ils en bannissent les livres inutiles en usage parmi les écoliers ; que ces livres soient remplacés par de bons ouvrages élémentaires qui traitent des instrumens aratoires et des premiers principes de l'agriculture ; et, plus tard, à mesure que les élèves font des progrès, qu'on leur mette entre les mains quelques écrits plus substantiels où l'honorable nom d'agriculteur habile et le premier des arts soient relevés. Enfin que l'on distribue chaque année des prix à ceux qui répondront le mieux aux questions proposées. Les enfans des cultivateurs, excités ainsi, dès leur plus tendre jeunesse, à étudier l'agriculture, concevront, tout en apprenant à lire et à

seulement de décrire la pratique des cultivateurs les plus intelligens de notre pays, de tracer le tableau de ce qu'ils font, et non de ce qu'ils devraient faire, en ajoutant toutefois à ce récit quelques faits puisés dans ma propre expérience, et convenables au sujet.

Il me répliqua « Ce plan me paraît très bon.
» Exposez, monsieur, d'une manière très simple
» ce que nous faisons; communiquez au lecteur
» vos propres observations quand elles sont le
» résultat des faits et de l'expérience; soyez concis

---

écrire, que dans leur état on ne doit pas seulement travailler des bras, mais aussi de la tête; et quoiqu'à la vérité les enfans des cultivateurs ne se vouent pas tous à l'agriculture, il leur sera toujours agréable d'en avoir quelque connaissance, quand même ils embrasseraient une autre profession. C'est ainsi que nos compatriotes se verraient continuellement encouragés à suivre la théorie et la pratique de l'agriculture, ce qui serait d'un avantage immense pour la prospérité publique. On aurait tort de dire que tout cela est inutile, puisque le père instruit son fils : que peut-on attendre du fils, quand, dès ses jeunes années, on ne lui a pas inculqué la connaissance de son art et l'amour du travail? Si le père est ignorant, et, dans tous les cas, si le fils n'en sait pas plus que le père et n'en fait pas davantage, quels peuvent être les progrès de l'agriculture? Ne nous faisons pas illusion; avouons avec franchise que tous nos cultivateurs ne connaissent pas également bien leur état; que nos prédécesseurs n'ont pas laissé l'agriculture sans défauts et sans lacunes : croyons fermement que l'on ferait encore beaucoup de découvertes utiles, si les cultivateurs avaient assez de zèle, de connaissances et de moyens pécuniaires pour s'en occuper. A.

» et clair; donnez aux amateurs de l'agriculture
» l'occasion de juger nos travaux et vos raisonne-
» mens : alors ceux qui conserveront des doutes
» pourront tout examiner avec soin et faire leurs
» essais ; ceux qui en savent plus que nous, ou qui
» trouveront mieux dans l'expérience, nous instrui-
» ront par une description exacte de leurs procédés,
» et par une démonstration incontestable du succès
» et du produit de leurs épreuves, plutôt que par
» de beaux discours et par de longues discussions.
» Ils se rendront ainsi utiles à la société, et ils méri-
» teront la reconnaissance de leurs concitoyens. »

Ce sont toutes ces idées du bon fermier, et surtout la promesse qu'il m'a faite de m'aider, qui m'encouragent et m'enhardissent à tenter l'entreprise.

Afin de bien diviser la matière que j'ai à traiter, et de la présenter dans un ordre convenable, je crois devoir partager mon ouvrage en six Dialogues dont les sujets sont indiqués en tête de ce volume.

# OBSERVATIONS PRÉLIMINAIRES.

1°. Il est impossible d'écrire un livre sur les usages et les produits de l'Agriculture flamande, sans donner lieu à beaucoup d'allégations contraires que peuvent mettre en avant plusieurs de nos cultivateurs qui ont des coutumes différentes et qui voient d'autres résultats; car il en est de l'agriculture comme des divers pays, des divers Etats, et même des divers ménages; tous ont des coutumes et des opinions très opposées : les cultivateurs varient également dans la manière d'exécuter leurs travaux, selon que leur sol est d'une nature différente ou qu'il est autrement situé. Par exemple, on est établi à la proximité des rivières ou des villes, ou bien on est très éloigné; on habite des contrées dont les chemins sont bien entretenus ou très mauvais; les terres sont fortes ou légères, sèches ou humides; on a beaucoup de prairies et de pâturages, ou bien on n'en a pas. Toutes ces circonstances augmentent ou diminuent le nombre des chevaux et la quantité de bétail dont on peut avoir besoin, et elles déterminent la préférence à donner à certaines espèces de productions de la terre. C'est ainsi qu'à mesure que l'on se rapproche des extrémités de la Flandre, on voit les cultivateurs s'éloigner davantage des procédés employés vers le centre de cette province.

2°. On n'atteint jamais à la quotité des produits établis dans cet ouvrage, quand on appartient à la classe des cultivateurs qui n'ont pas la faculté de faire les avances nécessaires pour les engrais et pour le nombre d'ouvriers qu'il faut employer afin de donner à la culture toute l'extension dont elle est susceptible. Ceux qui cultivent avec trop de parcimonie sont inévitablement perdus; dans l'agriculture, rien ne doit aller au dessous des besoins : tout ce qu'on épargne en fumier et en travail on le perd au triple par l'infériorité du produit. Il est donc essentiel pour un cultivateur de ne jamais livrer à la charrue que l'étendue de terrain proportionnée à ses facultés pécuniaires, à ses connaissances et à son activité. Quand on a voulu porter un fardeau trop lourd, il faut ou succomber, ou le laisser tomber.

3°. Je prie le lecteur de se souvenir que tous les procédés et tous les calculs de produits sont établis sur l'ancien *arpent* de Gand, qui est de 300 verges de ce pays, ou 44 ares 79 centiares. Les poids et mesures de Gand ont été indiqués partout, afin de mettre l'ouvrage à la portée des lecteurs du pays; mais on a eu soin d'indiquer, en parenthèses, les valeurs correspondantes du nouveau système métrique français.

Qu'on ne s'attende pas, cependant, à voir des calculs qui annoncent la prétention de régler ici le compte des cultivateurs, et de présenter le montant de leur bénéfice net : les estimations de ce genre sont en effet trop hasardées; rien n'est plus sujet à varier; trop souvent on y porte en ligne de compte ce qui est avantageux, et on néglige de parler des pertes; elles sont enfin hérissées de chiffres, dont les élémens se trouvent être ou des profits imaginaires ou des charges qui s'élèvent ou baissent de jour en jour, de ferme en ferme (1).

Enfin, comme en toutes choses, il y a les degrés du bon, du mieux, du meilleur, de l'excellent, j'aurai soin de ne jamais prendre l'extrême dans les calculs que je vais établir; mais je tâcherai de tenir en tout un juste milieu.

Quoique l'on ne se propose ici que de dire quels sont les procédés employés par les laboureurs de la Flandre, et d'ajouter à cet exposé quelques idées de l'auteur, uniquement dans la vue de les soumettre à l'agronome éclairé qui voudrait les examiner et leur donner tout leur développement, on prévoit bien qu'il sera impos-

---

(1) A l'époque où la Belgique faisait encore partie de la France, les inspecteurs du cadastre des contributions foncières ne cessaient de tracer des tableaux pour démontrer quel était le bénéfice net que pouvait faire un agriculteur dans son état; leur but était d'arriver à une base d'impôt proportionnel sur ce bénéfice; mais les résultats de leurs opérations, qui reposaient la plupart sur des suppositions vagues, furent bientôt tellement embrouillés et si différens les uns des autres que les inspecteurs furent obligés d'avouer que tout cela était trop incertain et qu'on ne pouvait rien en conclure. Ils trouvèrent enfin que leur travail n'avait produit qu'un labyrinthe où l'on s'égarait au milieu de perpétuelles illusions. Et, en effet, il ne faut pas toujours envisager l'agriculture de son beau côté; il faut regarder ses produits comme on considère les bénéfices éventuels d'une cargaison confiée à l'Océan : le cultivateur doit redouter sans cesse d'être contrarié par l'air, la gelée, la grêle, par des pluies abondantes et par des vents rudes, de telle sorte qu'il n'y a jamais d'année où quelque fruit de la terre ne manque; le temps qui est favorable à une production est souvent nuisible à une autre; ajoutez-y que l'agriculteur éprouve encore de temps en temps des pertes parmi ses bestiaux; que le prix des denrées qu'il vend varie d'année en année, même de mois en mois, et que les frais d'exploitation sont plus considérables une année que l'autre. Enfin, le cultivateur doit mettre aussi en ligne de compte le capital qu'il emploie dans son état; capital, qui, d'après l'opinion commune, s'élève à sept fois le montant d'une année de fermage. A.

sible d'obtenir l'approbation générale. Je ne demande qu'une seule chose, c'est qu'on me sache gré de mon zèle, et que l'on avoue que les deux interlocuteurs de mes dialogues sont à l'abri de tout reproche, quand ils racontent, en toute vérité, ce qui se fait réellement. Le lecteur aura soin de séparer l'ivraie du bon grain ; l'auteur, de son côté, accueillera volontiers les observations que lui adresseront les amateurs de l'agriculture, et, au besoin, il répondra : c'est le moyen le plus sûr de parvenir à se rendre utile à la société autant qu'on le peut, et c'est le but où doivent tendre nos efforts.

*Tableau des mesures et des poids indiqués dans cet ouvrage, avec leur réduction d'après le calcul décimal.*

| ANCIENNES DÉNOMINATIONS DE GAND. | SYSTÈME DÉCIMAL. | | |
|---|---|---|---|
| | Hectare. | Ares. | Centiares. |
| Une verge | » | » | 14 90 |
| Un arpent de 300 verges | » | 44 | 79 |
| Un bonnier de 3 arpens | 1 | 34 | 37 |
| | Mètres. | Centimètr. | Millimètr. |
| Un pouce de longueur | » | 02 | 70 |
| Un pied | » | 29 | 77 |
| 100 pieds | 29 | 77 | 70 |
| | Hectolitre. | Litres. | Centilitres. |
| Un pot | » | 01 | 15 |
| Un *stoop* ou deux pots | » | 02 | 30 |
| Un sac | 1 | 07 | 30 |
| | Kilogram. | Grammes. | Centigram. |
| Une livre | » | 43 | 30 |
| Un *steen* (ou pierre) 6 livres | 2 | 60 | » |
| Cent livres | 43 | 32 | 50 |
| Le *baquet* de vidanges de latrines est la charge de deux chevaux dans les chemins de terre. | | | |
| La *futaille* de vidanges de latrines ou d'urine de bestiaux n'est pas toujours de la même contenance ; il y a des futailles de 275 à 350 et 400 pots. | 316, 402 et 460 litres. | | |
| La *cuve* de vidanges de latrines ou d'urine de bestiaux, est comptée ordinairement pour | Un hectolitre. | | |
| Les 3 *cuves* de cendres de Hollande éteintes sont comptées ordinairement pour | Un hectolitre. | | |
| Les 40 à 50 *cuves* sont la charge de deux chevaux dans les chemins de terre. | | | |
| Les 2 *croix* de chaux font 36 *sacs* ou.. et elles sont la charge de deux chevaux dans les chemins de terre. | 38 2/3 hectolitres. | | |

# L'AGRICULTURE
## PRATIQUE
# DE LA FLANDRE.

## DIALOGUE PREMIER.

DIVERSES QUALITÉS DES TERRES DANS LA FLANDRE. — LEURS DÉFAUTS ET MOYENS DE LES CORRIGER.

*Le Propriétaire.* — Sans doute, mon cher, vous avez bien conçu le plan d'après lequel je voudrais diriger nos entretiens sur l'ensemble du système d'agriculture suivi en Flandre. Le sol est le premier et le principal objet de cet art, et il sera nécessairement aussi le premier sujet que nous aurons à examiner. Mais, pour traiter cette matière importante avec l'ordre convenable, divisons d'abord en diverses classes les terres que l'on trouve dans notre province.

Il y a des terres légères, des terres fortes ou compactes, argileuses, à cailloux, des terres humides, aigres, froides, chaudes. Comme cependant le sol compris sous ces dénominations se subdivise encore en plusieurs espèces dont nous serons obligés de faire l'analyse, nous désignerons chaque qualité sous un numéro particulier, qui pourra être rappelé dans la suite. Voyons donc quel est, selon vous, le jugement que portent nos cultivateurs sur chacune des espèces de terre que vous allez énumérer.

*Le Fermier.* — Bien volontiers, Monsieur ; mais, puisqu'il y a dans la Flandre des cantons qui ont diverses qualités de sol, et par conséquent une certaine variété de culture et de productions, ne devrions-nous pas diviser, d'après cela, notre examen et notre entretien ?

*Le Propriétaire.*—Je ne le pense pas : cette division prolongerait nos discours à l'infini, et nous exposerait à des erreurs et à des répétitions continuelles. Nous ne ferons pas cependant comme celui qui a trouvé les dunes de la mer près de l'Escaut et de la Lys, et qui, ayant divisé la Flandre en onze cantons, place des terres légères et des terres fortes dans le même cercle (1). Vous savez, aussi bien que moi, qu'en Flandre il faut se borner à reconnaître deux divisions principales, savoir : les terres fortes et les terres légères : toutes les espèces particulières appartiennent plus ou moins à l'une ou à l'autre de ces classifications générales ; c'est pour indiquer avec précision le degré d'affinité avec l'un ou l'autre genre, que j'ai parlé précédemment de la nécessité d'un numéro d'ordre sous lequel nous classerons chaque espèce ; d'autant plus que, dans tous les cantons de la Flandre, les terres sont plus ou moins de diverses qualités, et qu'en la même commune on trouve un sol très fort et un sol très léger. Vous savez aussi qu'il n'y a réellement en Flandre que deux principales manières de cultiver, dont l'une est adoptée pour les terres fortes, et l'autre pour les terres légères ; mais toutes deux plus ou moins variées en raison de la situation du sol et de sa qualité plus ou moins forte ou légère. Nous pouvons donc nous borner à cette remarque générale, tout en

---

(1) Radclift, page 147.

rappelant quelquefois les exceptions et les variations, afin d'éclaircir les objets que nous traitons. Cependant, pour nous former une idée préliminaire de la situation des terres fortes et des terres légères dans les deux Flandres, nous remarquerons que les terres les plus légères et de mauvaise qualité se trouvent, la plupart, au centre de la Flandre orientale et de la Flandre occidentale (1), surtout le long du canal de Gand à Bruges, et en s'étendant de là, dans la direction sud-ouest, vers Ypres, et, au nord-est du côté d'Anvers, par Maldeghem, Eecloo, Caprycke, Oost-Eecloo, Wachtebeke et Moerbeke. Toutes ces terres légères des deux Flandres sont entourées de terres fortes, savoir : à l'ouest, dans la direction de Blanckenberg à Ostende, de là sur Nieuport, Furnes et Poperingue ; au midi, dans la direction de Warneton, Geluwe, Menin, Courtrai, Audenarde et Grammont, et de là, vers l'est, sur Ninove, Alost, Termonde et Anvers, par le Bas-Escaut ; enfin au nord, dans la direction d'Anvers à l'Écluse, elles touchent aux *Polders*, le long de la frontière de Zélande. Puisque ce sol, de qualité inférieure, est en grande partie celui qui avoisine les capitales des deux provinces de Flandre (2), qu'il soit donc l'objet spécial de notre attention ; d'autant plus que les terres de cette espèce exigent du cultivateur le plus de frais, d'intelligence, de soins et d'activité : la nature n'y produit rien qu'avec effort ; elle s'est bornée à créer le sol, en laissant à l'agriculture la tâche difficile de le travailler et de le préparer,

(1) La province de la Flandre orientale a conservé les limites du département de l'Escaut ; la Flandre occidentale se compose de l'ancien département de la Lys. T.

(2) Gand, chef-lieu de l'ancien département de l'Escaut ; Bruges, chef-lieu du département de la Lys. T.

pour le rendre propre à porter les productions auxquelles il est plus particulièrement destiné.

*Le Fermier.* — Je sais, Monsieur, que les terres fortes ou légères sont situées ainsi que vous venez de l'indiquer. Il me semble que, pour les unes et les autres, il existe en Flandre un système de culture qu'on pourrait appeler général. Si quelques agriculteurs s'en écartent, ou s'ils adoptent des usages particuliers, c'est par des raisons spéciales qui n'apportent aucune exception notable à la règle commune suivie par les cultivateurs les plus expérimentés. Je tâcherai donc de poursuivre, comme vous le désirez; mais ne vous attendez pas à des raisonnemens relevés, fondés sur des recherches curieuses ou sur des expériences chimiques. Je sais que des amateurs instruits ont fait beaucoup d'essais pour découvrir la quantité et la proportion précises d'alcali, de sel, d'huile, de sable, d'argile, de terre pierreuse, de terre calcaire, que contient chaque espèce de sol. Ils ont expliqué toutes ces choses dans de belles et savantes dissertations, dont, à mon avis, l'utilité se borne à offrir un objet de méditation ou d'amusement à des particuliers attentifs et studieux qui veulent employer un petit coin de leur jardin, ou un vase de terre, pour répéter ces opérations. Dans la pratique de l'agriculture et en grand, ces calculs n'ont aucun résultat. Nous autres cultivateurs, nous ne voyons pas moyen de tirer parti de ces connaissances; et après avoir lu tant de profondes observations, nous n'en sommes pas plus avancés pour le bien-être de nos champs. Je pense d'ailleurs qu'une opération chimique, sur 2 ou 3 pieds cubes de terre pris dans un champ de 10 ares d'étendue, présentera un résultat bien différent de celui qu'on obtiendra d'un autre essai sur la même quantité de terre choisie à une autre extrémité du même champ. Si l'on voulait analyser d'abord la terre qui forme la couche supérieure, et après cela examiner celle qui se trouve à la profondeur d'un ou de 2 pieds, on verrait une différence bien grande. Il arrive souvent chez nous qu'en creusant à 2 ou 3 pieds on rencontre deux ou trois espèces différentes de terre; et, certes, ce n'est pas la couche supérieure seule qui détermine la fertilité du sol : l'autre partie du terrain n'y reste pas étrangère. La superficie est quelquefois excellente, autant qu'on peut le désirer, sans que pour cela on y obtienne de bonnes récoltes, si à 2 ou 3 pieds plus bas se rencontre un fond de terre glaise ou rocailleuse; et c'est ce qui se voit en plusieurs cantons de la Flandre. Les pluies, en ce cas, ne parviennent pas à s'infiltrer; elles s'arrêtent à la couche inférieure, où l'eau s'aigrit, et, par ses exhalaisons, tient la superficie du sol dans un état continuel de moiteur. Le seigle et surtout le froment, semés sur un champ de cette nature, languissent pendant l'hiver et disparaissent en partie au mois de mai : ce qui continue à croître pousse avec trop de rapidité; les tiges moisissent et tombent; les épis sont presque vides. De tout cela, je conclus que, pour connaître les qualités du sol, il ne faut pas s'arrêter à la superficie, puisque du sable, ou de la terre glaise, ou une croûte dure, à un ou 2 pieds plus bas, suffisent pour altérer la valeur de la première couche. Ne voit-on pas tous les jours, sans le secours de doctes recherches, le laboureur intelligent se mettre en état d'apprécier la qualité de ses terres, au point de savoir, à ne pas s'y tromper, que d'une pièce de terre, à peine de 10 ares, telle extrémité sera plus propre à la culture du froment et que telle autre produira de meilleur seigle?

A une si petite distance, il cultive deux espèces de céréales, au grand étonnement de ceux qui ne sont pas à même de suivre les leçons de l'expérience, le guide le plus infaillible. Permettez-moi donc, Monsieur, de vous répondre d'après cette seule doctrine et avec la simplicité des cultivateurs flamands. Je souhaite que l'exposé de leur opinion et de leur manière de voir suffise pour remplir votre attente. Tout laboureur expérimenté, en Flandre, vous dira bien, au premier coup-d'œil, dans quelle classe il range telle partie du sol et quels fruits y viendront avec le plus de succès ; mais il lui faudra toujours quelques années d'habitude avant qu'il sache, d'une manière parfaitement sûre, quelle méthode et quels procédés présenteront les plus grands avantages (1).

---

(1) L'auteur se plaît à rendre la plus entière justice au savant ouvrage de M. le comte Chaptal, pair de France [*Chimie appliquée à l'Agriculture* (1) ]; mais, tout en reconnaissant qu'on y trouve une foule d'observations exactes et de faits incontestables, en ce qui concerne la nature des diverses espèces de sol, les engrais et les productions des champs; tout en rendant hommage au célèbre chimiste agronome dont les raisonnemens sont aussi instructifs que sa méthode est précise et attachante, on croit pouvoir assurer que la partie scientifique d'un livre si remarquable ne sera jamais d'une grande utilité aux simples habitans de nos campagnes. Les principes et la théorie de l'illustre académicien sont d'une application presque impossible dans une culture étendue; ils demanderaient un trop grand sacrifice d'argent, de temps et de travail, sans offrir de résultat aussi positif que celui dont nous avons de sûrs garans dans l'expérience et la pratique. C'est par l'expérience que l'on a commencé à connaître les qualités des terres médiocres, mauvaises, ou bonnes, ainsi que la culture et l'engrais qui leur conviennent, les productions qui peuvent le mieux y réussir et la part qu'il faut faire aux localités.

Pour en revenir au texte du dialogue, l'auteur demande la per-

(1) 2e. édition, Paris, chez Madame Huzard, 1829, 2 vol. in-8o. La première édition a paru en 1823, postérieurement à la publication du texte original de l'*Agriculture pratique de la Flandre*. A.

En thèse générale, parmi les divers terrains dont nous allons parler, le plus fertile et le meilleur en son genre sera celui qui teindra le plus fortement de la couleur de la terre dont il est composé la main où l'on aura pressé quelques morceaux pris au hasard; car c'est la terre-mère seule qui colore et qui produit. Aussi, quand on réduit en poussière une motte de terre sèche, et qu'en exposant cette poudre à l'effet d'un courant d'air, on la laisse couler d'une main dans l'autre, la

---

mission d'ajouter à ce que dit le fermier une remarque faite dans l'intention de provoquer des essais qui ne seraient peut-être pas sans utilité. On s'est livré à des expériences chimiques sur le sol d'un champ qui a produit une récolte d'avoine ou de seigle : qu'on s'occupe de la même pièce de terre, après un intervalle de trois à quatre ans, quand elle a produit des pommes de terre, et que l'on renouvelle alors les premières expériences; probablement le résultat présentera des différences dont l'examen deviendra une source d'instruction. En effet, une autre manière de préparer le champ; une fumure qui n'est plus la même, ou dont les proportions ont changé; quelques degrés de fertilité de plus, acquis par le sol; la nature de certaines plantes, dont le séjour apporte des modifications aux principes constituans de la terre, ce qui est constaté par le fait qu'après avoir donné telle récolte, le sol se trouve mieux ou moins bien disposé pour telle autre production; tout cela doit influer sur la nouvelle analyse chimique. On verra, dans le cinquième dialogue, jusqu'à quel point les laboureurs flamands, guidés par l'expérience, ont porté le soin de varier la culture, au moyen d'assolemens continuels.

Au reste, il est bien satisfaisant pour les agriculteurs de la Flandre de voir l'enseignement d'un homme tel que M. le comte Chaptal confirmer en grande partie l'utilité des doctrines pratiques dont une longue expérience leur a conseillé l'adoption. Quand les principes et l'habitude fournissent les mêmes conséquences au *savoir* et au *savoir-faire*, on ne peut que s'applaudir d'un pareil accord.

L'auteur de l'*Agriculture pratique de la Flandre* s'est borné à dire ce que font et ce que pensent les fermiers de son pays; mais il émet ici le vœu que, par une bonne traduction de la *Chimie appliquée à l'Agriculture*, les préceptes de M. Chaptal soient mis à la portée des agronomes studieux qui sont étrangers à la France et trop peu versés dans la connaissance de la langue d'un maître si habile. A.

bonne terre, seule, comme étant la plus légère, est emportée par le vent, tandis que le gros sable reste dans la main. C'est donc en raison du plus ou moins de gros sable restant, que la terre est plus ou moins fertile : le sable, mêlé en proportions plus ou moins fortes au sol de toute nature, ne sert qu'à tenir la terre ouverte : si le sable y est en trop grande quantité, le sol est maigre ; s'il y en a peu, la terre est trop compacte.

Remplissez d'eau un grand verre, mettez-y une motte de terre et tournez-la jusqu'à ce que cette terre soit entièrement fondue ; laissez reposer le tout jusqu'à ce qu'une partie de la terre se soit précipitée au fond ; décantez alors l'eau colorée et remplissez de nouveau le verre ; tournez et décantez encore. En répétant plusieurs fois l'opération, vous verrez que la plus grande partie du morceau de terre se sera écoulée avec l'eau répandue, et que les particules de sable seront seules restées au fond du verre. Si ce résidu sablonneux ne forme qu'à peu près la cinquième ou sixième partie de la motte, vous pouvez compter que le sol est d'une bonne qualité.

Cependant, je dois dire ici que ces trois observations générales, qui contiennent des vérités reconnues partout, obtiennent peu d'attention en Flandre. Les habitans regardent tout cela comme des traditions empruntées à leurs premiers ancêtres. Il faut manier la terre avec les doigts, pour faire ces trois expériences ; et c'est peut-être de là qu'est venu le proverbe flamand, qu'il est bon de mettre le doigt dans la terre, pour savoir en quel pays ou sur quel terrain on se trouve. Je répète que ces épreuves, quoique assez raisonnables, méritent peu d'attention, pour les mêmes motifs que j'ai allégués en parlant de l'examen chimique des terres.

Je ferai observer de plus, puisque nous parlons ici

de l'opinion et des opérations adoptées par les agriculteurs de la Flandre, qu'il faudra bien me laisser dire toutes les choses telles qu'elles sont, quelque répandues ou quelque inconnues qu'elles puissent être dans d'autres cantons ou dans d'autres pays : en effet, qui nous apprendra si les Flamands les ont empruntées à l'étranger, ou bien si l'étranger les a prises aux Flamands? Ensuite, pour me borner à rapporter ce que pensent et exécutent, exclusivement à d'autres, les seuls agriculteurs de la Flandre, il faudrait que je susse d'abord ce que font et pensent tous les autres. Vous ne voulez pas, sans doute, exiger de moi l'impossible; et, d'ailleurs, cela ne ferait que rompre sans cesse le fil de notre entretien. Permettez donc, Monsieur, que je parle tout simplement, sans faire attention à l'opinion ou au travail d'autrui. Je ne veux et ne puis dire autre chose que ce que la grande majorité fait en Flandre, et pour autant que je le sais.

Ceci posé, je donne le n°. 1 aux bonnes terres légères, composées de peu de sable, mélangé régulièrement avec un sol noirâtre ou grisâtre, pas trop lourd, ayant un certain liant qui les rend douces et grasses sous les doigts et faciles à pétrir en boule. Cette espèce de terre ne s'éparpille pas trop au vent; elle n'absorbe ni trop vite ni trop lentement l'eau des pluies; c'est à dire que les pluies ne la resserrent pas en croûte épaisse à la surface, et qu'après avoir humé les eaux, elle ne les retient pas dans son sein par une croûte intérieure qui les empêche de s'infiltrer.

Voilà quelle est la meilleure espèce des terres légères; tous les fruits y réussissent, moyennant un travail raisonnable, mais surtout le seigle, les pommes de terre, le lin, les trèfles, les carottes et les navets; on cultive le froment et le colza dans les parties de choix, mais point de féveroles. Le sol de cette qualité, ainsi que celui du numéro suivant, forme en partie le territoire qui environne les villes de Gand et de Bruges; on le trouve davantage dans le pays de Waes (entre Gand et Anvers) et près de Termonde.

La terre légère, que je classe sous le n°. 2, a ordinairement une teinte pâle, grise ou jaunâtre; c'est ce qu'on appelle *sablon* ou terrain sablonneux : cette qualité est bien inférieure à la précédente; et, avec un tiers de plus d'engrais, elle présentera toujours un produit moins satisfaisant pour la qualité, comme pour la quantité. Parmi ces terres, celle à sablon jaune est la meilleure, parce qu'elle contient quelques portions de terre grasse; on l'appelle, pour cela, sablon doux ou gras. Le sol de cette espèce ne présente souvent qu'à 5 ou 6 pouces de profondeur une terre passablement fertile, et la couche inférieure n'est autre chose qu'un mélange de sablon jaune et rougeâtre. Il paraît que la couche supérieure n'a été rendue fertile qu'après un long espace de temps, à force de travail et de dépenses. En labourant plus profondément et en y mettant plus d'engrais, on pourrait fertiliser ce terrain à une plus grande profondeur.

Une troisième espèce de terre légère, que nous indiquons par le n°. 3, s'appelle terre de bruyère, et se compose d'un sable aride, dont les grains se séparent en particules très divisibles, semblables, pour la plupart, à des cailloux en poudre ou à du verre pilé. C'est une qualité de sol très ingrate; et les parties les moins mauvaises, quand on leur donne un double engrais, produisent tout au plus du seigle ou du blé-sarrasin : dans les autres, on fait croître le genêt, et on y plante des taillis de chêne, ou l'on y sème des pins. Ce terrain se trouve principalement entre Gand et Bruges, dans quelques parties du pays de Waes et vers Ypres.

Les terres fortes sont divisées en trois espèces : la terre grasse, que je mets sous le n°. 4 ; la terre glaise, n°. 5, et l'argile, n°. 6 (1).

Ces terres ont aussi leurs divers degrés en bonne et mauvaise qualités. La terre grasse, n°. 4, est un mélange de sable et d'une quantité plus ou moins considérable d'argile, et en raison de cette quantité, la terre est forte ou légère. Cette dernière, c'est à dire la terre grasse légère, est la meilleure pour la culture ; car elle est mélangée dans une bonne proportion ; elle est, à un certain point, douce et moelleuse au tact ; les mottes, étant heurtées un peu fortement, s'ouvrent sans se perdre en poussière et sans rester collées ; elle s'unit facilement aux eaux et les laisse pénétrer d'une manière égale, parce qu'elle a ordinairement une couche égale, à une bonne profondeur, et elle acquiert ainsi à temps une sécheresse convenable ; elle cède bien à la charrue et se divise sous le soc ; elle délie ainsi sa substance, pour donner accès à la racine des plantes et pour leur faci-

---

(1) Les trois mots techniques pour exprimer ces trois diverses nuances n'existent pas dans la langue française avec la signification précise et distincte que présentent à l'esprit du cultivateur flamand les trois mots de son idiome vulgaire *leem-aarde*, *kley* ou *kleyte* et *pot-aarde*. Afin d'être clair, le traducteur se sert ici du mot générique *terre grasse* pour l'espèce dite *leem-aarde*, de *terre glaise* pour *kley* et d'*argile* pour *pot-aarde*, quoique en français *argile* et *terre glaise* soient des mots synonymes qui indiquent une seule espèce de terre *grasse*. La description de chacune des espèces si distinctement dénommées en langue flamande aplanit toute difficulté. T.

liter la circulation des sucs nourriciers. Cette terre est excellente pour toutes les productions et en particulier pour le lin, les pommes de terre, le froment, l'orge, le colza, les féveroles, le tabac et le houblon. Elle se trouve dans quelques parties des pays de Waes et d'Alost, ainsi que dans les environs de Termonde et d'Audenarde. Ces contrées appartiennent à la province de la Flandre orientale. Mais la meilleure terre grasse légère est dans la Flandre occidentale, près de Courtray, Menin et Thielt.

La terre grasse plus forte, qui contient une quantité supérieure d'argile, ne s'unit pas si bien à l'eau : elle est trop gluante et trop compacte; les pluies abondantes ferment la couche supérieure du sol, et bientôt l'influence de l'air et du soleil ne se fait plus sentir à la racine des plantes. Les grandes sécheresses sont cause que le sol se rétrécit au point de se crevasser et de se durcir : alors les racines n'ont plus de jeu pour s'étendre et elles se trouvent privées de l'aliment nécessaire. Enfin, ces terres fortes se cultivent avec plus de peine et à plus grands frais que les terres grasses légères. Le fumier non consommé de chevaux et la chaux, employés l'un et l'autre avec modération, sont ce qui leur convient le mieux. Le sol dont nous parlons ici est celui de certaines parties du pays d'Alost. Il produit les mêmes fruits que la terre grasse légère, mais en quantité et qualité inférieures, et on les obtient toujours avec plus de peine.

Le n°. 5, qu'on appelle terre glaise, est une espèce intermédiaire entre la terre grasse compacte et l'argile pure : cette espèce est encore plus mauvaise que la terre grasse de la plus forte qualité; elle présente tous les inconvéniens de celle-ci et à un plus haut degré; de sorte que, dans les contrées où elle ne se trouve pas en trop grande masse, on refuse de la cultiver : dans ces pays, on l'appelle *terre de forêt*, et elle n'est pas employée à d'autres usages. Mais dans plusieurs contrées de la Flandre occidentale, où la terre glaise forme la majeure partie du sol, au point que les habitans, n'ayant guère d'autre sol, sont forcés de chercher, comme ils peuvent, leur subsistance dans cette terre, on lui donne continuellement des labours très profonds et on renouvelle souvent ce travail pénible, ou, mieux encore, on la creuse et la remue sans cesse à la bêche. Toujours exposé à l'action de l'air atmosphérique et souvent séché par la chaux qu'on y répand, le sol finit par se dissoudre et se diviser : on y enfouit le fumier de cheval mêlé à la chaux; on achève ainsi de le rendre fertile, et il donne de belles et riches moissons de froment.

Pour ce qui concerne les terres classées sous le n°. 6, et composées entièrement d'argile, je n'en dirai rien, si ce n'est qu'on les regarde comme tout à fait indignes de l'attention du cultivateur flamand : on ne les croit pas propres à la culture. Seulement on les voit servir quelquefois à de mauvaises plantations de bois.

Maintenant, Monsieur, j'en viens à la dernière division, que vous avez proposée, des terres chaudes, froides et aigres. Beaucoup de personnes prétendent que nous avons pris de fausses idées d'après ces dénominations. En Flandre, disent-elles, on ne doit pas admettre l'existence d'espèces de terrains à qui, par leur nature seule, ces noms puissent convenir; et il n'y a point de terres froides ou chaudes, dans le sens naturel des mots, si ce n'est en raison du climat : par exemple, ajoutent ces observateurs, les terrains, dans les *polders* de l'ouest et du nord de la Flandre, sont d'une nature plus froide que ceux des *polders* situés dans la partie méridionale de la même province, où il se trouve cependant aussi des terres fortes. Je le crois de même; mais je n'en crois pas moins que ces noms de terres chaudes, froides ou aigres peuvent être relatifs aux qualités des diverses espèces de terrains dans le même pays, qualités modifiées par diverses causes propices ou désavantageuses, comme la situation et tant d'autres circonstances influentes. Par exemple, on peut dire : les terres que nous avons classées sous le n°. 1 s'imbibent facilement des pluies qu'elles reçoivent, et elles en laissent aisément aussi évaporer les eaux ; le soleil n'a point de peine à pénétrer de ses rayons ces terres légères; celles-ci donc sont plus chaudes ou moins froides que les terres fortes indiquées sous les n$^{os}$. 4 et 5, lesquelles, étant plus grasses et plus compactes et recevant une quantité parfaitement égale de pluie, en sont humectées à une profondeur moindre, ne l'évaporent pas autant, et conservent, par conséquent, une substance plus froide et plus humide, qui a besoin d'être échauffée plus long-temps par le soleil, avant qu'elles puissent mettre en fermentation les parties nutritives. C'est par cette raison que les productions de toute espèce sont plus précoces dans les terres légères que dans les terres fortes. Observez aussi 1°. que chaque partie d'un sol quelconque est moins froide et plus fertile par elle-même, si elle est située sur la pente d'une montagne, vers le midi ou l'est, que si elle était du côté de l'ouest ou du nord; 2°. que les terres légères au sommet d'une montagne ne sont jamais aussi fertiles que celles d'en bas, parce qu'étant si élevées, elles sont desséchées trop vite et souvent endommagées par la force du vent, tandis que le sol de la même qualité, dans une situation plus basse, retient mieux l'humidité dont il a besoin, et reçoit fréquemment l'engrais que les pluies enlèvent des terres placées à une plus grande élévation.

L'excessive humidité, la froideur et l'aigreur du sol sont trois mauvaises qualités, qui se trouvent ordinairement réunies et qui ont la même cause. C'est le défaut des terres, qui, étant sur le penchant d'une montagne, souffrent du voisinage des veines de quelque source. Dans ce cas se trouve aussi le sol qui, sous une première couche trop peu épaisse de terre, d'ailleurs très bonne, contient une couche de terre glaise ou d'argile, de marne, de sable bleuâtre, laquelle empêche l'eau de pénétrer ; tel est encore l'inconvénient qu'éprouvent et le sol qui, par sa position dans un enfoncement, ne peut se décharger à temps des eaux qu'il a reçues, et le sol que des bois ou des arbres plantés à l'est ou au midi empêchent de sécher suffisamment ou dans le temps convenable, et enfin le sol qui est inondé, pendant l'hiver, par les rivières ou les ruisseaux : toutes ces terres sont humides, par conséquent froides et plus ou moins aigres, en raison de leur qualité primitive.

Si l'on peut combattre avec succès les causes purement locales de cet excès d'humidité, dans les divers terrains dont nous parlons, on aura ôté bientôt au sol son excès de froideur et d'aigreur ; une bonne culture achèvera de le rendre fertile, surtout si l'on a soin de lui donner, d'après les circonstances, un engrais de chaux et du fumier de cheval ou de mouton.

Mais, comme il n'y a point de règle sans exception, je suis obligé de dire qu'il se rencontre, au milieu de tout cela, des terres auxquelles on ne sait quel nom donner. Les unes semblent appartenir à la substance de la marne grisâtre, mêlée de quelques veines jaunes; d'autres sont des terres légères également entrecoupées de terre jaune et mêlées de pierres grises; la base, à une très petite profondeur, est une espèce de syrtes ou de sable mouvant; l'eau qui coule à travers la couche supérieure a la couleur de la rouille. En général, ces terres ne produisent que des joncs et des plantes semblables : on peut bien les nommer terres aigres, froides et humides; et cependant elles ne sont probablement telles que parce qu'on les abandonne à leur nature ingrate; on y est forcé, attendu que toutes les améliorations qu'on voudrait essayer pour en faire des terres labourables seraient toujours plus coûteuses que productives. On y trace des fossés, et on y fait des taillis d'aunes.

*Le Propriétaire.* — Votre exposé me paraît beaucoup plus intéressant que je ne me l'étais promis. Je suis persuadé que vous êtes un cultivateur très habile. J'ajouterai à vos observations, que je considère comme un sol aigre celui qui est chargé de matières ferrugineuses: telles sont les terres qu'on appelle en Flandre *terre de roche,* et qui ont la couleur de la rouille. Quelques théoristes prétendent que les matières ferrugineuses attirent à elles tous les acides répandus dans l'atmosphère et rendent ainsi le sol stérile. Qu'il en soit ainsi ou de toute autre manière, le fait est démontré par l'expérience, quant à l'infertilité des *terres de roche:* aucune espèce de production végétale n'y réussit, pas même les arbres.

Mais ne pourriez-vous pas me donner quelques renseignemens sur les terres à cailloux et la marne?

*Le Fermier.* — Oui, Monsieur; mais il n'y a pas grand chose à dire sur ces terres, on en trouve bien peu dans la Flandre.

Les terres à cailloux, que nous mettrons ici sous le n°. 7, sont de deux espèces, savoir : légères ou fortes.

Les terres légères, indiquées, dans notre entretien, sous les n°s. 1 et 2, contiennent quelquefois une quantité de petits cailloux, de sable et de terre-mère. Un sol de cette nature, si l'on y verse pour engrais les immondices des rues, ou un mélange de fumier consommé de cheval et de vache, donne du seigle de la plus grande beauté, dont les épis sont ordinairement mieux fournis que ceux du seigle qu'aura produit tout autre terrain. Voici la seule explication que j'en puisse donner. Les petits cailloux, mêlés à une terre-mère d'espèce légère, forcent le menu engrais jeté sur ce sol à s'identifier avec la partie de terre-mère d'une manière plus intime et dans une proportion plus forte que celles où pourrait avoir lieu la fusion d'une égale quantité d'engrais jetée sur d'autres terrains, dans lesquels elle aurait à se diviser entre les parties d'une plus grande masse de terre-mère. Les petits cailloux, en tenant la terre ouverte, y laissent pénétrer la pluie et facilitent l'effet bienfaisant de l'air et du soleil. Ils empêchent la dessiccation et réunissent la terre et l'engrais en des milliers de petites veines, dans lesquelles la racine du blé peut s'étendre et où elle trouve une bonne nourriture.

On obtient sur ce terrain, même sans fumier, non seulement du seigle superbe, mais aussi de l'avoine, quand on arrose deux ou trois fois d'urine de bestiaux, à raison de vingt à vingt-cinq futailles par arpent (1).

---

(1) L'arpent de Gand, dit *gemet*, de 300 verges, vaut 44 ares 79 centiares. — Les futailles d'urine de bestiaux, de vidanges de latrines, ou de tout autre engrais liquide, varient de 275 à 350 et 400 *pots* de Gand (316, 402, et 460 litres). A.

Il faut faire le premier arrosage immédiatement avant de semer, et renouveler deux fois cette opération lorsque les plantes ont commencé à pousser et tandis qu'elles montent. Une espèce de pommes de terre qui ne sont mangées que par le bétail s'y plante aussi. Au reste, c'est un sol peu recherché pour toutes autres productions : le fumier non consommé de cheval et la chaux lui sont nuisibles.

Quant aux terres fortes à cailloux, ce sont des terres glaises ou de l'argile mêlées à des cailloux. Beaucoup de cultivateurs n'en veulent faire aucun autre usage que d'y exécuter des plantations de bois taillis et de haute futaie de chênes et de hètres ; mais quelques uns, qui ont plus de moyens et dont le zèle et l'activité cherchent à tirer de toute chose le meilleur parti possible, ne renoncent pas à utiliser ces sortes de terrains quand l'argile n'est pas trop compacte : ils les labourent sans cesse, bien plus que toutes autres terres, et ils y emploient la chaux ou le fumier de cheval non consommé. On y sème la féverole, après cela du froment et de temps à autre du méteil ; on y plante aussi à la charrue les pommes de terre de la meilleure espèce : celles-ci sont plus petites, mais de meilleur goût que les pommes de terre cultivées sur un sol léger.

La marne, dont vous voulez que je vous parle aussi, ne se trouve que rarement en Flandre ; et quand on la rencontre, c'est ordinairement à 2 ou 3 pieds de profondeur. Cette marne est compacte et grasse ; elle est mêlée de terre calcaire blanche et brune, ou blanche et grise, et elle est très difficile à travailler. Je l'ai vu entre-couper de terreau, de balayures ou de fumier de litière ; et on la mettait ainsi en tas, qu'on remuait et déplaçait de temps en temps à la bêche, pendant l'hiver :

au printemps, on jetait ce mélange sur des terres maigres ou sur des pâturages, et il y était d'un excellent effet comme engrais. Quelques cultivateurs prétendent que la marne mêlée à un sol sablonneux, après avoir fermenté à l'air et s'être consommée, forme une bonne terre. Cela se peut; mais l'utilité de cette opération n'en compense pas les frais et le travail, à moins qu'on ne trouve dans le même champ de la marne et du sable, et qu'on ne mêle ces deux espèces, à la bêche ou à la charrue.

Ceci, toutefois, est une opération assez difficile; car la marne étant grasse et compacte, tandis que le sable est maigre, ce mélange ne se fait pas sans obstacle : il y a plus, la terre calcaire, qui est ordinairement mêlée à la marne, est nuisible à toute terre légère et sèche.

*Le Propriétaire.*—Puisque vous entrez en de si grands détails sur toutes les espèces de sol, et que vous y avez indiqué plusieurs défauts qui tiennent aux localités, ne pourriez-vous pas aussi me communiquer vos idées sur les moyens de remédier à ces défauts?

*Le Fermier.*—En général, il est impossible d'y remédier tout à fait. Mais on peut diminuer le mal; et je vais vous dire comment j'y ai réussi quelquefois.

1°. Quand le sol était rendu froid et humide par des veines d'eau de source venant de quelque hauteur, je creusais un fossé en travers, aussi près que je le pouvais de l'endroit où le mal prenait son origine; selon le besoin et la circonstance, je donnais à ce fossé 3 ou 4 pieds de profondeur : je plaçais à l'intérieur quelques perches de bois d'aune sans trop les presser, avec des cailloux ou des pierres dans les intervalles; après quoi, je comblais de nouveau le fossé; je continuais cette construction jusqu'au premier fossé ouvert et courant, ou bien jusqu'à un nouveau fossé, que j'ouvrais à cet effet, s'il le fallait. La veine de fontaine qui suivait alors ce conduit, et qui était à une assez grande profondeur pour que je pusse faire passer la charrue au dessus de son lit, cessait ainsi de répandre ses eaux par tout mon champ; le terrain perdait donc sa nature humide et froide, et devenait plus propre à toute sorte de culture.

2°. Mais si l'excès d'humidité de mon champ était causé, non par le cours d'une veine de source, mais par la proximité d'un terrain trop élevé, ou par le trop d'élévation d'une partie de mon champ même, de façon que l'eau se répandait dans tout le champ, et qu'une mauvaise couche intérieure de terre l'empêchait de s'infiltrer, alors je traçais des fossés ouverts en longueur, dont les circonstances déterminaient le nombre et la profondeur, et toujours du haut vers le bas. La terre provenant de ces fossés était jetée sur la superficie du sol et retournée avec le reste du champ; je voyais, par cette opération, si le terrain devait être utilisé comme terre labourable, comme pâturage, ou pour la plantation d'un bois.

3°. Mon terrain était-il situé trop bas et à profondeur inégale, au point de ne pouvoir facilement se débarrasser de ses eaux, je divisais les différentes parties basses de la surface en autant de lignes de fossés en longueur, et je donnais à chacun de ces fossés la profondeur convenable. La terre de ces fossés me servait à aplanir et à exhausser le reste du sol, autant que cela pouvait se faire; il devenait ainsi plus sec et perdait son aigreur. A la vérité, ces fossés me privaient d'une partie de la superficie labourable de mon champ; mais l'amélioration de ce qui restait disponible me dédommageait au double de cette perte.

4°. Dans le cas où j'avais une terre légère, comme

nos numéros 2 ou 3, dont la couche supérieure était assez bonne, mais qui avait, à 1 ou 2 pieds plus bas, une croûte d'un brun foncé, couleur de rouille ou ferrugineuse, qu'on appelle *terre de roche*, et au dessus de laquelle rien ne prospère, alors je n'y voyais qu'un seul remède, c'était de retourner le terrain, au moyen de la bèche, jusqu'à la *terre de roche*, de briser celle-ci et de la jeter à la première surface; je finissais par y faire des plantations de bois taillis, soit de chêne, soit de bouleau.

5°. Les bonnes terres, comme n$^{os}$. 1 et 4, quand on y trouve, à 1 ou 2 pieds de profondeur, de l'argile, de la marne ou du sable bleuâtre, au point d'empêcher l'écoulement des pluies, sont toujours plus ou moins humides, froides et aigres; il n'y a rien de mieux alors que d'extraire la mauvaise partie du sol : si, cependant, on la jette à la surface, on gâte la couche supérieure. Il faudrait donc transporter cette terre, prise au dessous de la superficie; mais les frais s'élèveraient plus haut que la valeur du terrain : c'est seulement dans le cas où l'on est à peu de distance des villes, que l'on peut extraire avantageusement l'argile; on la vend bien, en même temps qu'on améliore sa terre. En toute autre circonstance, il faut supporter ce mal avec patience et se contenter de labourer à peu de profondeur et de disposer le terrain pour des fruits qui souffrent moins d'un pareil défaut, savoir : le froment, le trèfle et la féverole.

*Le Propriétaire.*—Le défaut dont vous venez de parler se rencontre fréquemment dans certains cantons. Je vais vous expliquer, à mon tour, comment je m'y suis pris pour obvier à de semblables inconvéniens.

J'avais un champ dont la couche supérieure était

bonne à 1 pied de profondeur; au dessous de celle-ci venait l'argile, ou la terre glaise la plus compacte, qui empêchait les eaux de s'infiltrer et faisait beaucoup de tort à la première couche. Pendant un temps sec, je fis bêcher le terrain jusque sur la mauvaise croûte inférieure; à des distances chacune de 7 à 8 pieds de largeur, je fis percer la mauvaise terre à une telle profondeur que la bêche arrivât toujours sur le lit de sable, et je donnai à ces trouées au moins 1 pied et demi de largeur. La mauvaise terre provenant des intervalles évidés était jetée à la surface et remplacée à l'instant par une égale quantité de bonne terre, prise à la couche supérieure. Par ce procédé, je m'assurai, de distance en distance, à 8 pieds d'intervalle, au travers d'une croûte trop dure et d'une trop mauvaise qualité, une trouée par laquelle allait se décharger et s'écouler l'excès d'humidité que pouvait contenir chaque espace intermédiaire de 8 pieds. La mauvaise terre, extraite du fond et jetée à la surface, était corrigée par un dixième de chaux, que j'y faisais répandre; et après l'avoir laissée sécher pendant quelque temps, je la faisais briser et éparpiller sur toute la surface. En résultat, cette petite quantité de mauvaise terre qui avait été mêlée à la bonne partie du sol, ne se reconnaissait plus au deuxième labour; et tout mon champ, ayant perdu son excessive humidité, finit par me donner de meilleurs fruits.

Pour mieux entendre cette opération, examinez la figure que voici (1). Elle présente la coupe d'une pièce de terre. Les lettres AAAA indiquent la couche supérieure; BB, la mauvaise terre glaise ou argile; CC, le lit de sable. De la lettre A jusqu'à D il y a 8 pieds de largeur:

---

(1) Voyez *Pl.* I.

la bande E F a, par elle-même, 2 pieds de largeur; elle indique l'endroit d'où l'on a extrait la mauvaise terre, jusqu'au lit de sable C, laquelle a été jetée sur la couche supérieure et a été remplacée par une égale quantité de bonne terre, prise de la première couche. Il me semble que ce dessin et cette explication suffisent à ceux qui ont la moindre idée de ce qui s'appelle creuser et bêcher.

*Le Fermier.* — L'explication me satisfait tellement, qu'à la première occasion je répéterai votre expérience. Si la chose réussit comme je l'espère, j'appliquerai la même méthode aux terres légères n^os^. 2 et 3, au dessous desquelles l'on trouve de la *terre de roche,* ainsi que nous l'avons dit : car l'expédient que nous avons indiqué, de retourner le sol à la bêche et de mettre la *terre de roche* à la couche supérieure, me paraît peu satisfaisant, puisque, après tout cela, ces terres ne deviennent encore propres qu'à la plantation de mauvais bois. Il y a plus; je sais par expérience ( peu de personnes le croiront peut-être et j'en ai été moi-même surpris ) que la terre de roche, extraite et amenée à la surface, redevient, après quelque temps, ce qu'elle avait été. Je connais un exemple de ce retour à l'ancien état de choses. Depuis peu, on a creusé le sol d'un bois, où l'on a trouvé de la terre de roche, qu'on a été obligé de briser. Il existe encore des ouvriers qui ont aidé, il y a soixante-cinq ans, à bêcher la terre pour les plantations du même bois : ils déclarent, et d'autres circonstances démontrent la vérité de leurs assertions, qu'à cette époque le même terrain a été creusé à la même profondeur; qu'on a brisé alors la terre de roche à coups de hache; qu'elle a été remontée, écrasée et répandue sur la superficie. Il résulte de tout ceci que la terre de roche, très lourde par elle-même, s'affaisse insensiblement, après avoir été jetée sur une terre sablonneuse légère, et que les pluies et l'action de l'air la pressent, l'enfoncent, et finissent par la pousser jusqu'à la couche où elle avait son gisement naturel; que là, réunie en une nouvelle masse, elle se convertit de nouveau en une croûte épaisse, et que le sol reprend ses anciens défauts, sinon en totalité, au moins en grande partie.

Si l'on pouvait traiter la terre de roche comme vous avez traité l'argile ou la terre glaise, plusieurs parties du sol qui à présent ne servent qu'à des plantations de bois redeviendraient labourables. Ainsi, Monsieur, votre exposé mérite l'attention des cultivateurs. Je crois, cependant, que, dans tous les cas, la partie de terre de roche remontée devrait être transportée loin du champ, afin de ne pas gâter la couche supérieure; car cette terre-là consume et ronge en quelque sorte les fruits et nuit à leur développement.

Nos terres ont encore bien d'autres vices qui tiennent aux localités, et que l'agriculteur habile parvient toujours à pallier plus ou moins : on y réussit par une fréquente répétition de divers procédés, et surtout par l'emploi bien entendu des engrais en quantité suffisante. On a coutume de dire, en Flandre, que sous la charrue d'un bon cultivateur il n'y a pas de mauvaise terre.

Mais, jusqu'à présent, Monsieur, nous n'avons parlé qu'en passant des terres endiguées, qu'on nomme *polders* (1). On dit que ce sont les meilleures. Je les connais

---

(1) Les *polders* sont des terres fort basses, conquises à l'agriculture ou regagnées sur les inondations de l'Océan ou des fleuves; le sol est mis à sec et entouré de digues assez hautes pour que l'on n'ait plus à craindre de le voir submergé, à moins d'accidens extraordi-

peu, comme ayant toujours exercé l'agriculture dans le centre de la Flandre. Vous-même, Monsieur, ne pourriez-vous pas m'en apprendre quelque chose?

*Le Propriétaire.* — Oui, sans doute. Cependant, les terres des *polders* n'entrent guère dans notre sujet, qui est spécialement l'exposé de l'agriculture pratique *à l'intérieur* de la province de Flandre, où l'on a besoin de connaissances beaucoup plus étendues, et où il faut une bien plus grande activité que dans les *polders*. Ce n'est pas, d'ailleurs, aux *polders* qu'il faut chercher la perfection de l'art de cultiver : car la bonne qualité du sol y produit les effets qui ne peuvent s'obtenir qu'à force d'engrais, de travail et d'intelligence, dans l'intérieur de la Flandre, où les fermiers ont besoin d'employer tous les moyens, afin de trouver leur subsistance dans un si mauvais terrain. En un mot, la nécessité y fait naître l'industrie; ce qui n'a pas lieu dans les *polders*, où l'on a laissé, en outre, à son enfance l'art de multiplier et d'élever le bétail. Je ne vous parlerai donc pas beaucoup de ces derniers et je ne le ferai qu'en termes généraux.

Ces cantons consistent plus ou moins en un sol très fort de terre grasse, mêlée au limon de la mer. Dans les sécheresses, ce terrain est dur et très serré; pendant les temps humides, il est excessivement bourbeux, au point que ni les hommes ni les animaux n'y peuvent travailler. Il faut donc, pour cultiver ces sortes de champs, s'attacher, plus que partout ailleurs, à saisir l'instant où ils ne sont ni trop humides ni trop secs.

---

naires. Presque tous les *polders* des deux provinces de Flandre sont situés dans les parties de ce pays qui appartenaient au territoire hollandais avant la réunion de la Belgique à la France, ou vers l'ancienne frontière de la Flandre autrichienne du côté de la Zelande. T.

Il y a deux espèces de *polders*, les anciens et les nouveaux; j'entends par nouveaux ceux qui sont endigués depuis peu : ce sont les meilleurs. On peut les ensemencer pendant vingt-cinq ans et plus sans avoir besoin d'engrais, et on y recueille toutes les meilleures productions, telles que le colza, l'orge, les féveroles, le froment. Ils donnent un tiers de plus en produit que les anciens *polders*. Ceux-ci, ayant été endigués et épuisés depuis nombre d'années, ont besoin de repos et d'engrais. Quand on cultive 30 à 35 hectares de cette dernière espèce, on en laisse, chaque année, un cinquième ou un sixième en jachère. La première année après la jachère, on couvre les champs de fumier, dans la proportion de vingt-cinq à trente voitures de fumier pour 45 ares (1). On y sème du colza ou de l'orge; et, sans renouveler l'engrais, on y met des féveroles ou de l'avoine, la seconde année du lin, et dans celui-ci du trèfle pour la troisième année; la quatrième année du froment; la cinquième, des pommes de terre, et la sixième année, nouvelle jachère. Beaucoup de cultivateurs laissent, pendant l'hiver, sans labour et recouvertes de leur chaume les terres destinées à rester en jachère; et ils les passent à la charrue cinq ou six fois dans l'été, toujours dans un temps sec, afin de détruire la mauvaise herbe et d'alléger le sol; après cela, on les fume et on les ensemence comme je viens de le dire; quelques cultivateurs donnent à leur avoine, au lin et aux pommes de terre une quantité raisonnable d'engrais; d'autres n'en donnent que peu ou point du tout.

---

(1) Dans les *polders*, les voitures de fumier ont un tiers de moins que dans l'intérieur de la Flandre, où l'on compte pour une charge de deux chevaux, environ 2,000 livres de Gand ( à peu près 900 kilogrammes ). A.

*Le Fermier.* — Je voudrais savoir si, au lieu de labourer cinq ou six fois, en été, les champs destinés à rester en jachère, après les avoir laissés tout l'hiver sans les déchaumer, on ne ferait pas mieux de labourer, pour la première fois, en planches très élevées, aussi profondément et aussi promptement qu'il se peut, après avoir enlevé la dernière récolte? De cette manière, ne réussirait-on pas mieux à étouffer la mauvaise herbe, à ouvrir la terre et à la préparer pour l'infiltration des pluies? Les terres, par là, ne seraient-elles pas mieux disposées à geler? Ne deviendraient-elles pas plus légères et plus propres à recevoir les bienfaits de l'influence atmosphérique? Et après avoir labouré ces terres quatre ou cinq fois en été, ne ferait-on pas bien de les passer soigneusement à la herse de fer avant de les ensemencer, afin de mieux diviser le sol et de faire venir plus aisément à la surface toutes les mauvaises herbes et de les enlever? Enfin ne serait-il pas plus convenable de ne jeter, la première année, que treize à quinze voitures de fumier, à raison de 45 ares en jachère; ce qui me paraît bien suffisant pour les premières productions à recueillir, puisque celles-ci profitent les premières des avantages de la jachère et en profitent plus que les fruits suivans? Après cette première récolte, le restant de l'engrais pourrait être donné à la seconde et à la troisième production, lesquelles en retireraient un plus grand avantage que d'un engrais qui aurait été enterré à la charrue, l'année précédente. En effet, il est évident que tout fumier nouvellement introduit dans la terre a plus de chaleur et de fermentation que celui qu'on y a retourné à la charrue depuis un an; car les pluies entraînent une partie de l'engrais; et le soleil, ainsi que l'air, en font évaporer une autre partie.

*Le Propriétaire.*—Ces remarques méritent beaucoup d'attention. Je les ai faites plus d'une fois à des cultivateurs dans les *polders :* les uns rejetaient mes raisonnemens, d'autres avouaient que le nouveau procédé pourrait être utile ; mais ils n'osaient l'essayer, attendu que les préjugés en faveur des anciens usages sont plus forts dans les *polders* que partout ailleurs, au point qu'un cultivateur qui s'en écarte le moins du monde se voit en butte à toutes sortes de railleries. Il en était de même autrefois dans l'intérieur de la Flandre ; mais ici les cultivateurs sont revenus, jusqu'à un certain point, de cette erreur : l'expérience leur a démontré qu'il est utile de renoncer à certains usages, par exemple, à celui des jachères. Peut-être qu'un jour on en viendra là dans les *polders ;* il ne paraît pas, cependant, que jusqu'ici on y puisse supprimer les jachères : en partie, parce qu'on y manque d'engrais suffisans ; en partie, parce qu'on y a trop peu de bras pour donner, chaque année, à des terres si fortes une culture complète. Il faut espérer que l'expérience indiquera bientôt à l'attention des cultivateurs de ces contrées le moyen d'y parvenir. On observe, en effet, que déjà plusieurs d'entre eux laissent bien moins de terrain en jachère qu'autrefois. Pour réussir complétement, il paraît qu'on n'aurait qu'à s'assurer d'une quantité suffisante de ces sortes d'engrais propres à rendre plus léger le sol trop fort et trop compacte dont se composent les *polders*. Il faudrait de plus labourer ces terres, autant qu'il serait possible, avant et après l'hiver, et tâcher d'imaginer un moyen de se débarrasser des mauvaises herbes dont les *polders* sont infestés. J'avoue que l'extirpation de l'ivraie y est très difficile, parce qu'on n'y a pas assez d'ouvriers et que les journées y sont fort chères. C'est peut-être par cette cause que l'on se contente, dans les *polders*, de donner aux terres en friche quatre ou cinq labours, et un triple engrais quand on veut les ensemencer, afin de se procurer de meilleure orge et du colza plus fort, et d'étouffer, par là, toutes les mauvaises herbes. Quoi qu'il en soit, je suis d'avis de tenter quelques essais pour laisser moins de jachères, et pour trouver un expédient qui détruise l'ivraie : le résultat nous donnera de nouvelles lumières. Mais j'y entrevois de grandes difficultés; car le sol des *polders* est naturellement rempli d'une étonnante quantité de mauvaises herbes, qu'on ne peut espérer de détruire par les procédés ordinaires, à cause de la bonne et forte qualité des terres.

Dans les *polders*, les fermes sont beaucoup plus considérables que dans les autres parties de la Flandre. Les fermiers s'y proposent comme objet principal la culture des grains. Ils coupent leurs blés à un bon pied au dessus du sol; ce chaume si long est retourné et enterré à la charrue, et il sert à fumer et à alléger le terrain. Comme celui-ci est extrêmement fort et difficile à travailler, les fermiers y ont besoin d'un grand nombre de chevaux très vigoureux; mais, en proportion, ils ont moins de bêtes à cornes et ils en vendent souvent même une partie avant l'hiver : celles qui restent sont mal nourries; on ne leur donne guère que de la paille et de l'eau. Aussi les vaches présentent, dans la même proportion, les avantages qui doivent récompenser des maîtres si généreux : elles ne donnent que le tiers du lait qu'elles auraient fourni si elles avaient été bien nourries; et au lieu d'être deux mois seulement sans qu'on puisse les traire, elles en passent quatre dans cet état.

La disette que souffrent ces vaches en hiver leur est

fort nuisible, au point que vers le mois de mai, quand elles sortent de l'étable pour aller au pâturage, elles sont souvent tellement exténuées, qu'elles peuvent à peine marcher. Quelquefois elles ont besoin de passer quatre ou cinq semaines au pâturage, avant d'avoir repris leurs forces et de pouvoir donner de bon lait.

Peut-être ferait-on mieux, dans les *polders*, de semer plus de navets, surtout de planter une plus grande quantité de pommes de terre, qu'on pourrait broyer et mêler, en hiver, avec du fouarre de froment ou avec de la paille coupée. On pourrait aussi mettre des féveroles pilées ou de l'orge dans leur boisson. Le bétail se trouverait ainsi en meilleur état; les vaches donneraient plus long-temps du lait, meilleur et en plus grande quantité. Comme je sais que le bois à brûler manque dans les *polders*, je n'ajouterai pas que les cultivateurs de ces contrées devraient avoir soin de donner, en hiver, à leurs bestiaux une nourriture et une boisson chaudes. Qu'ils le fassent autant que les circonstances le permettent, et ils s'en trouveront bien.

Les habitans les moins aisés des villages voisins (contrée qu'on appelle *Hout-Land*, pays boisé) exécutent, dans les *polders*, beaucoup de travaux à l'entreprise; de cette manière, leur gain journalier est plus fort: quelques uns d'entre eux aussi louent, d'un fermier des *polders*, autant de terrain qu'il leur en faut pour leur approvisionnement de lin et de pommes de terre. Le fermier qui donne en loyer est tenu de labourer le champ, dont le prix alors est très élevé, en partie en considération de l'engrais contenu dans le sol. C'est un arrangement où les bailleurs, aussi bien que les preneurs, trouvent de l'avantage et des facilités.

Il n'est pas d'usage, non plus, dans les *polders*, d'avoir des citernes ou des puits pour y recueillir l'urine de tous les bestiaux, pratique dont cependant les meilleurs cultivateurs assurent qu'on ne saurait trop faire l'éloge.

Les habitans des *polders* sont d'une propreté remarquable dans leur ménage et dans les occupations de leur état. Ils vivent avec plus d'aisance que les fermiers de l'intérieur de la Flandre ; mais les vapeurs et les brouillards de leur climat fiévreux les rendent moins capables de soutenir continuellement la fatigue de leurs travaux.

Quelques uns des propriétaires les plus intelligens qui possèdent, dans ces pays, des fermes de 90 hectares ou au delà, donnent un tiers de ces terres à loyer, avec les bâtimens; le fermier cultive les deux autres tiers à ses frais, moyennant la moitié des fruits. Lorsque ceux-ci sont parvenus à maturité, on les vend publiquement sur pied à des marchands de ces sortes de denrées. Le montant de la recette se partage par moitié entre le propriétaire et le fermier. Ce dernier trouve bien son compte à ce marché; mais je crois que l'arrangement est encore meilleur pour le propriétaire.

Nous terminerons ici l'article des *polders* et nous passerons à notre deuxième entretien.

# DIALOGUE II.

BONNES ET MAUVAISES ESPÈCES DE PRÉS.— MOYENS DE LES AMÉLIORER. — PRAIRIES NATURELLES ET ARTIFICIELLES.

*Le Fermier.* — Vous savez, Monsieur, que les fermiers donnent plus spécialement leur attention aux terres labourables, tandis que les grands propriétaires s'occupent davantage des prés ; qu'en conséquence, les derniers n'afferment pas ordinairement leurs bonnes prairies, mais qu'ils ordonnent, chaque année, une vente publique de l'herbe destinée à être employée en fourrage : voudriez-vous bien me communiquer les notions que vous avez sur ce point, et m'apprendre le résultat de votre expérience ?

*Le Propriétaire.* — Très volontiers. Observez d'abord par quels motifs on tient ces ventes publiques d'herbage. C'est 1°. parce que beaucoup de propriétaires de prés n'ont pas de fermes dans les environs ; 2°. qu'en bien des endroits il y a plus de prairies qu'il n'en faut pour les besoins des grands cultivateurs ; 3°. que les fermiers emploient le foin en quantité très inégale et très variée, le besoin qu'ils ont de ce fourrage étant plus ou moins grand en raison de la bonne ou mauvaise réussite du trèfle et du navet, ou en raison de ce que la durée de l'hiver s'est plus ou moins prolongée. Il entre donc dans les convenances des cultivateurs, surtout de ceux qui occupent des terres moins étendues, d'acheter chaque année, au prix du marché, ce qui leur faut d'herbages; d'autant plus, que le produit des prairies est sujet à des variations infinies : car il y a telle année où la même pièce rend le double de ce qu'elle a valu d'autres années. Ce serait donc trop hasarder, pour les petits cultivateurs, que de payer toujours fort cher le fermage des prairies.

Les herbages des meilleures prairies se vendent sur pied, à raison de 90 à 125 fr. l'arpent de Gand, d'environ 45 ares, qui donne de 1,950 à 2,400 kilogrammes de foin. Cependant les propriétaires raisonnables, s'ils possèdent dans le voisinage une ferme d'une ou deux charrues, c'est à dire cultivée à deux ou quatre chevaux, donnent en bail au fermier une portion de prairies en raison de sa culture.

En Flandre, les bonnes prairies sont comptées parmi les plus belles et les plus riches propriétés ; mais on les néglige souvent. Bien des personnes s'imaginent que l'herbage doit être toujours également bon, et que le sol qui le produit n'exige aucun soin : c'est une grande erreur. Le gazon, ou la motte de graminées demande quelque entretien de temps en temps, et a besoin d'un travail réparateur, aussi bien que toute autre chose. Les prairies dont la conservation ne réclame pas autant de secours sont celles dont le gisement est si avantageux, que, chaque hiver, elles se trouvent inondées par les rivières à proximité, dont les eaux, sans y séjourner trop, se retirent spontanément et laissent la terre à sec en temps utile. Sur ces prairies, la racine de l'herbe se nourrit du limon des rivières. Mais quand la situation trop élevée du pré ne lui permet pas de jouir souvent de ce bienfait, ou qu'elle l'en prive totalement, la motte d'herbe s'épuise, se détériore et s'use tout à fait, comme on voit périr le pied ou les tiges des vieux bois taillis. Dans ce cas, il faut renouveler le gazon de ces prairies, soit en y répandant de bonne terre extraite des fossés voisins, soit en leur donnant de l'engrais ou en les labourant.

L'engrais doit consister en résidu ou cendres de savon, ou en cendres de Hollande : on jette ordinairement trente cuves de cendres sur une étendue de 45 ares (1). L'opération se fait en mars, parce qu'alors la racine de l'herbe est en pousse. Une autre manière de fumer les prairies destinées à être fauchées, c'est d'y laisser paître des bestiaux, trois années sur six, au lieu de couper l'herbe chaque été. Par là, le gazon acquiert une nouvelle force et redevient propre à être fauché pendant quelques années. Si ces années de pâturage ne produisent qu'un demi-revenu, les années suivantes font rentrer cette perte avec usure.

Voici comment on s'y prend pour rendre leur première vigueur aux prairies dont le gazon est usé, opération qui consiste à *rompre* la surface et à convertir momentanément la prairie en champ labourable. Dans le courant d'octobre ou de novembre, on laboure les prairies non susceptibles d'être inondées en hiver; celles qui reçoivent l'irrigation se labourent au commencement d'avril, les unes et les autres à 3 pouces de profondeur : dix jours après ce labour, on brise les mottes, au moyen de la herse renversée, et on aplanit de même le

---

(1) Trois cuves de cendres de Hollande font à peu près un hectolitre; et les quarante à cinquante cuves sont la charge de deux chevaux dans les chemins de terre : chaque cuve coûte environ un franc. A.

sol. On sème de l'avoine, à raison d'un sac pour 45 ares, et on enfouit cette céréale, encore à coups de herse. D'autres propriétaires, si leur pré contient beaucoup de mauvaises herbes, le font labourer, en octobre, à 4 pouces de profondeur, et le laissent ainsi jusqu'au mois de mars. A cette époque, nouveau labour, à 6 pouces. Alors, la charrue est suivie par deux ou trois hommes, qui prennent, de pas en pas, trois bêchées de terre dans le sillon, et les posent *de champ* isolément à la surface du sol. Après quinze jours, on brise ces mottes à la herse; on sème de l'avoine, et on recouvre la graine en traînant sur le sol une herse renversée. Cette avoine, jetée sans aucun engrais dans les gazons pourris et consommés, vient parfaitement, et rapporte autant que le plus beau foin. En septembre, quand l'avoine est enlevée de la prairie, on retourne le chaume à la charrue, afin de préparer la terre, pour l'année suivante, à être ensemencée d'avoine une seconde fois, avec un seul labour. On sème souvent de préférence l'avoine jaune, l'expérience ayant démontré que celle-ci, dans les terres de prairies, réussit mieux et donne bien plus que l'avoine blanche. On obtient souvent ainsi, la seconde fois, de l'avoine meilleure que la première, parce que, la seconde année, elle jouit davantage de l'engrais que donne la motte de gazon pourrie. Mais on ne doit sillonner le terrain et l'ensemencer sans engrais que deux fois de suite, pour ne pas l'épuiser. En semant l'avoine pour la seconde fois, il faut y mêler une grande quantité de bonnes semences des meilleures graminées (1), afin

(1) La meilleure espèce de graminée est celle qu'on appelle en flamand *lammerstaert;* en français *fléole* ou *fléau*; c'est le *phleum pratense* de Linnée. On prend aussi les bonnes espèces de graminées des prairies voisines. A.

qu'après cette seconde récolte d'avoine la prairie produise un bon herbage. Si alors on veut jeter vingt-cinq cuves de cendres de savon ou de Hollande sur l'étendue de 45 ares, on y trouvera de l'avantage. Quelquefois j'ai fait mêler à la seconde avoine une quantité de graines de trèfle et de la semence de foin réunies, cela m'a fort bien réussi. Le trèfle et l'herbe donnaient, l'année suivante, de fort bon foin ; et si la saison était favorable, le regain du trèfle venait si bien, qu'on pouvait le couper de nouveau. Ce procédé ne peut cependant être employé dans les prairies qui sont submergées communément chaque année, attendu qu'alors les mottes pourrissent ou se gèlent.

J'ai souvent semé de l'orge d'été, en place d'avoine, avec la graine d'herbe à foin ; mais alors j'étais obligé de passer le rouleau sur le semis, ou bien il fallait fouler le sol sous les pieds, parce que l'orge a besoin d'être pressée dans la terre. Cette méthode était fort avantageuse pour l'herbe qui devait suivre ; car l'orge, se trouvant mûre deux mois avant l'avoine et bien plus tôt enlevée, laissait à la semence des herbages le temps de former encore cette même année une bonne touffe, de sorte que mes bêtes à cornes y trouvaient déjà en septembre un excellent pâturage.

Je prenais un autre parti quand la motte de gazon était usée de vétusté ou gâtée par l'ivraie, et que je ne voulais pas semer de l'orge ou de l'avoine. Au mois de juillet, aussitôt après l'enlèvement du foin, je faisais jeter vingt cuves de cendres de savon pour 45 ares, et donner un léger labour à mon pré sans laisser pousser le regain. La mousse et l'ancien gazon, labourés et fumés, devaient nécessairement pourrir dans la terre et se convertir en un engrais propre à nourrir la racine de la plante, et à lui donner la faculté de repousser et de se développer de nouveau. En outre, je faisais répandre de la graine des meilleures graminées, laquelle était recouverte de terre au moyen de la herse renversée : par là et sans autre travail, j'obtenais, l'année suivante, du foin de meilleure qualité ; le gazon était moins serré : mais, à la seconde année, ce défaut avait disparu.

J'ai fait d'autres expériences. Quand le gazon avait vieilli et que la mousse en avait en partie usurpé la place, je faisais rompre la prairie au moyen d'une herse de fer traînée par trois ou quatre chevaux. De cette manière, la mousse était coupée et divisée, et la terre s'ouvrait à 3 ou 4 pouces de profondeur. Cette opération et celle de répandre trente cuves de cendres avaient lieu vers la fin de mars. Le résultat était une plus forte quantité d'herbe meilleure, principalement dans toutes les raies où les dents de la herse avaient passé ; mais, au total, je ne me trouvais pas si bien de cette opération que du léger labour par lequel j'avais retourné l'ancien gazon. La raison en est simple : cette dernière méthode, en effet, présente l'avantage de faire pourrir dans la terre la mousse et le vieux gazon retournés, de donner ainsi un engrais à la motte nouvelle, et de mieux ouvrir le sol à l'influence bienfaisante de l'air, du soleil et de la pluie.

J'ai souvent doublé la valeur d'autres prairies dont le gisement était trop élevé, et qui se trouvaient dans les terrains argileux, tels qu'il y en a beaucoup, nommément le long du Haut-Escaut. Je donnais le pré en bail, pour six ans, à un prix basé sur la valeur moyenne du produit de dix années. Le locataire était un briquetier, qui s'obligeait à baisser la superficie du sol par l'extraction de la terre glaise, et à le porter un peu au dessus du niveau d'été de la rivière voisine. Par suite de cette mesure, la moindre crue des eaux, en hiver, produit une irrigation, et apporte un limon fertile sur ma propriété, qui se trouve aujourd'hui, pour le rapport, parmi les prés de première classe, après n'avoir appartenu long-temps qu'à la troisième (1).

Quand les prairies sont situées trop bas, c'est à dire à peu près au niveau d'été des rivières et des ruisseaux à proximité, elles souffrent de l'inconvénient de ne pouvoir suffisamment décharger leurs eaux, et elles ne produisent qu'une herbe fort mauvaise, remplie de joncs et de plusieurs autres plantes aquatiques. Dans ce cas, il n'y a d'autre remède que de les saigner, au moyen d'un grand nombre de fossés bien profonds, et de les diviser ainsi en autant de parties que le besoin l'exige, afin de hausser et de sécher le sol. La perte qui résulte de la diminution de superficie se compense par l'amélioration du terrain restant. D'ailleurs, en hiver, quand les eaux sont très élevées, les fossés sont bientôt remplis de limon; il faut les nettoyer, et ainsi

---

(1) Quand on fait tirer de sa prairie la matière dont se sert le briquetier, il faut bien raisonner les conditions du contrat. La couche supérieure de terre, à la profondeur d'une bêche, ne doit pas être employée à cette fabrication, ni jetée dans les bas-fonds. Il faut qu'avant tout elle soit mise en tas: aussitôt que les briques sont extraites et que les puits sont convenablement comblés, au niveau que demande le gisement du sol, alors ces tas doivent être repandus à la surface et ensemencés des meilleures graminées. Il ne faut pas non plus que les puits soient remplis de débris ou de briques de rebut, à moins de jeter ces matériaux à 3 ou 4 pieds de profondeur: alors la superficie du sol doit être parfaitement aplanie et conduite en pente vers la rivière ou vers les fossés à proximité. Si tout ceci était négligé, au lieu d'avoir amélioré la prairie, on l'aurait considérablement détériorée. A.

le sol s'élève insensiblement, tandis que l'herbe s'améliore de plus en plus, au point qu'après un certain nombre d'années ces fossés deviennent totalement inutiles, ou du moins en grande partie.

Tout ce que nous venons de dire des prairies s'applique seulement à celles qui se trouvent bien situées, comme les prairies des bords du Haut et du Bas-Escaut, de la Lys, de la Dendre et de la Durme, rivières qui arrosent les contrées les plus fertiles de la Flandre. C'est près du Bas-Escaut et de la Durme que se trouvent les meilleures prairies, puisqu'on peut les inonder, pour la plupart, à volonté, à la crue et à la baisse des eaux. Il en résulte une fertilité telle, que la récolte du foin s'y fait deux fois par an : à la vérité, l'herbage que donne cette seconde coupe n'est pas aussi bon que celui de la première, surtout pour les chevaux; on ne le donne guère qu'aux bêtes à cornes.

Les prairies situées près des canaux de Bruges et du sas de Gand, le long de la Moere, de la Leede méridionale et de la Longue-Leede, ainsi que sur le bord de plusieurs autres petites rivières et canaux qui reçoivent les eaux de quelques terres et bois de la plus mauvaise qualité, sont d'une nature bien inférieure et n'admettent guère d'espoir d'amélioration. La terre y est trop sablonneuse pour que l'herbe soit bonne. Ce qu'il y a de moins bon dans ces sortes de prés est converti en oseraie ou en bois d'aune, ou bien on y plante des saules.

On dit, en Flandre, que l'herbe doit pousser en mars et en avril, et qu'au mois de mai elle doit donner l'assurance d'une bonne récolte. Quand le vent sec et froid du nord domine pendant les mois d'avril et de mai, beaucoup de prairies sont empoisonnées d'une quantité de *crétes-de-coq* ou *cocrètes*, plante fatale aux graminées (1). La propagation de cette herbe est une chose vraiment singulière. Pendant certaines années, on la voit pousser en abondance, et, d'autres années, on n'en voit pas du tout. Beaucoup de personnes prétendent qu'en hiver, dans la crue des eaux, la semence des *cocrètes* est entraînée d'une prairie sur l'autre, et qu'elle prend racine et multiplie ses tiges là où elle s'arrête. Cela est possible; mais la chose mérite un peu plus de réflexion. D'abord, il faut penser que les terres, quelle qu'en soit l'espèce, contiennent toujours une quantité de semences de toutes sortes d'herbes : ces graines y sont tombées des plantes qui croissaient autrefois sur le même sol, ou bien elles y ont été apportées soit par le courant des eaux, soit par le vent. Ensuite, toute semence finit par germer et par produire une plante, soit que le soleil ou les pluies chaudes en déterminent le développement, soit que les pluies froides, les vents de l'ouest, ou même les vents âpres du nord les fassent pousser, selon que la nature l'a réglé diversement. On peut regarder comme certain que ce sont les vents du nord qui, en avril ou en mai, sont la cause de la reproduction du *rhinantus*, comme l'expérience l'a toujours démontré.

*Le Fermier.* — Mais, monsieur, s'il est vrai que les vents secs et froids du nord développent les *cocrètes*, comment se fait-il que cette herbe se trouve en abondance sur une partie d'un pré, tandis qu'il n'y en a pas sur l'autre partie, quoique la prairie entière soit exposée au même air, qu'elle reçoive partout également le même

---

(1) *Rhinantus crista galli*; en flamand *ratel*. Cette plante a des fleurs jaunes : il y a des *rhinantus* à fleurs bleues, d'une teinte très foncée; on en voit aussi à fleurs noires. Ces deux dernières espèces font encore plus de dégâts que la première. A.

souffle du vent, et que la prairie entière ait été empoisonnée de *rhinantus*, à une autre époque à peine éloignée de deux ou trois ans?

*Le Propriétaire.* — A cette question, je répondrai que sur la partie de la prairie où l'on ne trouve point de *crêtes-de-coq*, il ne s'est probablement pas trouvé de semence à l'époque de ces vents âpres et secs, ou peut-être alors l'herbe y était déjà si forte et si bien serrée, qu'elle a étouffé la *cocrète* naissante. Peut-être encore, les vents du nord avaient cessé; ils ont été suivis d'un vent du midi bien doux et de pluies chaudes, au point que les graminées, promptement développées, ont fermé le sol, et qu'en s'élevant elles ont étouffé le jeune *rhinantus,* qui n'a pas eu la force de percer. C'est là ce qu'une saison favorable peut faire de mieux pour nous délivrer d'un pareil fléau : alors la *crête-de-coq* commençant à germer et se trouvant dans l'impuissance de croître, la semence et la plante sont détruites en même temps.

Que me diriez-vous, si je vous demandais comment il se fait que sur le même champ, que vous croyez être de la même nature et de la même qualité dans toutes ses parties, vous obtenez d'un côté des fruits excellens, et que d'un autre côté vous ne recueillez quelquefois que de mauvaises productions, quoique vous ayez donné au champ entier un labour égal, et que vous y ayez jeté le fumier et la semence en quantité et qualité parfaitement égales, et dans la même journée, pour toutes les parties? Votre réponse serait probablement aussi peu satisfaisante que l'est en ce moment la mienne. Je crois que les causes de ces variations doivent être rangées parmi les phénomènes inexplicables que présente la nature et sur lesquels on ne peut donner que des idées plus ou moins probables. Il me semble que tout doit être attribué à la différence de qualité entre les parties du même champ, sur lesquelles agit différemment l'influence du feu, de l'air et de l'eau. Il est possible que dans telle saison plutôt que dans telle autre, et dans un endroit plus qu'à une autre place, des insectes imperceptibles à l'œil s'attachent en foule à la semence ou à la racine des plantes, les empoisonnent, et même, dans une seule nuit, fassent périr des arbustes ou des arbres à côté de plantes qui restent saines et sauves : on ne trouve alors d'autre explication, si ce n'est que sur telle plante ou sur tel arbre est tombé *un mauvais air*. Au reste, je ne vous dirai rien de plus sur cette matière : depuis long-temps beaucoup de savans se sont tourmentés en vain pour dévoiler ce que les opérations de la nature présentent de mystérieux dans les effets divers que produisent les diverses qualités des terres.

Pour en revenir à nos *cocrètes* si malfaisantes, j'avoue qu'il y a bien peu de remèdes contre ce fléau. Tout ce que j'ai tenté, c'est de faire arracher le *rhinantus*, au commencement ou au milieu de mai : c'était une grande dépense de peu d'utilité. Si l'opération se faisait au commencement de la saison, de nouvelles *cocrètes* repoussaient à côté de l'endroit où l'on venait d'arracher les anciennes; si je m'y prenais plus tard, l'année était trop avancée pour que je parvinsse encore à gagner de bons herbages à la place des *cocrètes* extirpées. Le seul avantage était de donner une meilleure apparence à mon foin et de le vendre plus facilement, les amateurs de chevaux ne voulant point acheter du foin où se trouvent des *cocrètes*, attendu qu'elles font tousser ces animaux.

Une seule fois, j'ai essayé un autre moyen : ma prairie, dès les premiers jours de mai, se trouvait tellement remplie de *cocrètes*, qu'il n'y avait presque plus d'espoir de voir percer les graminées. J'ordonnai de faucher toutes les jeunes *cocrètes* et d'arroser le sol avec de l'urine de bestiaux. Le temps devint meilleur, il survint des pluies douces; l'herbe repoussa, et parvint bientôt à maîtriser les *cocrètes :* j'obtins d'aussi bon foin que s'il n'y avait jamais eu de *rhinantus*. Le seul inconvénient, c'était de n'avoir du foin parvenu à sa maturité que trois semaines après celui des autres prairies. Mais il faut avouer que le moyen n'est praticable que dans les prairies peu étendues, et alors seulement quand les *cocrètes* paraissent assez tôt, au commencement de la saison, pour que les bonnes graminées, après qu'on a fauché la plante nuisible, aient encore le temps de s'élever; ce qui ne peut plus avoir lieu à l'époque des grandes sécheresses, lesquelles arrêtent la végétation et mûrissent le foin.

Il y a encore d'autres mauvaises herbes de la plus grosse espèce, qui gâtent quelquefois nos belles prairies, en se mêlant aux graminées destinées à la récolte de nos foins. Le cultivateur intelligent fait extirper ces plantes malfaisantes vers la fin du mois de mai, afin de ne pas les laisser multiplier par la dispersion de leurs graines.

Outre les prairies dans les situations que nous venons de dire, il y en a plusieurs autres, en Flandre, soit le long des ruisseaux qui font aller les moulins, soit au bas des montagnes : les prairies de cette dernière espèce sont arrosées des eaux qui descendent des hauteurs, et elles sont plus ou moins fertiles en raison de leur gisement et de la nature du sol. Il y en a peu, cependant, que l'on réserve pour la récolte du foin. On emploie la plus grande partie en pâturages et pour la nourriture des bêtes à cornes. Les cultivateurs préfèrent se procurer le foin que produisent les belles prairies arrosées par les rivières voisines. Après tout, un bon pâturage vaut bien autant qu'une bonne partie de terre labourable de la même contenance. Il donne beaucoup d'aisance et de sécurité au cultivateur. On n'a pas besoin alors d'une si grande quantité de trèfle, et on peut mieux diviser la culture. Le fermier qui n'a pas de bons pâturages, qui ne compte, pour la nourriture de ses bestiaux, que sur le trèfle et les navets, se voit souvent trompé dans son attente : si les fortes gelées ou les chaleurs excessives font manquer ses trèfles, alors il éprouve bientôt combien est vrai le proverbe flamand : *Misère dans l'étable, misère partout.*

On a essayé plus d'une fois, en Flandre, de créer des prairies artificielles de luzerne (1), de sainfoin (2), et de plusieurs autres plantes. Toutes ces tentatives ont été infructueuses. On s'est toujours mieux trouvé de l'emploi du grand trèfle rouge (3), dont les chevaux et les bêtes à cornes se nourrissent à l'écurie et dans l'étable, depuis le milieu de mai jusqu'à septembre, et dont, plus tard, la troisième pousse ou dernier regain se consomme au pâturage; ce qui fournit le meilleur beurre. De plus, le grand trèfle rouge séché, comme le foin, leur procure une bonne nourriture en hiver. Il y a aussi en Flandre du trèfle à fleur blanche (4), qu'on y nomme *trèfle des pierres*; on ne le sème que dans les prairies destinées uniquement au pâturage des bêtes à cornes; et c'est pour elles une bonne nourriture, qui donne du lait excellent.

Dans certains cantons de cette province, composés uniquement de terre de sablon ou de sable, et dépourvus de rivières et de terrains bas, qui donnent à l'agriculture

(1) *Medicago sativa.*
(2) *Hedysarum onobrychis.*
(3) *Trifolium pratense purpureum.*
(4) *Trifolium repens*, ou *trifolium pratense album.*

les prairies ou pâtures naturelles, l'impossibilité de se procurer du trèfle, ou du moins d'en avoir de bonne qualité, a introduit l'usage de pâturages artificiels (1), établis de la manière suivante. On ne trouve dans ces cantons que des champs clos; ordinairement les pièces de terre y sont très longues et étroites, entourées de fossés et de doubles haies de bois taillis, en chêne ou en aune, dont la coupe ne se fait qu'au bout de dix à onze ans. Quand ce bois taillis est parvenu à sept ou huit ans, et qu'il jette déjà un peu d'ombrage, on donne un léger labour au champ, que l'on arrose de trente-cinq cuves (ou hectolitres) d'urine de bestiaux par 45 ares, dès que le blé a été enlevé : on y sème des navets et l'on y répand de la graine de trèfle, de laquelle on n'a pas ôté les semences de toute espèce qui s'y trouvent ordinairement; on y mêle même de la *semence de foin*. Tout cela pousse et croît ensemble sans être nettoyé, jusque après l'hiver. Au mois de mars, on donne les navets aux bêtes à cornes, et au mois de mai elles vont pâturer le même champ, et y trouvent de jeunes trèfles et des graminées : alors le champ est devenu, en effet, un véritable pâturage, et il continue de l'être pendant deux ou trois ans, jusqu'à ce que le bois taillis qui forme la double haie soit coupé. A cette époque, le champ est labouré de nouveau et ensemencé : ordinairement on y sème pour la première fois du blé-sarrasin, sans donner d'en-

---

(1) Dans quelques pays, on donne le nom de *pâturages artificiels* à des champs sur lesquels on cultive des trèfles, de la spergule, ou des navets. En Flandre, on ne l'entend pas ainsi : on y met ces productions dans la classe des autres fruits, qui se présentent à leur tour dans l'ordre des assolemens, et on les donne en fourrage au bétail, à l'étable. Ce qu'on appelle proprement *pâturages* en Flandre, ce sont les terres sur lesquelles on mène paître le bétail. A.

grais, ou bien de l'avoine, sur laquelle on verse trente cuves d'engrais liquide pour 45 ares. L'année suivante, il faut un bon fumier de vache, et on sème du seigle qui est remplacé successivement par des navets, des pommes de terre, du lin, des trèfles et du seigle; après quoi, viennent encore une fois les navets et le pâturage, lorsque les haies de bois taillis se retrouvent avec de nouvelles tiges de sept ans. Ces haies sont quelquefois aussi entre-mêlées d'arbres, tels que le saule, le chêne ou le hêtre.

En général, les pâturages de cette espèce sont d'une qualité très inférieure à celle des pâturages naturels; mais quand on n'a rien de mieux, il faut bien s'en contenter. Aussi, dans ces contrées, on engraisse peu de bétail; les habitans vendent leurs bestiaux maigres aux cultivateurs des meilleures terres et à ceux des pays plus rapprochés des rivières ou des villes, où l'on s'occupe le plus d'engraisser les animaux.

Nos meilleurs pâturages, qui sont peut-être aussi les meilleurs de l'Europe, se trouvent vers le nord de la Flandre occidentale, particulièrement dans les environs de Dixmude, où on leur donne, à juste titre, le nom de *gras pâturages*. Ce n'est pas à l'intelligence et au travail du cultivateur qu'ils doivent cette supériorité; elle est due principalement à la bonne qualité naturelle du sol et à son gisement. Toutefois, il faut aussi des soins et de l'attention pour traiter ces gras herbages de manière que l'on en tire les plus grands avantages qu'ils puissent procurer; et c'est un point dont nous parlerons plus tard.

Avant de terminer cet entretien, je désire vous expliquer comment j'ai vu planter de l'herbe à faucher, le long du Bas-Escaut et de la Durme, dans les terrains bas ou dans les prairies dont le gazon était usé ou la qualité détériorée. Au mois d'avril, on labourait la terre à 3 pouces de profondeur, et on y semait de l'orge. Comme cette production exige un sol ferme, on y fait passer le rouleau, ou bien on parcourt le semis en piétinant. Au commencement de juillet, l'orge ayant été enlevée, on labourait encore une fois le champ, et on y passait la herse renversée. Alors, on répandait sur le terrain une quantité suffisante de foin fauché depuis deux jours et parvenu à la plus parfaite maturité. Ce foin était de l'espèce dont l'herbe est tout à fait ronde, très longue, et dont les tiges ont beaucoup de nœuds. On enfonçait le foin dans la terre, au moyen d'une bêche dont le tranchant était émoussé, afin d'enfouir le tout plus profondément sans rien couper. Trois semaines après l'opération, on remarquait que tous les nœuds des tiges touchant à la terre avaient pris racine : le champ tout entier, vers la fin de septembre suivant, était tapissé de verdure et se trouvait transformé en un bon pâturage; il fournissait, l'année suivante, une fort belle herbe à faucher.

Ceux qui ne peuvent ou ne veulent pas semer de l'orge peuvent également employer le même procédé, en se contentant de labourer le sol en juillet, immédiatement après la récolte du foin. Cette opération réussit beaucoup mieux dans les terres fortes et humides que dans les autres (1).

(1) Si l'on veut avoir une idée plus complète de ce qui concerne les mauvaises qualités des prairies et des pâturages et les moyens d'y remédier, on peut consulter le *Mémoire sur les prairies aigres*, auquel a été adjugée la médaille d'argent par l'Académie royale des Sciences et des Arts, à Bruxelles, qui avait proposé un prix sur cette question pour le concours de 1828. Ce Mémoire couronné a été rédigé en flamand, par M. J.-L. van Aelbroeck, auteur de l'*Agriculture pratique de la Flandre*. La traduction française est imprimée à Paris, chez Madame Huzard, rue de l'Éperon, n°. 7. Brochure in-8°. T.

# DIALOGUE III.

LES ENGRAIS. — QUELLES EN SONT LES MEILLEURES ESPÈCES. — POUR QUELLES TERRES ET QUELS FRUITS ON LES EMPLOIE. — NÉCESSITÉ DES DISTILLERIES. — INFLUENCE BIENFAISANTE DE L'AIR ATMOSPHÉRIQUE SUR LE SOL.

*Le Propriétaire.* — Vos connaissances réelles et la manière exacte et précise avec laquelle vous répondez sur tous les points viendront à propos en ce moment : nous allons traiter de l'engrais de toute espèce, que les Flamands appellent *le Dieu de l'Agriculture.*

Cette dénomination prouve assez de quelle valeur et de quelle importance paraît être le fumier aux yeux des cultivateurs flamands. Je vois, dans les écrits de certains auteurs, que, par leur nouvelle méthode agricole, sans employer d'engrais, ils prétendent se procurer du blé plus abondant et de meilleure qualité que n'en peuvent obtenir ceux qui suivent le système ordinaire d'agriculture en faisant usage de fumier ; je vois que si plusieurs écrivains pensent que le fumier contient une huile fécondante et des sels, quelques uns soutiennent qu'il n'y a dans les meilleurs engrais ni des huiles ni d'autres substances grasses, et que l'utilité du fumier est douteuse. Toutes ces assertions me paraissent bien étonnantes, et je sens alors de plus en plus combien il est nécessaire d'accorder la préférence au système d'agriculture suivi chez les Flamands.

*Le Fermier.* — Eh quoi! monsieur, peut-on concevoir qu'il y ait des écrivains qui n'apprécient pas à leur véritable valeur les bienfaits incontestables de l'engrais? S'ils ne sont pas cultivateurs, ils devraient ne point parler de l'effet du fumier ; s'ils cultivent eux-mêmes, comment peuvent-ils être dans une pareille ignorance sur ce point, quand l'expérience journalière est si convaincante? Lors même qu'il serait vrai que, sans employer de fumier, ils pussent obtenir de très bon blé, par leur nouvelle manière de cultiver, par le semoir, par les jachères, ou par l'excellente qualité de leur sol, n'est-il pas évident qu'en joignant à tous ces avantages l'emploi d'un fumier convenable, ils recueilleraient des fruits encore meilleurs? La chose n'est pas douteuse, et ils devraient l'avouer. Les hommes, les animaux, tout ce qui respire demande sa nourriture. Les arbres, les plantes, les herbes et les fruits ont le même besoin. Le fumier est la nourriture créée pour la terre; il met en fermentation les élémens dont elle est composée, afin de répandre sur la végétation les incalculables bienfaits dont il est la source. Mais à quoi bon raisonner ainsi sur cette théorie? Ne nous occupons que de la pratique réelle de l'agriculture, et voyons quelles sont les diverses dénominations données aux espèces d'engrais dont se servent les cultivateurs flamands.

N°. 1. Fumier de cheval;
2. Fumier de vache ;
3. Fumier de cochon;
4. Fumier de mouton ;
5. Fumiers de pigeon et de poule;
6. Chaux et terreau, mélange du terreau et de la chaux, en tas;
7. Immondices des rues, ou balayures;

8. Vidanges des latrines, urine et fumier liquide de bestiaux;

9. Cendres hollandaises et cendres du pays.

Dans ces dernières sont comprises les cendres de la houille ou charbon de terre, du bois, des savonneries, des blanchisseries et les cendres de bruyère ou de tourbe.

N°. 10. Tourteaux d'huile de colza et de chanvre, résidu d'amidon ou des cuves d'imprimeurs d'indiennes, restes des tanneries et des raffineries de sucre, suie de cheminées, etc.

Voilà comment s'appellent toutes les espèces d'engrais dont les Flamands se servent dans l'agriculture, selon la nature et la situation de leur sol. Je vais passer en revue, l'une après l'autre, toutes ces sortes de fumiers, et vous dire ce qu'en pensent les cultivateurs de la Flandre.

*Le Propriétaire.* — Fort bien; mais il y a deux espèces d'engrais dont vous ne parlez pas, savoir: l'engrais de l'eau et celui de l'air. Je les nomme ainsi, parce que l'un réside dans les eaux, et l'autre dans l'atmosphère; je prends sur moi de les expliquer: en attendant, continuez, je vous prie, en donnant ce que vous avez promis de votre côté.

*Le Fermier.* — Je commencerai par observer que plusieurs personnes font un mélange de toutes leurs espèces de fumiers. Je ne puis ni suivre ni approuver cette pratique. Il me semble qu'il est nécessaire de poser à part chaque sorte d'engrais: en effet, tout cultivateur attentif doit avoir vu que les diverses espèces de terrains et de productions demandent des engrais différens, de même que les hommes préfèrent souvent telle nourriture à telle autre non seulement par goût, mais parce qu'ils la trouvent plus substantielle et plus saine.

Je commence donc par mettre sous le n°. 1 le fumier de cheval. C'est un engrais sec, mais chaud et vigoureux : on l'emploie de préférence dans les terres fortes et humides. Il allège le sol plus que tout autre fumier; il fermente plus promptement, mais il perd aussi plus vite ses forces.

N°. 2. Le fumier de vache est plus gras, mais moins chaud que le fumier de cheval : il n'opère pas si vite; mais son effet est plus durable. On réussira mieux à faire croître une seconde espèce de fruits après la récolte de la première, dans un arrière-engrais de vache que dans un arrière-engrais de cheval. Au reste, le fumier de vache, qui est bon partout et pour toute chose, varie beaucoup : les bêtes à cornes élevées dans les distilleries d'eau-de-vie de grain, ou nourries de drêche et d'autres mélanges bien substantiels, donnent sans doute un fumier plus gras et plus vigoureux que les vaches qui souffrent la disette, ou qui ne reçoivent qu'une mauvaise nourriture.

N°. 3. Le fumier de cochon ne vaut pas grand'chose et on le recherche peu. On le mêle communément avec le fumier de cheval ou de vache : car, si quelqu'un s'avisait de fumer son champ, pour quelque production que ce fût, en n'y employant que le seul fumier de cochon, il lui en faudrait sûrement le double de tout autre engrais; et alors encore ses fruits ne réussiraient pas à beaucoup près aussi bien (1).

Les cochons ont besoin d'une litière plus abondante

(1) Ceci est fondé sur l'expérience des cultivateurs flamands. Cependant *Miller* dit : « Le fumier de cochon est le meilleur et le plus profitable de tous les engrais. » A.

que les vaches ou les chevaux, parce qu'en travaillant continuellement du groin, ils brisent davantage la paille ; et cependant cette paille ne pourrit pas aussi promptement que celle des vaches et des chevaux : ce qui prouve que les excrémens de cochons sont moins gras et moins chauds.

Quelques petits cultivateurs, qui mettent en toute chose une grande économie, emploient quelquefois exclusivement leur fumier de cochons sur les champs à trèfle, en y répandant ce fumier pendant l'hiver, de manière que les pluies en détachent les excrémens : cette ablution faite, la paille reprend à peu de chose près sa première teinte, et elle sèche au point de pouvoir être rassemblée au râteau ; dans cet état, elle est employée de nouveau comme litière pour l'étable des vaches. Ceci a lieu surtout dans les terres légères et maigres, pendant les hivers rigoureux, afin que les jeunes trèfles soient préservés de la gelée. Les taupes et les mulots ayant une aversion très forte pour l'odeur du fumier de cochon, on en conclut qu'il faut l'employer dans les champs plantés de carottes et de panais, où ces animaux malfaisans causeraient souvent de grands dégâts : d'autres encore estiment qu'il est très utile dans les champs où l'on veut semer du lin ; mais, pour ce dernier usage, le fumier est mis préalablement en tas, pendant environ deux mois ; on le remue, on le déplace, on le mêle et on le coupe trois fois, pendant cet espace de temps, avec deux tiers d'autres espèces d'engrais, en arrosant le tout d'urine de bestiaux, et ayant soin de fumer alors dans une proportion plus forte d'un tiers.

N°. 4. Le fumier de moutons est le plus vigoureux de tous : il entre promptement en fermentation, il échauffe la terre et il précipite la végétation plus que tout autre engrais. Six voitures de fumier de mouton peuvent procurer de plus grands avantages dans l'agriculture, que neuf voitures de toute autre espèce d'engrais, surtout dans les terres humides et légères. Il faut se servir de cet engrais avec modération ; car, en quantité trop forte, il brûlerait les plantes : il ne faut pas surtout l'employer dans les linières, à moins que ce ne soit dans l'arrière-engrais d'une production précédente : le lin mûrirait trop vite. Ordinairement on met cinq ou six voitures de cet engrais sur une étendue de 45 ares (1).

Les étables de moutons sont creusées à 3 ou 4 pieds de profondeur, afin que le fumier s'y entasse et n'ait besoin d'être enlevé que deux fois par an : une fois au printemps, quand on sème l'avoine ; et une fois en automne, pour l'époque où l'on sème le seigle. De temps en temps, on verse dans l'étable quelques cuves d'eau, afin d'empêcher que le fumier ne brûle ; on croit que cette précaution est utile surtout quand le fumier est destiné à des terres légères où l'on veut semer de l'avoine.

En Flandre, cette espèce de fumier n'est en usage

---

(1) On regarde le fumier de mouton comme le plus fort de tous. Cependant M. F. de Coster, à la page 75 de son mémoire couronné à Bruxelles, en 1774, donne la préférence aux immondices des rues. « Avec une charretée du meilleur fumier bien sec provenant des » immondices des rues dans les grandes villes, quand ce fumier n'est » pas trop brûlé ou trop mêlé de débris de briques ou de terre, on » peut, dit-il, donner un aussi bon engrais qu'avec quatre charre- » tées de fumier de vache ou de cheval, ou qu'avec deux charre- » tées de fumier de mouton. » Ceci est évidemment erroné ; chaque jour l'expérience démontre que l'auteur s'est trompé : sans doute, les immondices des rues sont un bon fumier ; mais le fumier de mouton vaut beaucoup mieux. A.

que chez quelques gros fermiers qui ont de bons parcours dans l'étendue de leur grande culture ou dans les environs, ou bien chez les habitans de ces villages où l'on a beaucoup de chemins très larges, des pâquis ou communes sur lesquels les moutons trouvent, la plus grande partie de l'année, une nourriture qui ne coûte rien à leur maître.

Les fermiers en état de débourser les sommes nécessaires entretiennent un troupeau de cent moutons ou davantage. Ceux qui n'ont pas assez de fonds et dont cependant les terrains maigres demandent cette sorte d'engrais, cherchent à s'arranger avec un marchand de moutons qui n'ait ni terres ni étables. Le fermier fournit à ce marchand un local et la paille pour loger ses moutons, et il n'exige en retour que le fumier de ces animaux. Le marchand paie 270 fr. par an, pour logement et nourriture de son berger, avec deux chiens. Pendant l'hiver, le fermier fournit, au prix du marché, les féveroles et le grain pour les moutons qu'il faut engraisser, et pour les autres l'avoine, le foin et les racines. Cent moutons bien nourris donnent cinquante à soixante voitures de fumier dans l'année; objet qui vaut, pour le laboureur, autant que quatre-vingts à quatre-vingt-dix voitures de tout autre fumier.

Les fruits qu'on trouve sur les champs des cultivateurs qui ont pu se procurer cette sorte d'engrais sont toujours d'une beauté et d'une abondance remarquables, en comparaison avec ceux des autres cultivateurs. Il en est de même des productions qui croissent sur les champs cultivés par des distillateurs d'eau-de-vie de grain; cependant ils ont ordinairement un sol de la plus mauvaise espèce : ils viennent à bout de le rendre très bon par la quantité de fumier que leur donnent leurs nombreux bestiaux, qui se nourrissent des résidus des distilleries.

*Le Propriétaire.* — A l'occasion des distilleries dont nous parlons ici, je ne puis me dispenser d'observer combien il est déplorable, pour les habitans de la Flandre, que tant d'impôts onéreux pèsent sur ces établissemens, et que les formalités gênantes introduites dans le système de perception aient causé une si grande diminution dans les travaux de quelques distilleries, tandis que d'autres ont cessé entièrement. On perd par cette circonstance une quantité considérable d'excellent fumier, par conséquent une grande partie des produits qu'on aurait pu espérer et du bétail qu'on eût été à même d'élever : ces pertes sont réellement incalculables. Les distilleries de la Flandre ne sont pas établies principalement dans la vue d'en retirer de l'eau-de-vie de grain, comme en Hollande; mais on a eu surtout pour but d'augmenter la masse du fumier et d'engraisser le bétail. On en sera convaincu quand on remarquera qu'en Flandre les distilleries se trouvent surtout dans ces contrées où le sol est excessivement mauvais : cela est si vrai, qu'avant l'existence de ces établissemens, ces terres étaient pour la plupart incultes. Si la distillation des grains cessait en Flandre, la valeur et le produit de beaucoup de propriétés rurales baisseraient de moitié; le cultivateur perdrait son état et ses bénéfices; le propriétaire verrait disparaître son revenu; le Gouvernement souffrirait de la diminution des impôts fonciers, et le marchand en éprouverait une dans son commerce de bêtes à cornes.

On ne se fait pas d'idée de la facilité que les distilleries procurent aux petits fermiers d'alentour, souvent trop éloignés des villes pour aller y chercher le fumier et l'urine de bestiaux, qui se trouvent à leur disposition, au prix le plus raisonnable, dans ces établissemens, dont l'importance et le besoin, pour la prospérité de l'agriculture et de l'État, se font sentir de plus en plus et d'une manière incontestable dans quelques contrées de la Flandre. En voici la preuve bien évidente.

Il y a quatorze ans que Peteghem et Deynze, deux bourgs à trois lieues de Gand, comptaient vingt-cinq distilleries, aujourd'hui ils n'en ont plus que douze (1); et comme celles-ci ne travaillent pas, à beaucoup près, autant que faisaient les premières, on ne peut compter les douze que tout au plus pour huit établissemens de distillerie égaux à ceux d'autrefois.

En prenant un terme moyen, on trouvait pour chaque distillerie une étable constamment remplie de soixante bêtes à cornes. Les bestiaux les plus gras se vendaient de temps en temps et ils étaient remplacés sur le champ par des animaux maigres : on peut donc calculer que le nombre de bêtes à cornes engraissées dans chaque distillerie était le triple de celui des animaux à l'étable, c'est à dire qu'il y en avait cent quatre-vingts dans chacun de ces établissemens. Ceci donnait pour les vingt-cinq distilleries quatre mille cinq cents bêtes à cornes, lesquelles, étant bien grasses, se vendaient pour la plus grande partie à des marchands étrangers : c'était là un grand avantage pour le cultivateur qui avait élevé ces bestiaux, un avantage pour les distillateurs qui les avaient engraissés et pour les marchands qui les achetaient et vendaient; mais ces bénéfices étaient encore peu de chose, en comparaison de ceux que nous allons voir.

(1) En 1830, on n'en compte plus que sept; bientôt il n'y en aura plus une seule, si les nouvelles lois financières ne sont pas modifiées. A.

Chaque distillerie donnait, par semaine, trente futailles d'urine de bestiaux : ainsi, dans l'année, chaque distillerie donnait quinze cent soixante futailles de cet engrais liquide ; ce qui faisait, pour les vingt-cinq établissemens, trente-neuf mille futailles.

Chaque bête à cornes, à l'étable, dans une distillerie, donne environ dix à douze voitures de fumier par an : ceci fait, pour les soixante bêtes, qui, comme nous l'avons dit, se trouvent constamment à l'étable, six cents voitures dans l'année ; par conséquent, pour les vingt-cinq distilleries d'autrefois, la quantité de quinze mille voitures d'excellent fumier. C'était là une richesse inappréciable pour les villages situés autour de ces distilleries, puisque ce fumier, meilleur que tout autre, en raison de la bonne nourriture donnée au bétail, suffisait pour l'engrais de 1340 hectares de terre.

Considérez à présent ce qui résulte de la diminution du nombre des distilleries : si l'on n'en peut plus compter que douze, égales à huit, au lieu de vingt-cinq, il est clair qu'on perd deux tiers de tous les avantages énumérés ci-dessus ; qu'en un mot on essuie une perte de trois mille têtes de bétail gras, de vingt-six mille futailles d'urine de bestiaux et de dix mille voitures de fumier de première qualité. C'est véritablement un état de choses déplorable pour l'agriculture, et cela dans un seul canton où les terres sont d'une qualité excessivement mauvaise, où elles ne produiront plus, à défaut de fumier, que la moitié des précieuses récoltes qu'elles donnaient jadis, et où elles seront bientôt en partie incultes, abandonnées ou converties en mauvaises plantations de bois (1).

---

(1) Tel était l'état des distilleries à Peteghem et à Deynze, vers 1820, mais, depuis cette époque, tout a diminué encore : de sorte

Si définitivement les distilleries ne reprennent pas leur première activité; si le petit nombre de celles qui restent encore succombent à leur tour, l'agriculture est donc perdue dans ces cantons. La force des circonstances et l'équité devront y opérer un dégrèvement de la moitié des contributions foncières et diminuer d'autant le prix du bail. Il est facile de voir que le montant de ces pertes s'éleverait encore plus haut, si l'on portait en ligne de compte la valeur de ce que la récolte produit en moins. Je le répète: si ces cantons cessent de posséder leurs distillateurs, qui achètent et engraissent tout le bétail maigre dont nous avons parlé, quel parti les

---

qu'il ne s'y trouvait plus en 1823 que huit distilleries, qui, l'une dans l'autre, n'avaient à l'étable que vingt bêtes à cornes au lieu de soixante. Il est inutile de dire à quoi aboutira cette continuelle diminution. Il est également superflu de calculer si, en définitive, les droits augmentés, payés par le petit nombre de distilleries restantes, rapporteront plus que ne rapportaient à l'État les droits moderés acquittés par un plus grand nombre de distilleries. Le temps nous l'apprendra : il nous apprendra encore si l'on n'aura pas rendu impossible toute exportation de notre genièvre à l'étranger, et si ces étrangers, et surtout les Français, ne nous enverront pas leur eau-de-vie de grain en fraude, comme cela se fait toujours plus ou moins quand la fraude donne un grand bénéfice.

Dans chacune des vingt-cinq distilleries, on employait au moins 12 sacs de seigle par jour (13 hectolitres) : ainsi, au total, 90,000 sacs (97,500 hectolitres) par an. Chaque sac donnait au moins 12 *stoops* ou doubles pots de genièvre (le *stoop* à 2 litres 30 centilitres) : on obtenait donc 1,080,000 *stoops* ou 25,000 hectolitres d'eau-de-vie de grain par an. Ce genièvre, compté à 1 fr. 25 cent. le *stoop*, prix de cette époque, faisait donc entrer dans la circulation une somme de 1,350,000 fr., sans compter encore de combien cette somme s'augmentait par le commerce du bétail maigre ou engraissé, avantages auxquels les étrangers contribuaient pour la plus grande partie. Ce serait une chose curieuse que de calculer tout le seigle employé dans les distilleries de la Flandre, toutes réunies, et d'apprendre ce que l'on répond à ceux qui demandent où nos agriculteurs enverront tout ce seigle, quand la distillation aura tout à fait cessé. A.

laboureurs tireront-ils de ces bestiaux? Les engraisseront-ils eux-mêmes? Cela ne se peut pas: car de la perte des distilleries résulte d'abord un déficit en fumier et en urine de bétail, et, par une conséquence toute simple, l'impossibilité de se procurer les productions de la terre qui seraient nécessaires pour engraisser le bétail: ajoutez la diminution que subira le débit de charbon de terre tiré de nos propres houillères, et le dommage que cause le déficit en cendres de charbon, employées avec tant de succès pour diverses cultures, spécialement pour le trèfle. Ce n'est donc pas sans raison que les propriétaires et les fermiers envisagent avec douleur la décadence des distilleries, et qu'ils ne cessent de faire des vœux pour que le Gouvernement mette tous ses soins à prévenir la ruine totale de ces établissemens.

*Le Fermier.* — En effet, monsieur, vous venez de démontrer clairement l'étendue des pertes qu'entraîne, pour l'agriculture, la décadence des distilleries. Mais vous auriez pu dire aussi un mot de la distillation clandestine qui a lieu dans les greniers et dans les caves, et de l'introduction frauduleuse des eaux-de-vie étrangères; le tout au détriment des fabriques déclarées, qui paient les impositions.

Quoi qu'il en soit, la nécessité des distilleries est reconnue partout. Le peu de personnes qui pensent autrement seront bientôt mieux éclairées par le temps. Il serait donc superflu de nous étendre davantage sur cet objet. Revenons à l'espèce de fumier que nous classons sous le n°. 5.

Ce n°. 5 est le fumier de pigeon et de poule. C'est un engrais encore plus chaud et plus vigoureux que le fumier de mouton; mais il se trouve en trop petite quantité pour qu'il soit de quelque importance dans l'agriculture. On se contente de le jeter dans le réservoir d'urine de bétail et de l'y laisser fondre dans l'engrais liquide provenant de l'écurie et de l'étable; on le répand sur les terres avec cette masse. D'autres mettent ce fumier à part; ils le font sécher et le réduisent en poussière, afin de s'en servir dans le potager, pour les légumes qu'ils veulent hâter.

N°. 6. La chaux est un engrais bien singulier : il est utile dans une espèce de sol et nuisible dans une autre.

On se sert le plus ordinairement de la chaux dans les terres grasses ou terres glaises, fortes et humides, que nous avons classées sous les n$^{os}$. 4 et 5. Pour le seigle, on répand la quantité d'une ou de deux *croix* de chaux (1) sur une étendue de 45 ares, en proportion de ce que la terre est plus ou moins forte et compacte. On estime que la chaux donne de l'engrais au sol pendant l'espace de trois ans.

C'est un excellent fumier quand on veut convertir un bois en champ labourable : il est d'autant meilleur en cette circonstance, qu'une de ses propriétés particulières est de dissoudre et de faire pourrir tous les filamens, les petites racines et les mauvaises herbes. Il réchauffe et sèche toutes les espèces de terres, et par conséquent il est nuisible aux terres légères, n$^{os}$. 1, 2 et 3.

On fait toujours mieux de mêler la chaux avec du terreau extrait des fossés, comme avec toutes espèces d'herbes retirées des eaux, des bois taillis et des haies. Le cultivateur attentif et diligent ne trouve jamais que rien soit superflu; il sait tout utiliser : il réduit en fumier les restes de toute nature. Chaque année, du

(1) Deux *croix* de chaux sont la charge de deux chevaux dans les chemins de terre.

mois de mai jusqu'en août, quand ses ouvriers ont le plus de loisir, il fait nettoyer une partie des fossés de sa ferme : la terre qui en provient a reçu un engrais de feuilles pourries, où est venu se joindre le fumier des champs entraîné par les pluies. Il fait mettre cette terre en tas et il y mêle toutes les herbes des haies et des fossés, les débris de paille salie ramassés dans les écuries ou dans l'enclos de la ferme, ainsi que les tiges vertes de ses pommes de terre et le chaume ou les éteules de toutes les céréales. Avant l'hiver, il coupe le tout d'un dixième ou d'un quinzième de chaux, plus ou moins, selon la nature et la force du sol qu'il veut fumer : c'est ce qu'il appelle un *croupissoir* (1). Dans le cours de l'hiver, il fait déplacer et rompre trois ou quatre fois cette masse, au moyen de la bèche : au printemps, sept ou huit jours avant d'employer ce mélange comme fumier, il le fait remuer encore une fois; et, s'il le juge à propos, il y mêle deux ou trois voitures de fumier de cheval. C'est ainsi que le cultivateur se procure à peu de frais une grande quantité d'engrais; car, pour seize voitures de terreau, il n'a besoin de payer qu'une ou deux voitures de chaux. Les frais de cette quantité de chaux s'élèvent en proportion de la distance des endroits d'où la chaux doit être apportée en bateaux : au milieu de la Flandre, on prend le prix moyen à 25 fr. pour une voiture attelée de deux chevaux. Le cultivateur n'a donc payé ses seize voitures d'engrais que bien peu de chose; car ce qu'il faut ajouter n'est que le travail de ses chevaux et de ses ouvriers, à une époque où il n'a point d'autre ouvrage pressé. Le fumier de terreau est très bon, soit pour être répandu sur les jeunes trèfles,

(1) En flamand *smoor-hoop*, littéralement *tas-brouillard* : la signification hollandaise de *smoor hoop* serait plutôt *étouffoir*. T.

soit quand on veut planter des pommes de terre ou semer du blé.

Vous aurez remarqué, monsieur, que j'ai parlé de remuer de nouveau la masse de terreau ou le *croupissoir*, quelques jours avant de l'employer comme fumier; le motif de cette opération est que toute masse de fumier entre en fermentation chaque fois qu'on le déplace : or, tout fumier en fermentation, enterré à la charrue, est dans l'état le plus avantageux où il puisse être pour améliorer le sol et féconder la graine. C'est en grande partie pour cette raison que dans le pays de Waes (1), où l'on cultive certainement avec le plus de soin et d'intelligence possible, quelques cultivateurs, avant de labourer leur champ, y transportent leur fumier, l'y placent en plusieurs grands tas, et l'arrosent de quelques cuves d'urine de bétail ou de produits des vidanges, afin de rafraîchir le fumier, de lui donner encore plus d'engrais, et surtout de le mettre en fermentation. Pour moi, quand j'exécute une pareille opération, je recouvre d'un pied de terre toute la masse du fumier : cette terre y devient très grasse en peu de jours, et elle empêche l'évaporation d'une partie de l'engrais, inconvénient auquel est sujet tout fumier qui entre en fermentation.

On est également convaincu qu'il est très bon de poser ainsi le fumier en tas, peu de temps avant de le mettre en terre à la charrue; bien entendu qu'il ne faut pas le faire à la manière de quelques petits cultivateurs, qui transportent leur fumier dans des brouettes et le jettent par petits monceaux sur leur champ aussitôt que la récolte est enlevée, pour l'y laisser pendant quatre ou cinq semaines, en attendant qu'ils retournent leur

(1) Entre Gand et Anvers.

champ à la bêche ou qu'ils le fassent labourer. Pendant ce long séjour, le soleil et la pluie dissipent à peu près tout ce que ce fumier avait de substance et de vigueur.

*Le Propriétaire.* — Je suis persuadé que la chaux et le terreau sont un bon engrais; cependant la chaux, comme nous l'avons vu, est nuisible à quelques terrains. C'est là une de ces exceptions que l'expérience fait connaître au cultivateur habile : alors celui-ci, pour de pareilles terres légères, mêle son terreau avec du fumier de vache; et si les terres sont fortes, il fait ce mélange avec du fumier de cheval.

Mais, qu'allez-vous me dire des immondices des rues? Ce fumier, placé sous le n°. 7, n'est-il pas de la nature du terreau dont vous avez parlé?

*Le Fermier.* — En aucune façon, monsieur : ces immondices sont les balayures et les restes que l'on jette de chaque ménage dans les rues des villes : ce sont les rebuts de toutes sortes de légumes, les parties épaisses des lessives employées, les lavures des plats et des assiettes, le sable et le sablon salis dans les maisons et les jardins; en un mot tout ce qui est condamné dans les divers objets employés au ménage. C'est donc un mélange de toutes sortes d'objets, tous insignifians, si on les prend séparément; mais, réduits en pourriture et en fermentation dès qu'on les a rassemblés dans les rues, ils deviennent ainsi un engrais convenable, très échauffant et très léger, bon à être employé sur tous les terrains et pour tous les fruits, mais principalement pour les pommes de terre, l'avoine et le seigle, et surtout dans les terres légères.

C'est une chose surprenante, aux yeux de beaucoup de cultivateurs, que la force et l'effet de cet engrais; ils voient que, par la cupidité de ceux qui ramassent les ordures des villes, ce fumier est mêlé, dans une proportion excessive, avec le sable et le sablon des rues, qu'on y trouve beaucoup de paille sèche et de foin, et que, malgré tout cela, cet engrais est bon. Toutefois, il faut observer qu'après la récolte de la première production il ne reste pas, dans le sol, à beaucoup près, autant d'arrière-engrais qu'il en reste d'un fumier de vache ou de cheval.

*Le Propriétaire.* — Quand vous avez parlé de l'engrais des *croupissoirs* et de celui des immondices des rues, vous auriez pu indiquer encore une autre raison de leurs bonnes qualités ; mais je vous l'expliquerai lorsque nous parlerons de l'engrais atmosphérique. En attendant, dites-moi, je vous prie, ce que vous pensez de l'engrais n°. 8.

*Le Fermier.*—Cet engrais, n°. 8, est le produit des vidanges et l'urine du bétail. C'est une ressource précieuse pour l'agriculture, particulièrement dans le pays de Waes et autour de Gand. Dans quelques cantons du pays de Waes, on se sert des vidanges de latrines sur certaines espèces de sol, qui autrement seraient trop humides et trop froides pour le lin. Ce fumier y est apporté du Brabant, nommément de Bruxelles, de Louvain et d'Anvers, même d'une grande partie de la Hollande, par les rivières nommées le Bas-Escaut et la Durme. Autour de la ville de Gand, où les terres sont extrêmement légères et maigres, les produits des vidanges délayés s'emploient comme l'urine du bétail, c'est à dire qu'on les répand sur la terre au moment où on va l'ensemencer. Sur une charrette attelée d'un cheval, on place une futaille de ces produits de vidanges. Cette futaille, de la contenance de trois cents à quatre cents pots ( 350 à 450 litres ), a, par le haut et par le bas, un trou de 3 à 4 pouces de diamètre (environ 10 centimètres), dans lequel s'ajuste un tampon; à ce dernier est attachée une corde, que le conducteur tient à la main. Arrivé avec son cheval et sa charrette à l'entrée du champ qu'on veut arroser, on retire, au moyen de la corde, le tampon de la futaille, l'engrais liquide s'écoule, et l'on continue d'avancer au milieu de la planche plus ou moins lentement, en proportion du plus ou du moins d'engrais que l'on veut donner à son champ. Par dessous, près du trou par lequel l'engrais s'échappe, il y a une planchette qui répand ce liquide dans une largeur de 4 à 5 pieds, durant la marche de la charrette (1). C'est de la même manière qu'on procède pour répandre l'urine de bétail, au moment où l'on sème plusieurs espèces de productions, ou bien lorsqu'elles sont déjà en pousse, ainsi que nous le dirons plus amplement quand nous en serons à ce travail. Nous nous bornerons à remarquer, à présent, que les cultivateurs ont deux espèces de futailles pour le transport de l'engrais liquide : l'une est plus grande que l'autre, afin qu'on puisse arranger l'opération de manière qu'une seule futaille suffise pour l'arrosement d'une planche, et qu'on ne doive pas y passer deux fois avec la charrette et le cheval. Cependant, quoiqu'il soit vrai que, dans cette opération, le cheval et la charrette foulent une grande partie des plantes et les enfoncent dans la terre, on voit, par l'expérience, que les productions, loin d'en être plus mauvaises, deviennent souvent meilleures que les fruits des plantes qui sont restées intactes : on ne peut assigner d'autre cause à ce fait que la plus grande quantité d'engrais tombée dans les

---

(1) Pour mieux entendre cette explication, voyez la *Pl. II*.

enfoncemens que forment la voie de la charrette et les pas du cheval.

Quelques cultivateurs transportent la matière la plus épaisse du produit des latrines en grands baquets, dont un seul suffit pour la charge de deux chevaux dans les chemins de terre. On répand le contenu de six de ces baquets sur l'étendue de 45 ares, au moyen d'une grande cuiller de bois, quand on veut semer du seigle ou de l'avoine, ou planter des pommes de terre; et toujours de préférence sur les terres humides et légères, en augmentant ou diminuant la quantité d'engrais à mesure que la terre est plus ou moins de bonne qualité.

Les cultivateurs du pays de Waes et les habitans des rives du Bas-Escaut, des bords de la Durme ou des environs de la ville de Gand sont ceux qui font le plus grand emploi du produit des latrines. Les vidangeurs des grandes villes ou les bateliers qui ont acheté les vidanges remontent et descendent les diverses rivières de la Flandre. Ils vendent leur marchandise en proportion de la distance à laquelle ils sont obligés de naviguer. A une lieue autour de Gand, cet engrais se vend à raison de 5 à 6 fr. le grand baquet.

Quelques uns de ceux qui font ce commerce ont, le long des rivières, un ou plusieurs puits maçonnés, divisés en dix parties, chacune de 5 pieds carrés et à 5 pieds de profondeur : chaque partie, contenant six baquets, ou la charge de six voitures à deux chevaux dans les chemins de terre, se vend à peu près 50 fr.; et on emploie presque toujours cette quantité de six baquets, pour 45 ares de terre destinés à la culture du lin, dans le pays des Waes (1).

---

(1) Voyez le dessin de ces puits maçonnés, *Pl.* III.

On estime qu'une pareille dépense n'est pas trop élevée, en raison de l'utilité de cette quantité de fumier. Cependant si les bateliers ont mêlé trop d'eau dans cet engrais, ce qu'ils appellent *baptiser la marchandise*, le cultivateur est dupe du marché C'est, au reste, un genre de connaissance très commun chez les fermiers intelligens, que de savoir à quoi s'en tenir sur la qualité des vidanges, à ne les juger que d'après l'odeur et la couleur.

Les cultivateurs qui n'habitent pas les bords des rivières se rendent, pendant la nuit, avec des baquets construits exprès pour cet usage, chez les citadins, qui leur donnent, pour très peu de chose, le contenu des fosses d'aisance. Si les cultivateurs avaient à débourser le prix de la main-d'œuvre et du transport de ces matières fécales, elles leur coûteraient plus cher que celles dont nous venons de dire la valeur ; mais, en compensation, ils sont plus sûrs de la bonne qualité de l'engrais.

Les vidanges de latrines et l'urine des bestiaux sont souvent aussi employées dans les jardins potagers et les vergers ; on met ce fumier autour des arbres fruitiers de toute espèce : cette dernière opération est d'autant plus à recommander, que les frais se trouvent couverts par l'amélioration seule de l'herbe sous les arbres, sans compter ce que ceux-ci gagnent en croissance et en rapport.

L'urine de toutes les espèces d'animaux est recueillie, près des étables ou des écuries, dans des puits maçonnés, dont les dimensions se calculent d'après le nombre des animaux : par exemple, une ferme à deux chevaux et dix à douze bêtes à cornes, dans les terres légères, a besoin d'un puits de la contenance d'environ quatre-vingts futailles ; mais si cette ferme est située dans les terres fortes, il faut un puits d'un quart de plus, parce que, dans ces cantons, il faut attendre souvent plus longtemps, en hiver, avant que l'on puisse employer cet engrais pour le sol. En dehors des étables, dans la voûte dont les puits sont recouverts, il y a une ouverture par laquelle on remonte l'engrais liquide, à la cuiller ou dans un seau, ou bien on l'extrait au moyen d'une pompe de bois (1).

L'engrais liquide du bétail est employé abondamment dans l'agriculture flamande. Ceux qui ne peuvent pas s'en procurer une quantité suffisante, en temps utile, par le moyen des bestiaux qu'ils possèdent, cherchent à remplir ce déficit en allongeant avec de l'eau l'urine de bétail qu'ils ont dans leurs puits, et en la renforçant par le produit des latrines, par des tourteaux de navette ou de chenevis, par le fumier des poules ou des pigeons, par du fumier consommé de mouton, ou par les excrémens des vaches : ils jettent tout cela dans le puits où se recueillent les urines des animaux, et le transportent, huit ou dix jours plus tard, aux endroits où ils en ont besoin.

Dans certains cantons, il se fait une dessiccation du produit des vidanges, et l'on mêle cette poudrette avec de la cendre, avec les excrémens des vaches et des chevaux et un peu de balayures des rues. Ceci est très bon pour des terres légères à la fois et humides ; mais la dépense est un peu forte, puisque une voiture formant la charge de deux chevaux coûte à peu près 30 francs.

*Le Propriétaire.* — Ces détails sont encore une fois d'une grande précision. Je vois que vous observez tout

---

(1) Dans quelques départemens de la France, on donne à cet engrais le nom de *purin*; les espèces de citernes où l'on recueille ce *purin* s'appellent *murets* sur les bords de la Saône. T.

avec attention et qu'il me reste bien peu à dire, puisque vous en savez infiniment plus que tous ceux avec qui je me suis entretenu sur cet objet. Continuez donc et apprenez-moi ce que vous pensez des diverses espèces de cendres classées sous le n°. 9.

*Le Fermier.* — Les cendres que nous indiquons sous le n°. 9, et, avant tout, les cendres hollandaises, sont extrêmement estimées dans notre agriculture. Elles nous sont apportées de la Hollande en bateaux : on en fait très grand usage ; on les répand sur les jeunes trèfles et sur les prairies trop arides ; on les emploie aussi pour la culture du lin. Les cendres indigènes, notamment celles qui proviennent du charbon de terre, servent au même usage ; mais elles ne sont pas, à beaucoup près, aussi bonnes ; elles contiennent moins d'engrais et moins de sel. On préfère la cendre du bois de chauffage ; mais elle est rare : on la vend fort cher aux tisserands, pour la préparation du fil de lin en lessive bouillante.

On trouve peu d'occasions d'acheter la cendre que donne le combustible nommé par quelques personnes *tourbe de bruyère*, et qui est l'écorce supérieure enlevée au sol des bruyères ; car ce combustible est réduit en cendres presque exclusivement par les amateurs qui veulent convertir des bruyères en terres labourables ou en bois, et qui, pour réussir dans cette entreprise, sont obligés de laisser ce résidu sur le sol même qu'ils désirent cultiver ou couvrir de plantations.

La cendre de savon est le résidu des savonneries : les restes de la lessive des blanchisseurs s'appellent cendres de blanchisseries. La première de ces espèces est de la plus grande utilité dans les terres fortes et humides, attendu qu'elle contient de la chaux. La seconde est meilleure et plus grasse ; elle convient aux terres sèches et légères comme étant moins échauffante que la première, et n'étant mêlée d'aucune substance calcaire; mais aussi elle est beaucoup plus chère : l'un et l'autre de ces engrais sont très bons pour les trèfles et pour les prairies arides. Si leur prix est un peu trop élevé, en revanche on peut compter qu'ils produisent un excellent effet pendant trois ans, et même qu'ordinairement la seconde année, ils sont plus utiles que la première. L'effet de ces deux engrais se prolonge si long-temps, que, dans les estimations des remboursemens à faire au fermier sortant par le nouveau fermier qui commence un bail, on compte pour la seconde année deux tiers d'arrière-engrais et pour la troisième encore un tiers. Il en est de même de l'arrière-engrais de la chaux. On emploie encore sur les terres légères une autre espèce de cendres, composée d'un mélange de cendres de bois, de tourbe, de l'ordure du grain, de la paille du colza, enfin de tout ce qui se brûle dans les *polders*, dans le nord de la Flandre et dans les environs de Nieuport. Ces cendres arrivent en bateaux par le canal de Bruges à Gand : on leur donne le nom de cendres noires, et on les emploie beaucoup pour les jeunes trèfles et les prairies. Elles ne sont pas chères, attendu qu'on n'en fait pas usage dans les cantons où elles se brûlent, probablement parce que toute cendre contient des particules de sel qui donnent de la fertilité aux terres légères privées de substances salines, mais qu'elle devient nuisible aux fortes terres des *polders*, qui ordinairement ne sont que trop pourvues de ces substances, tant par leur nature même que par leur situation près de la mer, dont les exhalaisons pénètrent le sol.

Pour terminer cette énumération, nous avons enfin

la dixième espèce d'engrais ou les tourteaux, qui sont le résidu ou le flegme de l'huile de colza et de chenevis : c'est un des meilleurs fumiers connus. On l'emploie plus ordinairement dans certains cantons que dans d'autres, et principalement aux environs de Courtrai et de Thielt, surtout les tourteaux de colza pour la culture du lin et les tourteaux d'huile de chenevis pour la culture du froment, de l'avoine et du seigle.

J'ai nommé précédemment sous le n°. 10 des engrais le résidu d'amidon, celui des cuves d'imprimeries d'indienne et le rebut des tanneries, de la boucherie et du marché aux poissons : toutes ces matières forment un bon fumier lorsqu'elles sont convenablement mêlées à d'autres engrais ou avec de bonne terre; mais on s'en sert peu, attendu qu'on ne se les procure guère que dans les villes. Quant au résidu de rebut dans les raffineries de sucre, il faut le jeter dans les puits où se recueille l'urine des bestiaux : alors il forme un très bon engrais, meilleur même que les vidanges de latrines.

La suie des cheminées est un fumier parfait pour les jeunes trèfles et pour les potagers : elle a la propriété de détruire beaucoup d'insectes, qui endommagent souvent les graines et les plantes. Un sac de suie, pour certaines espèces de terres, vaut mieux que deux sacs de cendres.

Voilà, monsieur, dans toute sa simplicité, l'ensemble des observations faites par les cultivateurs flamands sur les engrais, et les résultats de leur expérience. Cet exposé suffit sans doute pour établir l'indispensable nécessité du fumier dans l'agriculture (1). Nous

(1) Outre tout le fumier qu'obtiennent les cultivateurs du centre de la Flandre dans leur exploitation même, ils en font venir encore

avons coutume de dire que lorsqu'on désire une récolte abondante et des productions de la meilleure qualité, il faut se pourvoir, outre toutes les autres choses requises, d'une quantité suffisante de bon fumier et ne pas l'épargner au sol; qu'il en est d'un champ comme d'une vache : quand on retranche de la nourriture de l'un ou de l'autre, on se prive du profit qu'ils auraient pu donner.

Mais à présent, monsieur, c'est à vous de m'apprendre à connaître d'autres engrais. Vous vous rappelez sans doute votre promesse : vous avez remis à ce moment une explication sur ce que vous entendez par engrais de l'eau et de l'air.

*Le Propriétaire.*— Certainement, je m'en souviens; et je vous tiendrai parole, avec beaucoup de plaisir.

Ce que je nomme engrais des eaux n'est pas, comme vous l'imaginez bien, une espèce d'eau particulière; mais cela consiste en plusieurs sortes de plantes aquatiques, c'est à dire d'herbes qui croissent au fond des eaux, dans quelques rivières qui coulent autour de la ville de Gand, nommément la Lys et la Lieve, ainsi que dans les canaux de Bruges et du sas de Gand, la Moere, la Leede méridionale et la longue Leede, et dans les rivières et les fossés chez quelques propriétaires. Moins ces eaux ont de profondeur, moins leur cours est rapide, et plus il y pousse de ces herbes. Au printemps, les petits cultivateurs rassemblent avec beaucoup de soin toutes ces herbes, qui se trouvent encore alors dans leur première verdure ; ils s'en servent comme d'un fumier dans les terres sèches et légères, où ils plan-

---

chaque année des milliers de bateaux par les canaux de Bruges et d'Ostende, par le Bas-Escaut et la Durme, de Bruxelles, de Louvain, d'Anvers et de la Hollande. A.

tent des pommes de terre. Ils estiment que cet engrais vaut autant pour cette production que tout autre fumier, principalement pendant les années de sécheresse. Mais après la récolte de ce premier fruit, toute la force et tout l'effet de l'engrais ont disparu ; et le même sol a besoin d'un nouveau fumier, soit de vache, soit d'immondices des rues, avant qu'il puisse porter d'autres productions.

Voici comment on rassemble ces plantes aquatiques et de quelle manière on en fait usage.

Les herbes se fauchent dans l'eau ; on les y ramasse en des barquettes, et on les transporte sur le terrain qu'on vient de disposer pour la plantation des pommes de terre. Le sol a été préalablement coupé, au moyen d'un hoyau, en raies ou sillons de 4 pouces de profondeur, au fond desquels on jette ce fumier; la pomme de terre qu'on veut planter est mise par dessus; quelquefois, quand le sol est très sec, la pomme de terre est placée sous le fumier, et dans tous les cas on la recouvre de terre, à la houe ; lorsque enfin elle est en pousse et que la tige se trouve à un demi-pied au dessus du sol, alors on lui donne un arrosage d'engrais liquide et on élève autour de chaque plante, au moyen du hoyau, une motte de terre semblable à une taupinière. Mais il faut observer qu'on doit enfouir ces herbes le plus promptement possible après qu'on les a rassemblées, et au plus tard dans les quarante-huit heures, sans quoi elles se consomment et perdent toute leur force.

Cet engrais, étant mis dans la terre, commence aussitôt à fermenter d'une manière incroyable, et réchauffe le sol au point que la pomme de terre ne tarde pas à germer. Tout cela se fait plus promptement et avec plus de force qu'au moyen de tout autre engrais. Ces herbes, d'ailleurs, entretiennent l'humidité du terrain et préviennent les grands dommages que la moindre sécheresse apporte aux pommes de terre, dans les terres légères. Je sais que bien des cultivateurs, dans les cantons où les terres sont fortes et de bonne qualité, font peu de cas de ce fumier; mais je les invite à l'essayer dans un sol léger, et je suis persuadé qu'ils seront étonnés du résultat, surtout pendant les années de sécheresse.

J'avoue toutefois que la méthode de planter les pommes de terre avec les herbes des fossés convient principalement à un petit fermier: en premier lieu, parce que tout autre engrais lui manque ordinairement; 2°. parce que sa femme et ses enfans peuvent rassembler ces herbes et qu'il est dispensé ainsi de toute avance de fonds: tandis que, pour cet objet, un grand cultivateur aurait à faire beaucoup de dépenses et à prendre beaucoup de peine, à une époque de l'année où il est ordinairement accablé de travail et quand il est pourvu d'autre fumier.

*Le Fermier.* — Votre dernière remarque était précisément, monsieur, ce que j'allais objecter : il me semblait que cet embarras et le défaut de temps devaient éloigner le grand cultivateur de l'idée de se procurer l'engrais des plantes d'eau. J'essaierai cependant cela de plus d'une manière, puisque j'aime à connaître tout ce qui peut devenir utile à l'agriculture. En attendant, je vous prie, monsieur, de me donner l'explication promise sur l'engrais de l'air : je suis très curieux de savoir de quelle manière vous vous y prendrez pour cela, et quel sera cet engrais. Véritablement ceci me paraît étrange.

*Le Propriétaire.* — Je ne m'étonne pas de vous voir

si éloigné de toute idée précise sur l'engrais atmosphérique; et je sens qu'il ne sera pas facile de vous persuader qu'il existe un engrais inappréciable dont vous recueillez chaque jour les incontestables bienfaits, tandis que rien de tout cela ne tombe sous vos sens et que vous n'en pouvez juger ni à la vue ni au tact: mais un peu de patience et d'attention suffiront pour nous mettre d'accord. Je finirai par vous convaincre de la réalité d'un résultat dont ne se doutent pas certains cultivateurs qui l'obtiennent par leur industrie.

Si j'avais besoin d'exposer les avantages dont l'air fait jouir la terre, de dire à quel point il contribue à la rendre fertile, et de retracer toutes les circonstances de ce phénomène, je répéterais un grand nombre de raisonnemens décisifs, et je citerais beaucoup d'expériences chimiques dont de savans auteurs se sont servis pour assigner les propriétés des diverses parties de l'air et pour expliquer comment le feu, l'air, la terre et l'eau s'impriment un mouvement réciproque et répandent leurs bienfaits sur toute la nature; mais ceci nous mènerait trop loin et serait étranger à notre plan. Je me contenterai donc, pour fournir les preuves que j'ai promises, de présenter quelques observations préliminaires et indispensables. Je remarquerai,

1°. Que la force de tous les engrais réside principalement dans leurs sels fécondans et leurs huiles, contenus en quantité plus ou moins forte dans tous les fumiers, selon la nature de chacune de leurs espèces.

2°. Que ces sels et ces huiles ne sont pas un sel et une huile proprement dits, mais seulement des sucs salins et huileux.

3°. Que ces sucs étant mêlés à la terre et à d'autres substances en sont détachés de temps en temps par la chaleur du feu électrique et par les rayons du soleil ; qu'alors ils sont mis en mouvement, rendus liquides et qu'ils deviennent tellement volatils que, n'ayant plus par eux-mêmes aucune consistance, ils s'évaporent promptement et se mêlent à l'air.

4°. Que ces substances salines et huileuses, étant continuellement ainsi élevées de la terre par une force aspirante, forment bientôt dans l'air une masse qui acquiert du poids en raison de la quantité de particules réunies, jusqu'au moment où, par une opération contraire des élémens, telle qu'une prompte diminution de la chaleur ou une augmentation du froid, ces substances, attirées vers un point élevé de l'atmosphère, se condensent, s'affaissent, au point de descendre près de la terre, et finissent par s'y déposer.

Ces observations sont des vérités trop évidentes pour être révoquées en doute. Cela étant, réfléchissez à l'incroyable quantité de corps et de substances diverses qui évaporent continuellement leurs parties les plus déliées, de la manière que je viens de le dire. La mer, qui s'agite nuit et jour si près de nous, remplit l'air d'un acide de sel marin, qui, étant dissous par les flots en mouvement, s'élève dans l'atmosphère et s'y confond. Ajoutez-y tous les sels légers et les huiles que la combustion, la fermentation ou la putréfaction extraient sans cesse de tous les corps huileux ou salins. Ajoutez les transpirations de tous les corps humains et de tous les animaux, les exhalaisons des arbres, des herbes et des plantes; ajoutez la fumée de tant de milliers de cheminées répandue tous les jours dans l'air : quand vous aurez porté votre attention sur toutes ces choses, vous avouerez que l'atmosphère est un immense réservoir d'où découlent des sources fécondes de richesses agricoles et qu'il verse sur la terre des trésors d'engrais variés, lesquels s'y réunissent et la fertilisent à un degré incroyable; mais vous sentirez aussi que toutes les terres ne sont pas également disposées à profiter de ces bienfaits. Les sels et les huiles qui retombent de l'atmosphère, ainsi que nous venons de le remarquer, s'attacheront de préférence aux terres grasses nouvellement labourées, attendu que celles-ci contiennent plus d'alcali : on peut en dire autant des terres sur lesquelles on a jeté de la chaux ou des cendres, ou qui ont été fumées avec un engrais rempli de substances alcalines, comme l'est particulièrement le fumier des balayures des rues. Ces substances, en effet, attirent à elles les huiles et les sels volatils, comme l'aimant attire le fer. C'est par cette raison que les terres arides de bruyère participent fort peu à ces bienfaits : elles sont rarement labourées et fumées et elles ne possèdent pas les qualités qui fixent, comme nous venons de le dire, les sels et les huiles volatils.

Enfin, il importe de savoir que l'époque où ces matières fécondantes s'abaissent vers la surface de la terre est principalement depuis l'automne jusqu'au printemps, parce que le soleil et le feu élémentaire ont alors moins de force. Mais, après le printemps et jusqu'en automne, lorsque la chaleur met tout en mouvement, presque toutes les terres, tous les arbres, toutes les herbes, toutes les plantes sont dans un état de transpiration qui est même nécessaire pour leur développement. Il s'ensuit que le printemps et l'automne sont les époques les plus favorables pour ouvrir le sol.

*Le Fermier.*—Monsieur, tous ces raisonnemens sont un peu relevés pour l'intelligence d'un cultivateur ordinaire. J'y vois bien briller quelques rayons de lumière et de vérité; mais je n'en suis pas entièrement satisfait. Je n'entends pas aussi bien que je le désirerais ce système de sel, d'huiles, d'exhalaisons et d'alcali dont vous me parlez. Vous m'avez promis de me démontrer que plusieurs cultivateurs flamands recueillent l'engrais atmosphérique et en éprouvent les bienfaits sans le connaître. Si vous vouliez me prouver ce dernier point, je concevrais peut-être mieux tous les autres.

*Le Propriétaire.* — Bien volontiers; mais la cause qui vous empêche de saisir parfaitement mes observations préliminaires, c'est que rien n'entre dans l'esprit, qui n'ait été d'abord soumis à nos sens. Si le fertile engrais atmosphérique était un fumier que vous pussiez voir et palper, l'idée s'en présenterait à votre intelligence après avoir frappé vos sens : cette dernière opération n'ayant pas eu lieu, votre raison se refuse à admettre l'existence de l'objet même; et c'est ainsi que, pour plusieurs cultivateurs flamands, l'engrais atmosphérique paraît une pure chimère. Cela n'empêchera pas que vous ne soyez bientôt convaincu de la réalité de la chose par le résultat de vos propres expériences.

Vous savez qu'autrefois en Flandre la loi et la coutume exigeaient que la troisième année on laissât les champs en jachère; vous savez que pendant cette année on faisait labourer ces terres quatre ou cinq fois; on prétendait avoir besoin de ce procédé, afin de laisser du repos au sol et de recueillir plus tard des productions en plus grande quantité : ce raisonnement était celui de l'ignorance. De même que l'homme peut tous les jours travailler des dix doigts de ses mains et employer ses forces, s'il reçoit chaque jour une nourriture convenable; de même la terre, si on lui donne tous les ans la quantité nécessaire de fumier, lequel est sa nourriture, se trouve en état de travailler et elle produit, chaque année, moyennant les soins du cultivateur, toutes les espèces de fruits que la Providence l'a destinée à fournir, en raison des diverses qualités et de la situation du sol. La loi et l'ancien usage des jachères datent de l'époque où les cultivateurs possédaient moins de bétail et moins de chevaux qu'aujourd'hui, et par conséquent moins de fumier. L'expérience leur démontrait que, par les jachères, ils éprouvaient moins le besoin de l'engrais; et la raison naturelle de cette diminution de besoin, dont ils ne se rendaient pas compte, était simplement que, dans cet intervalle, leur terre, étant labourée quatre ou cinq fois, se trouvait continuellement ouverte et exposée à l'air, dont elle aspirait les émanations bienfaisantes, surtout au printemps et en automne, comme je viens de le dire. Il est hors de doute que si on laissait reposer son champ pendant une année sans le labourer, ce repos lui ferait plus de mal que de bien : ce n'est donc pas le repos qui donne plus de fertilité à un champ; la source de ce bien-être est l'engrais atmosphérique dont s'imprègne la terre fréquemment ouverte. Ceci paraîtra incontestable, si l'on observe que les terres ne sont plus laissées en jachère ou en repos comme autrefois, et que cependant on obtient des récoltes plus abondantes et meilleures. Il arrive même, aux environs de Gand, que quelques cultivateurs labourent et ensemencent une partie de leurs terres trois fois dans l'année et obtiennent deux récoltes (1). Et de quels moyens se servent-ils? Le seul

(1) Au mois de mars, ils sèment de l'orge d'été, qui est mûre à la fin de juin ou au commencement de juillet : après cela, ils sèment du navet ou plantent des pommes de terre. Ces productions étant rentrées en octobre ou novembre, ils sèment du blé. C'est ainsi que,

qu'ils emploient, c'est une meilleure culture et une quantité d'engrais plus forte que celle que l'on donnait aux terres laissées en jachère.

Vous voyez ici le premier cas, d'où il résulte que les cultivateurs recueillent l'engrais atmosphérique par les jachères. Venons à la seconde preuve.

Vous savez qu'immédiatement après la rentrée de la récolte du froment ou de toute autre production après laquelle on veut semer du seigle, les meilleurs cultivateurs retournent leur champ à la charrue et le disposent en planches de la largeur de six traits du soc ou sillons; qu'alors ils creusent à la bêche, à 8 ou 9 pouces de profondeur, le sillon de la dernière tranche de terre retournée, et qu'ils posent à la surface du sol isolément chaque pelletée de terre extraite, opération qu'on appelle *mettre dehors* (1) et qui est fort approuvée de tous les agronomes. Vous voyez que toutes ces mottes de terre, posées isolément, sont autant de récipiens pour rassembler l'engrais atmosphérique, et qu'elles ont le triple en capacité de ce qu'aurait une égale motte de terre étendue à la surface du sol. Quand ces mottes de terre ont été ainsi debout pendant deux mois, à peu près, on les brise à la herse, afin de semer le seigle sans autre engrais que le demi-arrière-engrais du fruit précédent, cette opération étant également comptée pour un demi-engrais. Et d'où pourrait venir ce dernier demi-engrais, si ce n'est de l'influence des matières fécondantes qui flottaient dans l'atmosphère et qui se sont jointes aux mottes de terre dont nous venons de parler

---

par le fumier et le travail, ils ont l'art de tenir leurs champs dans un mouvement continuel de rapport. La même opération se fait après la récolte du colza. A.

(1) En flamand, *uitzetten*.

et les ont pénétrées comme l'eau pénètre dans une éponge?

La troisième preuve est celle-ci : les *croupissoirs*, dont nous avons parlé (1), tirent bien à la vérité une partie de leurs excellentes qualités de la bonne terre et de la chaux dont ils sont faits; mais ils s'améliorent beaucoup par leur longue jachère et par leurs fréquens déplacemens : c'est ainsi que l'air y entre de tous côtés et y dépose ses esprits fécondans. Il est démontré, par l'expérience, que si on laisse intacts ces *croupissoirs*, pendant deux ou trois ans, sans les remuer, on trouvera la qualité de la terre détériorée.

Encore une observation : les balayures ou les immondices des rues dans les villes consistent, pour la majeure partie, en sable et en sablon ; et cependant un pareil engrais est fécondant; sa bonne qualité ne peut provenir des mauvaises matières dont il est composé; il faut qu'elle ait sa source dans les sels et les huiles dont l'air des rues, dans les grandes villes, contient une bien plus forte masse que l'air de tout autre lieu. Ceci ne paraîtra pas douteux, si l'on considère que ces émanations, ne trouvant pas au milieu des villes quelque champ ou partie de terre où elles puissent s'attacher, doivent nécessairement tomber sur les immondices des rues et s'unir aux alcalis dont ces balayures sont pourvues.

Bien des personnes soutiennent que le fumier des rues d'Anvers est meilleur que celui de Bruxelles ou celui de Louvain; que celui d'Ostende vaut mieux que celui de Bruges, et que ce dernier est meilleur que celui de Gand : on ne donne aucune bonne raison de toutes ces

(1) Page 61.

préférences. Ne serait-il pas permis de croire, en ce cas, que le fumier des rues d'Ostende, de Bruges et d'Anvers est meilleur, peut-être, à cause du voisinage de la mer, qui, par son mouvement continuel, occasione des exhalaisons et des descentes de matières fertilisantes, qui s'unissent surtout au fumier des rues (1)?

Vous direz peut-être que j'estime au dessus de sa valeur réelle la fécondité de l'air et que j'en parle trop long-temps. Cela se peut; mais je crois de bonne foi qu'on ne saurait trop la vanter, ni la recommander trop fortement à l'attention des cultivateurs intelligens, afin de les engager à labourer leurs champs autant qu'il est possible et à les laisser jouir long-temps de l'action de l'air, principalement les terres fortes, et surtout, comme je viens de le remarquer, au printemps et en automne, qui sont les meilleures saisons pour les jachères. Je souhaite qu'ils ne soient pas avares de leur travail et qu'ils ne se montrent pas opiniâtres quand il s'agit de tenter un essai sur un point si important. Peut-être le temps nous en apprendra-t-il encore plus que nous n'en savons jusqu'à présent. Souvenons-nous que la Providence a voulu que la nature fût secondée en toutes choses, et que l'homme a été doué d'intelligence et d'activité pour chercher et pour découvrir ce qui

(1) On pourra objecter que, si les exhalaisons de la mer donnaient des matières fertilisantes, et si ces matières s'unissaient au sol, on ne trouverait plus aujourd'hui de mauvais terroirs près de la mer, et que les dunes même seraient devenues fertiles depuis long-temps. Ceci est réfuté d'avance par ce que l'on a dit page 77, sur les mauvais terrains qui ne possèdent pas les propriétés nécessaires pour profiter de ces avantages. Il paraît aussi que les terres qui renferment jusqu'à un certain degré ces matières cessent de s'en pénétrer, de même qu'une éponge ne prend plus d'eau lorsqu'elle en est imbibée suffisamment.
A.

peut lui être utile. C'est sans doute un phénomène remarquable, qu'après un certain intervalle de temps, tout ce qui vient de l'agriculture y retourne ; que tous les objets créés travaillent sans cesse à entretenir un mouvement réciproque ; qu'ils décrivent un certain cercle, et finissent par revenir au point où ils ont commencé. Tout, dans la nature, est une composition et une décomposition perpétuelles ; rien ne se dissout entièrement pour rentrer dans un néant absolu ; et le Créateur seul connaît la cause de ces étonnantes révolutions.

On ne saurait nier que, pour obtenir de bons fruits en grande quantité, on n'ait un besoin essentiel de terre bien rompue et divisée, d'eau, d'air, de calorique, et d'engrais ; mais plusieurs disputent encore sur les propriétés de la terre. L'un prétend qu'elle ne contient pas de sucs nourriciers, l'autre soutient qu'elle en possède, et chaque parti allègue des raisons presque également plausibles, pour soutenir son assertion. Il me semble qu'on ne devrait adopter l'extrême d'aucune de ces deux opinions. J'estime que chaque espèce de terre, dans ses rapports avec la végétation, a quelque propriété spéciale, et doit être regardée comme le premier moteur employé dans un mécanisme admirable ; mais que chaque espèce diffère de l'autre en ce qui concerne sa nature et le plus ou moins de force qu'elle peut avoir pour faire pénétrer dans les semences et dans les plantes les parties fécondantes de l'eau, de l'air et du fumier, au moyen du feu élémentaire ; que ces parties nourricières ont non seulement une influence diverse les unes sur les autres, en raison de l'état de l'atmosphère, des saisons et de la nature du sol, mais aussi une influence différente sur les diverses terres et conséquemment sur leurs productions ; que l'ordre inconnu de ces influences si différentes et si merveilleuses est vraisemblablement la première cause de la variété et des nuances dans les productions de la terre; phénomène mieux connu par l'expérience que par tous les raisonnemens auxquels il a donné lieu.

Avant de terminer cet entretien, je ferai une dernière observation, qui me semble permettre d'avancer que les parties fécondantes dont l'atmosphère est remplie sont en quelque sorte visibles. J'ai remarqué plus d'une fois, lorsque les rideaux de ma chambre étaient fermés pour la mettre à l'abri des rayons du soleil, que ces rayons y ayant pénétré par une ouverture et répandant une plus vive lumière dans cette partie de l'appartement, on y voyait flotter des milliers de petits atomes de toute forme, assez semblables à la plus fine sciure. Ne pourrait-on pas demander si l'air n'est point rempli de ces matières légères, tellement subtiles que le moindre mouvement des autres corps ou du vent les met en agitation et les fait monter? si, au moment de s'élever, elles ne sont pas fécondées par les émanations de la terre et par les substances huileuses et salines dont j'ai déjà parlé? si, après s'être agglomérées et avoir acquis une certaine pesanteur, elles ne sont pas enfin précipitées vers la terre par les froids, par les pluies, et surtout par les flocons de neige? Je dis surtout par les flocons de neige, parce que les Flamands comptent sur une bonne moisson, et particulièrement sur une bonne récolte de lin quand il tombe beaucoup de neige en hiver. Ils n'appuient cette opinion que sur l'expérience. Mais ne pourrait-on pas demander si la cause de cette fécondité n'est pas que les flocons descendant avec lenteur et sans effort vers la terre, et ayant une certaine étendue, entraînent avec eux toutes ces matières fécondantes, et les déposent sur le sol; opinion qui se confirme par ce fait, que jamais l'air n'est plus pur et plus serein qu'après des neiges abondantes?

Je fis un jour ces questions à un amateur de pareilles recherches : celui-ci me répondit : « En effet, vos
» observations semblent renfermer quelques vérités.
» Un jour qu'il neigeait fort, je plaçai en plein air un
» grand bassin de pierre, bien nettoyé de toute pous-
» sière; la neige tombait en grande quantité; en peu
» de temps, le bassin fut rempli; je le fis couvrir
» aussitôt d'une grande toile. Le temps se radoucit, et
» en deux jours toute la neige se trouva fondue. Je
» laissai reposer l'eau encore deux jours, et je la fis
» couler doucement, au point de vider le bassin. Je vis
» alors clairement au fond du bassin une matière grasse
» ou visqueuse, laquelle ne pouvait être arrivée là que
» par la neige, qui l'avait sans doute entraînée dans sa
» chute. »

Mais nous ferons mieux de passer tout cela sous silence, puisque ces matières, trop difficiles pour de simples cultivateurs, sont plutôt du domaine des naturalistes.

# DIALOGUE IV.

LES PRINCIPAUX INSTRUMENS ARATOIRES. — LE LABOUR. — LA MANIÈRE DE BÊCHER ET DE NETTOYER LA TERRE.

*Le Propriétaire.* — Je crois inutile, mon ami, de vous demander une description complète des instrumens qu'on emploie dans l'agriculture de la Flandre ou d'entrer en de longs détails sur cet article, puisqu'ils sont trop simples et trop connus de tous ceux qui ont quelques notions sur l'art de cultiver; il serait superflu d'en parler à ceux qui sont étrangers à cet art, vu qu'ils ne peuvent se former qu'une idée imparfaite des objets que nous traitons. Cependant, pour dire quelque chose sur cette matière, j'ai cru qu'il serait bon de vous faire voir ici les dessins des principaux instrumens dont on se sert dans les travaux des champs (1) : je vous laisse le soin de leur donner les noms qui leur conviennent, et de me dire successivement à quel usage ils sont destinés dans l'agriculture.

(1) Voyez, à la *Pl.* IV, l'échelle de proportion, d'après laquelle on peut mesurer tous les instrumens et outils représentés du n°. IV au n°. XIV inclusivement. Le lecteur est prié d'observer que cette proportion n'est pas toujours suivie à la rigueur : tel cultivateur exige quelquefois, plus que tel autre, un degré différent de hauteur, de longueur ou d'épaisseur dans certaines parties de l'instrument qu'il fait confectionner. A.

*Le Fermier.* — L'instrument qui est représenté ici, *Pl.* IV, est une charrue qu'on appelle charrue légère ou charrue à pieds. C'est la charrue dont on fait le plus d'usage en Flandre, et particulièrement dans toutes les terres légères; elle entre de 3 à 8 pouces dans le sol, à la volonté du laboureur; on y attèle un cheval dans les terres légères, et deux dans les terres fortes.

Il y a une autre charrue, qu'on appelle charrue de Malines. Elle ne diffère de la charrue à pieds que par le soc, qu'elle a dans une position plus verticale, et qui, par conséquent, peut entrer plus avant dans la terre : il va jusqu'à 10 ou 14 pouces de profondeur.

Cette figure, *Pl.* V, représente la grande charrue wallone, ou charrue *à coutre :* pour celle-ci, on emploie deux, trois ou quatre chevaux, d'après la profondeur que l'on veut donner au sillon et eu égard à la dureté du sol; mais on ne s'en sert que pour les champs très étendus, de forte terre glaise et dans les *polders.*

En Flandre, on connaît encore d'autres charrues; mais elles n'offrent guère de différence avec les premières que par un peu plus ou moins de force et de pesanteur.

Voici la herse, *Pl.* VI, instrument triangulaire en bois et armé de dents. Après le labour, on la fait passer sur les terres pour briser les mottes, aplanir le terrain, arracher l'ivraie et faire entrer la semence plus avant quand les semailles sont faites. Pour les terres légères, cet instrument est ordinairement carré; on le tire alors de biais.

Beaucoup d'agriculteurs emploient dans les terres fortes une autre herse, qu'ils appellent la grosse herse : elle ne diffère de la première qu'en ce que les dents sont éloignées les unes des autres d'un tiers de plus. C'est avec celle-ci qu'ils font la première opération;

ils enlèvent ainsi plus facilement la grosse ivraie, le chiendent et les éteules : après quoi, ils font la seconde opération avec la première herse, dite la herse fine. Pour les terres fortes, quelques cultivateurs ont des herses à dents de fer : celles-ci sont ordinairement plus fines que les dents de bois, et, par conséquent, elles coupent mieux le sol et le divisent davantage.

Cette figure, *Pl.* VII, présente une autre herse, dont les dents sont encore à une distance bien plus grande. On l'emploie le plus souvent, dans les grandes cultures, pour éclaircir les navets et les plantes de colza quand ils sont trop épais et trop serrés.

Ceci est le traîneau, *Pl.* VIII. Cet instrument est formé de plusieurs planches rattachées avec des traverses. Après qu'on a hersé, il sert à casser encore davantage les mottes, à aplanir et fermer la terre ; ce qui est surtout nécessaire quand on veut semer du lin.

Il y a une autre sorte de traîneau, *Pl.* IX. C'est une espèce de tissu grillé, en perches de chêne. Quelques cultivateurs s'en servent dans les terres fortes, après avoir hersé, pour séparer encore mieux la terre, et arracher l'ivraie et les éteules, qu'on ramasse enfin à coups de herse.

On nomme également traîneau une claie de branchages, sur laquelle on met des gazons ou quelque autre chose de lourd, *Pl.* X. On la traîne par le champ lorsqu'on a semé du lin ; et, pour resserrer la semence dans la terre, on y repasse encore le premier traîneau, *Pl.* VIII.

Le brise-mottes roulant, *Pl.* XI, A, est un rouleau de 15 à 20 pouces de diamètre et de 5 à 6 pieds et demi de long. Il sert, comme le traîneau, dans les terres fortes, à écraser les mottes, à égaliser le terrain, et, surtout dans un temps de sécheresse, à refouler la semence dans la terre : quand on a pris ce soin, la graine lève plus tôt, et on prévient le dépérissement de la plante.

Nous avons un rouleau, beaucoup plus léger que le précédent, *Pl.* XI, B. Il n'a que 9 à 12 pouces de diamètre. On l'emploie ordinairement dans les terres légères, surtout après l'hiver, lorsque les épis ont déjà une hauteur de 3 à 4 pouces et que la terre est devenue trop légère, soit par la gelée, soit par le remuement que causent les taupes, les souris ou les vers : c'est alors qu'on tire ce rouleau à travers le champ, à main d'homme, pour fermer la surface ; ce qui fait que les plantes poussent mieux. Quelques personnes, pour former le rouleau de cette machine, prennent une pierre dont le diamètre n'a que 5 à 7 pouces : cela fatigue davantage les chevaux et les hommes. Évidemment, un rouleau de bois de 20 pouces de diamètre doit couler avec plus d'aisance qu'un rouleau de pierre de 6 pouces, par la même raison qu'une grande roue se meut plus facilement qu'une petite. Par compensation, à ce qu'on prétend, le rouleau en pierre vaut mieux pour fermer plus également le sol, puisqu'il est plus court d'un tiers que le rouleau en bois.

La bêche de fer, *Pl.* XII, A, quoique le plus simple de tous les instrumens aratoires, n'en est pas moins le plus indispensable, surtout pour les petits cultivateurs, qui bêchent annuellement une grande partie de leurs terres.

La houe, espèce de grand sarcloir, *Pl.* XII, B, sert à briser et à soulever le sol, quand on plante des pommes de terre et dans plusieurs autres opérations.

Voici encore deux sarcloirs, *Pl.* XII, C et D. Ils

servent à enlever l'ivraie et à nettoyer la terre, entre quelques productions, comme les féveroles, les pois, les pommes de terre, les navets et les carottes.

La fourche, *Pl.* XIII, A, est un trident de fer sur un bâton de 5 pieds, dont on se sert pour charger le fumier sur les chariots et pour l'étendre sur les champs.

Voici un fer à deux ou trois dents crochues sur un bâton de 4 à 5 pieds, *Pl.* XIII, B : il sert à tirer le fumier des étables ou des écuries, et à décharger les chariots sur les champs.

Une autre fourche à deux dents, fixée sur un bâton de 6 à 7 pieds, sert à charger le foin et le blé sur les voitures et à l'en ôter, *Pl.* XIII, C.

La faucille sert à couper les blés et les herbes, *Pl.* XIV, A A.

Voici la faux, pour faucher l'herbe dans les prés, *Pl.* XIV, B.

*Pl.* XIV, C. Le *râteau* est de deux espèces, l'une à dents de fer, l'autre à dents de bois. Le premier râteau sert à ratisser le sol quand on veut semer des trèfles dans le blé ou dans l'orge; l'autre s'emploie pour rassembler le chaume du blé, les trèfles coupés, ou le foin fauché : le râteau à dents de fer ne serait pas bon pour cet ouvrage, parce qu'elles s'arrêteraient trop dans le sol.

Enfin, nous avons des chariots et des charrettes pour les grands fermiers, et des brouettes pour les petits.

Voilà, monsieur, les principaux instrumens que nous employons, bien entendu seulement ceux qui sont nécessaires pour les travaux des champs; ils sont très simples, peu chers et faciles à manier : ils sont aussi trop anciens et trop connus, pour qu'on soit obligé d'en donner une description plus détaillée. J'observerai, cependant, que souvent la herse, *Pl.* VI, et le rouleau, *Pl.* XI, A, ne suffisent pas, dans des terres très compactes, pour casser les grosses mottes qui restent après le labour.

*Le Propriétaire.* — Quelques cultivateurs croient remédier à cet inconvénient, au moyen de la forme hexagone dont chaque côté se trouve hérissé de pointes de fer, *Pl.* XI, C. D'autres ne veulent point se servir de cet instrument, ils le trouvent inutile et incommode. Cependant, on serait porté à croire que les pointes de fer qui s'enfoncent par le poids du rouleau doivent mieux briser les mottes de terre et les diviser en petits fragmens, surtout quand on opère par un temps favorable, c'est à dire lorsque le sol n'est ni trop humide ni trop sec, moment propice que le cultivateur devrait toujours saisir pour travailler ses terres; car, s'il y procède par une trop grande humidité, il ne fait que de la boue; et s'il travaille par un temps trop sec, la terre légère est emportée par le vent et se dessèche, tandis que la terre forte est difficile à labourer, puisque alors les mottes derrière la charrue sont trop grandes et qu'il devient presque impossible de les briser.

Un bon cultivateur portera donc toute son attention sur l'état de l'atmosphère, et il ne laissera échapper aucun moment favorable à ses divers travaux. Afin d'assurer leurs observations météorologiques, il serait à désirer que tous les grands cultivateurs eussent un bon baromètre ; mais c'est ce qu'on ne trouvera pas chez eux. A l'exemple de leurs péres, ils se contentent d'observer quelques signes du soleil ou de la lune, les ondulations des nuages, le cours des vents, les cris de quelques oiseaux, et même la manière dont brûle la lampe. C'est d'après toutes ces variations qu'ils croient pouvoir connaître les changemens prochains de la température. L'expérience est un bon guide, je le sais ; mais quelques lumières qu'elle puisse leur avoir fournies là dessus, je persiste à croire que les grands cultivateurs devraient être pourvus d'un baromètre : car si son indication s'accordait avec celle des signes que leur a fait connaître l'expérience, ils pourraient prendre leurs arrangemens avec plus de certitude et de confiance pour une des choses les plus importantes de l'agriculture.

Celui qui a négligé un jour de labour ou quelque autre travail peut regagner une autre fois le temps perdu, en travaillant avec un peu plus d'assiduité ; mais celui qui néglige un temps favorable éprouve souvent une perte qu'il ne peut réparer. Il ne suffit pas qu'un fermier travaille de ses mains, il faut encore qu'il fasse usage de son intelligence : il doit être vigilant et laborieux tout à la fois ; il faut qu'il sache tout prévoir et arranger toutes choses au mieux : un cultivateur paresseux et indolent ne prospérera jamais.

Maintenant, mon ami, puisque le labour et le travail à la bêche sont la première opération que le cultivateur doive faire subir à ses terres, dites-moi quel est le système que l'on suit à cet égard en Flandre.

*Le Fermier.* — Pour labourer, bêcher et rompre les terres, on s'y prend de diverses manières et en divers temps ; ces époques varient suivant la situation de l'atmosphère, la nature du sol et l'espèce de productions qu'on veut récolter, et enfin aussi un peu suivant les idées particulières de chaque cultivateur.

Vous m'avez dit tantôt, monsieur, qu'on ne doit remuer la terre que lorsque le temps n'est ni trop sec ni trop humide ; mais voilà une règle qu'on ne peut pas toujours observer, surtout dans les grandes fermes, où les travaux sont trop multipliés pour qu'on puisse les différer toutes les fois que le temps n'est pas favorable: cela nous exposerait à être surchargés de trop d'ouvrage à la fois et à ne pouvoir l'achever assez tôt. C'est un inconvénient presque inséparable d'une grande ferme, mais auquel les petites propriétés sont moins sujettes. Un cultivateur n'a donc rien à se reprocher, pourvu qu'il fasse tout son travail le mieux qu'il peut.

Dans les grandes sécheresses, je ne laboure mes terres légères qu'une seule fois avant l'hiver, c'est à dire celles qui sont propres aux *marsais* ou productions d'été. Mais, pour mes terres fortes, si, après une première façon, je trouve qu'elles résistent encore à la herse, je les laboure une seconde fois, et, s'il se peut, transversalement ou à sillons croisés, afin d'ouvrir mieux le sol. Dans tous les cas, le labour transversal est fort à recommander.

Dans une saison pluvieuse, je donne à mes terres fortes un moindre labour qu'à mes terres légères; après quoi, j'attends toujours la saison propre et une température favorable pour le travail ultérieur que les terres exigent.

*Le Propriétaire.* — Je n'ignore point qu'en Flandre les avis sont partagés sur la multiplicité et la profondeur des labours. Les uns disent, 1°. qu'il n'est pas nécessaire de labourer, pendant ou avant l'hiver, les terres qu'ils destinent à la culture des *marsais*, quand même la récolte a été enlevée de bonne heure, et quelque favorable que soit le temps, parce que, disent-ils, le sol fermé fait écouler les eaux, au lieu qu'une terre labourée absorbe trop les pluies d'hiver et rend le sol humide et froid. En second lieu, ils prétendent qu'il faut labourer peu profondément et toujours à la même profondeur, afin que la surface reçoive seule l'engrais et reste constamment dans le même état de fertilité. Ces deux raisonnemens sont autant d'erreurs : le véritable motif qui fait parler ainsi plusieurs fermiers et qu'ils ne vous révèleront pas, c'est qu'ils veulent épargner les frais et le travail; misérable parcimonie qui cause la ruine de bien des gens. Pour moi, j'estime que, dans tous les cas, après l'enlèvement des récoltes, on ne peut trop promptement labourer la terre en planches très élevées, afin de détruire l'ivraie, de faire filtrer les pluies et d'éviter ainsi que le sol ne s'aigrisse et ne devienne marécageux. Je crois aussi que plus on labourera profondément et mieux la terre recevra les bienfaits de l'atmosphère et les pluies qui s'exhaleront en temps de chaleur et de sécheresse, pour envoyer aux plantes des sucs nourriciers.

Le contraire arrive lorsqu'on ouvre la terre à trop peu de profondeur : alors la surface ne tarde pas à s'endurcir, les pluies ne peuvent la pénétrer et l'eau s'écoule. Alors aussi la moindre sécheresse pompe tous les sucs nourriciers, jusqu'à ce qu'enfin les plantes se trouvent sans humidité et qu'elles soient incapables d'atteindre à une parfaite maturité.

*Le Fermier.* — Je vous ai fort bien compris, monsieur, et j'avoue que plus on ouvre la terre à l'influence de l'air et du soleil, plus elle éprouve leurs bienfaits. Il est donc fâcheux que tant de cultivateurs désapprouvent encore le labour profond. Ils disent que lorsqu'on laboure profondément, il faut plus d'engrais; que si, au lieu d'un sillon de 4 pouces de profondeur, on en fait un de 8, il faut, sur une superficie égale, huit voitures de fumier, au lieu de quatre, pour obtenir la même fertilité. Voilà le calcul et les raisonnemens d'hommes inattentifs et sans expérience, car si je fais un sillon de 4 pouces, je mets le fumier à cette profondeur; mais si, au premier labour, je fais entrer le soc à 8 pouces ou plus, cela ne m'empêche point, au second labour, d'enterrer le fumier à la même profondeur de 4 pouces; et si, au second cas, j'emploie pour ces 4 pouces autant de fumier que dans le premier, il est évident que la partie supérieure du sol sera tout aussi bien fumée, et les racines, qui pénètrent bien plus en avant dans la terre qu'on ne pense, ne trouveront pas l'obstacle d'une couche dure au dessous de la superficie.

Il est vrai, cependant, qu'à la rigueur le labour profond ne doit point avoir lieu dans toutes les terres ni chaque année; on s'en dispense quelquefois, surtout dans les terres légères et arides, où il suffit qu'on le fasse tous les quatre ou cinq ans. A cet égard, chacun doit consulter la nature de son terrain.

Quand je rencontre un champ, surtout dans les terres fortes, dont le fond est bon, mais trop dur pour contribuer à la fertilité de la superficie, j'ouvre cette terre avec la charrue de la manière suivante.

Je retourne premièrement la terre avec la charrue légère, *Pl.* IV, en faisant un sillon de 4 à 5 pouces; ensuite je fais aller ou la charrue de Malines, ou bien la charrue *Pl.* V, attelée de trois chevaux ou de quatre, suivant que le terrain l'exige; je laboure cette seconde fois dans le premier sillon tracé, jusqu'à 11 ou 13 pouces de profondeur. Alors la terre de dessous est rejetée sur la terre de dessus. Je laboure ainsi tout le champ; et c'est en suivant cette méthode que je détruis toute ivraie et obtiens une superficie bien nettoyée : mais comme cette nouvelle superficie a été privée pendant quelque temps de l'influence salutaire de l'air et du soleil, j'y fais déposer un tiers de fumier de plus que sur l'autre superficie, qui a été continuellement remuée et fumée. Quand je veux semer de l'avoine ou planter des pommes de terre dans un semblable terrain, je suis sûr d'avoir ces productions de très bonne qualité; et toutes les autres que j'y mettrai n'en seront que meilleures cinq années de suite. C'est de cette manière que beaucoup de cultivateurs labourent annuellement leurs terres fortes qui sont destinées à la culture des *marsais*.

Dans le pays de Waes, où, comme je l'ai déjà remarqué, les petits fermiers mettent un soin extrême à tout ce qu'ils font, il est d'usage de retourner les terres tous les cinq ans avec la bêche et à la profondeur de 15 à 17 pouces; je veux dire qu'un fermier qui a cinq ou six bonniers de terre en bêche ainsi tous les ans un cinquième, de façon qu'après cinq ou six ans, toutes ses terres ont été retournées: il a soin de planter, dans la partie bêchée en dernier lieu, des pommes de terre, des carottes et de l'avoine, productions qui viennent bien dans un sol retourné depuis peu. Cet usage, recommandé par tous les agriculteurs, est suivi par ceux qui ne regardent pas aux frais, et dont l'exploitation n'est pas trop étendue.

Pour cette opération, ils se servent de grandes bêches, avec lesquelles ils lèvent chaque fois un tas de 15 à 17 pouces de profondeur, sur 10 de largeur. A la vérité, une pareille bêche serait trop lourde, si elle était faite tout en fer comme les autres; mais on la fait en partie en bois (*Pl.* XII, F). Cette bêche ne s'emploie que dans les terres légères; pour les terres fortes, l'instrument n'a que la moitié de la largeur et il est tout en fer. (*Pl.* XII, E.)

Une autre bêche, de la largeur de 10 à 11 pouces, ne

sert qu'à planter le colza. Il y a des cantons où l'on aime mieux planter le colza au moyen du plantoir. *Pl.* XIII, D : avec cet instrument, on plante un quart de plus dans le même espace de temps donné.

Dans le pays de Waes, on trouve peu de terres sans clôture; elles y sont ordinairement divisées en petits champs entourés de bois taillis, d'arbres, et de fossés profonds ; et encore y a-t-il des cultivateurs qui veulent que le sol de ces champs, surtout pour les terrains humides, s'élève dans le milieu, afin que l'eau s'écoule avec d'autant plus de facilité. Ils sont très scrupuleux dans tout ceci, et ils ont, pour ce cas, une manière particulière de bêcher; ils ne commencent point ce travail à l'un des coins du champ, mais au milieu. Voyez *Pl.* XIV, D. Le point E, dans la figure que voici, est le centre d'un champ où ils commencent à bêcher; ce centre est exhaussé autant que l'ouvrage le demande; ensuite ils continuent de bêcher dans la direction des lignes pointées, ayant soin de faire le sillon large ou étroit, suivant qu'ils ont besoin de terre pour donner au sol cette forme bombée qui fait qu'il descend sur tous les points, depuis le centre jusqu'aux fossés environnans. Si le champ est un carré long, ils bèchent de la manière qu'indiquent les autres lignes pointées, *Pl.* XIV, F. Celui qui entend bien cette manière de bêcher et qui sait l'exécuter comme il faut y trouve un grand avantage, en donnant une situation convenable à tous les champs qui avaient des inégalités de terrain.

Enfin, j'avoue qu'en général un labour profond est plus avantageux qu'un labour non profond, et en particulier que les terres fortes doivent être labourées plus profondément que les terres légères, hormis le cas où, par cette exploitation profonde, on amènerait à la surface un mauvais fond qui pourrait gâter la terre. Aussi on prend à cet égard toutes sortes de précautions. Quand le sol est trop mauvais à la profondeur de 12 ou de 15 pouces, pour qu'on le porte à la surface, les cultivateurs ont l'art de tout arranger si bien en bêchant, que la mauvaise terre reste toujours au fond lors même qu'ils la coupent ou la divisent à la bêche; mais si le sol inférieur est d'une qualité passable, ils le transportent à la superficie. Ils prétendent 1°. que, dans les terres légères, l'engrais de la superficie est précipité en partie au fond par les pluies et qu'ils le remontent au moyen de la bêche; 2°. qu'une nouvelle superficie continuellement remuée et divisée est très avantageuse pour les productions de la terre. Je partage leur opinion sur le dernier point, mais non tout à fait sur le premier : car le fumier étant un engrais qui surnage toujours et la terre étant un filtre naturel, les pluies peuvent bien étendre l'engrais sur le sol, mais elles ne peuvent l'enfoncer à 15 pouces; d'ailleurs, on ne met pas le fumier en si grande quantité qu'il puisse descendre à une telle profondeur et y être mêlé avec une aussi grande masse de terre. Autre observation : les productions semées ou plantées sur le sol fumé épuisent bien plus promptement cet engrais.

Je dis, en thèse générale, que toutes les terres fortes, comme celles que nous avons désignées sous les n$^{os}$. 4, 5 et 6, doivent être labourées en planches de 5 à 6 pieds de largeur, en laissant dans les interstices une rigole convenable pour l'épanchement de l'eau et en donnant aux planches quelque élévation au milieu : les planches des terres légères n°. 1 peuvent être un peu plus larges et plates au milieu; les planches du sol n°. 2 seront encore plus larges, et les terres n°. 3 pourront être labourées et ensemencées tout à plat et avoir peu de rigoles ou n'en avoir point du tout; car ces terres, contenant beaucoup de sablon et de sable, sont si spongieuses, que les pluies qui y tombent s'infiltrent à l'instant. Ainsi, elles n'ont pas besoin de moyen d'écoulement, à moins qu'elles ne soient situées au pied d'une montagne dont elles reçoivent les eaux, ou qu'elles n'aient un fond dur qui empêche l'infiltration de la pluie.

Comme cette opération a seulement pour but d'égaliser le terrain et de le débarrasser de l'eau superflue, je crois inutile de dire quand et comment le travail doit être fait : c'est à l'expérience et au jugement du cultivateur à arranger le tout suivant la nature et la situation de ses terres.

Quant aux autres méthodes de labourer et de bècher et à leurs effets, ainsi qu'à la manière de herser, de refouler et de rompre le sol, je vous en parlerai plus amplement lorsque nous traiterons des semailles et de la plantation de chaque fruit. Ainsi, je termine ce qui regarde le labourage, et nous passons au *nettoiement des terres*.

Le nettoiement des terres demande une attention et une vigilance extrêmes. Depuis qu'on a supprimé les jachères, nos terres font plus d'ivraie qu'auparavant. Nous avons d'ailleurs une plante qu'on appelle *chiendent* (1), et qui, avec ses pernicieuses racines, ne se laisse extirper ni par le labour, ni par aucun autre moyen de remuer la terre, ni par les jachères; au contraire, plus un champ reste en jachère, plus on coupe et divise les racines de cette plante et plus elle multiplie. Il semble qu'elle soit créée pour le châtiment

(1) *Triticum repens.*

des cultivateurs paresseux et avares; car ceux qui n'ont pas assez d'activité, ou qui craignent de payer quelques journées de plus pour nettoyer continuellement leurs terres, éprouvent bientôt tant d'incommodités, qu'ils ne peuvent plus cultiver avec avantage aucun fruit; et c'est ce qui consomme enfin leur ruine. Tout propriétaire attentif à ses intérêts se hâte donc de se défaire de pareils fermiers, qui, du moment qu'ils sont connus en Flandre sous le nom odieux de *fermiers à chiendent*, ont bien de la peine à trouver une autre bonne ferme.

Un fermier qui néglige le chiendent peut, au bout de deux ou trois ans, détériorer tellement le sol de son propriétaire, que ce ne sera qu'avec des peines et des frais immenses qu'on pourra le remettre en état de culture : le propriétaire est alors réduit à l'affermer pendant deux ou trois ans au dessous de sa valeur.

Le chiendent est la plus pernicieuse de toutes les espèces d'ivraie, jamais on ne doit laisser passer un an sans la combattre de toutes les manières. D'abord, aussitôt après l'enlèvement des blés ou des autres fruits, on envoie deux hommes ou femmes qui parcourent le champ dans tous les sens, tenant d'une main un panier et de l'autre une fourche : ils doivent arracher tout ce qu'ils rencontrent de chiendent; ils peuvent le reconnaître à l'herbe qui s'élève au dessus du sol. Il faut qu'ils enlèvent le tout du champ ou qu'ils mettent la masse en un tas, pour être brûlée. La première fois qu'on laboure après cette opération, ils doivent suivre la charrue et arracher tout chiendent qui se montrerait encore et qui aurait échappé à la première extirpation : cependant, si le chiendent et d'autres mauvaises herbes s'étaient trop multipliés pour pouvoir être détruits de cette manière, on retournerait tout le champ avec la fourche recourbée, puis on poserait en tas le chiendent, les autres ivraies et les éteules, pour les brûler. D'autres fermiers, particulièrement dans les terres fortes, passent la charrue dans le chaume à trois pouces de profondeur; puis ils font aller et revenir la herse, et ils ramassent toute l'ivraie et le chaume coupés par la charrue; ensuite ils donnent un labour de traverse, à la profondeur de 8 à 9 pouces; et après que la herse a passé de nouveau sur un sol ainsi retourné, toute l'ivraie et le chiendent qui pourraient rester encore sont jetés à la surface, et on les enlève.

Les éteules et la menue ivraie s'emploient dans les tas de fumier composés d'herbes, de débris et de terreau, dont nous avons déjà parlé, et que nous avons appelés *croupissoirs;* mais le chiendent se brûle, ou bien on le jette dans la rue. Tous ces moyens sont quelquefois encore insuffisans lorsqu'un fermier négligent quitte sa ferme; car le mal a souvent fait de si grands progrès, qu'il faut retourner la terre à deux bêchées de profondeur ou labourer très profondément avec deux charrues l'une après l'autre, de la manière que je vous l'ai déjà expliqué. Dans les terres fortes, cette opération fera disparaître le chiendent; mais, dans les terres légères, on n'y réussira encore qu'imparfaitement : cette plante reviendra toujours, et il faudra l'espace de deux ou trois années, beaucoup de patience et de frais, avant qu'on ne l'ait détruite entièrement.

Le reste du nettoiement ordinaire et le sarclage des terres, afin d'en ôter toutes les autres mauvaises herbes, sont un travail facile pour un cultivateur attentif. Trois moyens fort simples s'offrent à cette fin : le premier, c'est de labourer et de herser convenablement son champ ; le second, de planter des pommes de terre, ou de semer du blé-sarrasin et de l'orge d'hiver, attendu que ces plantes, étant placées à une forte épaisseur, étouffent l'ivraie ; le troisième moyen est de *biner*, c'est à dire d'arracher les mauvaises herbes pendant que les plantes sont encore jeunes. Ce dernier travail, pendant le mois de mai, est ordinairement l'occupation des femmes et des filles de petits fermiers : elles se tiennent à genoux et grattent la terre entre les plantes avec la *binette* ou avec la main, suivant que l'ouvrage le demande; elles arrachent l'ivraie, la mettent dans leur tablier et l'emportent du champ.

A la vérité, ce travail est assez difficile dans les terres où le fond est dur et compacte ; beaucoup de mauvaises herbes se rompent quand on veut les arracher, et elles poussent de nouveau ; mais la jeune plante cultivée, qui, en attendant, a pris des forces, empêche tellement la croissance de ces herbes, qu'elles ne peuvent guère lui faire de tort ; ou bien, si quelque ivraie se montre encore après cela entre le froment, le seigle ou l'orge, les femmes vont aussitôt dans les sillons pour l'arracher : elles jettent dans les rues ce qui est mauvais, et donnent aux bestiaux, comme fourrage, ce qu'il y a de bon.

L'*arrachis* des mauvaises herbes se fait à la main avec le plus grand soin, dans le lin encore jeune, lorsqu'il s'élève au dessus du sol à 1 ou 2 pouces. Il n'est pas rare de voir plus de quarante femmes de petits cultivateurs occupées à la fois dans un champ semé de lin : elles préfèrent ce travail à tout autre.

*Le Propriétaire.* — Si les femmes flamandes prennent tant de plaisir à ce dernier travail, je crois qu'il faut attribuer cette préférence à un sentiment intérieur, qui leur dit que la plante dont elles s'occupent est celle qui, filée et tissée en hiver, leur procurera du pain à elles et à leurs familles. On sait que, de temps immémorial, elles manifestent cette gaîté par des chansons et par des plaisanteries qu'elles adressent aux passans; mais il est à craindre que ce plaisir ne se change bientôt en aversion, si on ne prévient le malheur dont elles sont menacées, et qui a déjà réduit à un état voisin de la mendicité un grand nombre de fileuses et de tisserands.

Ce que vous venez de me dire, au sujet des fermiers qui négligent le chiendent, n'est que trop vrai, j'en ai fait moi-même plus d'une fois la triste expérience; mais si tous les cultivateurs paresseux appartiennent à cette classe, il ne s'ensuit pas que tous les fermiers qui laissent pousser le chiendent soient nécessairement des paresseux ou des ignorans. Je n'hésite pas à dire que la plupart des cultivateurs, même les plus riches et les meilleurs, sont plus ou moins dans ce cas lorsqu'ils doivent quitter leurs fermes et quand ils le savent deux ou trois années d'avance; car alors on les voit négliger l'engrais et le nettoiement de leurs terres; il semble qu'ils prennent à tâche de nuire à leurs successeurs ou à leurs propriétaires. Voulez-vous savoir leur excuse? la voici: « Quand » nous sommes venus ici, nous l'avons trouvé de même.» Il serait vraiment à désirer qu'on remédiât à ce désordre, par une nouvelle ordonnance sur les obligations des fermiers sortans et des fermiers entrans.

Un cultivateur ne doit jamais négliger de nettoyer convenablement ses terres chaque année. Un champ délivré de toute mauvaise herbe peut être tenu en bon état à peu de frais, tandis qu'il coûtera le triple de dépense et de peines s'il a été négligé: on n'obtiendra jamais, d'ailleurs, de bonnes productions dans un sol gâté par l'ivraie. Le cultivateur, afin de ne jamais abandonner ce soin et d'autres travaux de la même nature, ne doit pas perdre de vue que les frais et le travail qui ont pour objet l'amélioration de l'agriculture se compensent largement par la bonification du sol et par la richesse des récoltes.

*Le Fermier.* — En effet, monsieur, il serait à désirer pour beaucoup de cultivateurs qu'ils fussent à même d'entendre et de suivre vos conseils. Mais, puisque nous venons de parler des instrumens, n'en connaissez-vous pas un qui s'appelle *mollebart?* J'en ai entendu parler, sans l'avoir jamais vu.

*Le Propriétaire.* — Je le connais effectivement. Le *mollebart*, *Pl.* XV, est un instrument qui autrefois était plus connu et plus en usage dans la Flandre qu'à présent, on s'en servait principalement dans les environs de Gand et de Bruges, lorsqu'on voulait rendre à la culture quelques terres vagues d'une grande étendue. Ces bruyères, étant presque toujours entrecoupées de monticules et d'inégalités de terrain, avaient besoin d'être aplanies autant que possible; et c'est pour cet objet qu'on a inventé le *mollebart.*

Le *mollebart* est une espèce d'auge en bois, dont le devant, qui a la forme d'une pelle, est muni d'un fer bien tranchant, afin qu'il puisse couper et enlever la terre. Le conducteur tient d'une main le manche de l'instrument et la corde attachée à l'extrémité de ce manche : de l'autre main, il guide les deux chevaux qui traînent la machine; il a la dextérité nécessaire pour enlever, en haussant et baissant adroitement le manche, la terre dont il a besoin; il poursuit sa course, jusqu'à l'endroit où il croit devoir déposer cette terre : il presse alors le mouvement du manche, qu'il élève au point de faire tourner l'instrument pour le décharger de la terre qu'il a ramassée ; ensuite, à l'aide de sa corde, l'ouvrier se ressaisit du manche et se dirige de nouveau vers les endroits où la terre doit être transposée. L'ouvrage se poursuit de cette manière, jusqu'à ce que le tout soit nivelé. On emploie aussi cet instrument dans quelques *polders*, pour transporter la terre des extrémités et des bords d'un champ et pour en rehausser le milieu, ce qu'on ne peut pas bien y faire au moyen de charrettes ou de chariots, parce que les roues rendent toujours le travail trop difficile dans un sol fort et gras. On voit ces mêmes machines, dans des cantons où le sol est léger, enlever les buttes ou hauteurs des rues pour transporter la terre dans les endroits qui sont trop profonds ou trop bas.

On se sert peu de cet instrument, et bien des personnes en ignorent l'existence : lorsqu'il s'agit d'aplanir le sol, elles transportent la terre en brouettes ou en charrettes ; ou bien on l'égalise par une manière spéciale de labourer ou de piocher (1).

---

(1) Cet instrument, qu'on appelle indistinctement *mollebart* ou *mouldebart*, en dialecte flamand, est connu sous le nom de *mol-bord* dans les provinces hollandaises ; on s'en sert, de temps immémorial, en Frise et en Groningue. Ce mot hollandais, *mol-bord*, signifie *planche* à étendre ou à détruire les *taupinières* ; mais la machine diffère essentiellement de l'*étaupinoir* employé en France et qui a été inventé en Normandie. M. Rienks, facteur d'instrumens physiques et optiques, à Leyde, avait annoncé, en 1829, un nouveau *chariot à terre*, de son invention, destiné au nivellement du sol ; mais on lui a fait observer que, d'après les figures mêmes qu'il venait de publier, son *chariot* n'était autre chose que le *mol-bord*, auquel il adaptait des roues, appareil qui se trouvait déjà décrit dans le supplément à l'*Encyclopédie britannique* et dans l'ouvrage allemand de Loudon, *Encyclopedie der Landwirtschaft* ; Weimar, 1827 : enfin, que l'*Encyclopédie d'économie agricole et domestique de l'Allemagne*, publiée en langue allemande par M. Putsch, à Leipsick, 1828, con-

Nous allons passer à notre cinquième entretien, qui, à ce que je prévois, nous donnera un peu plus d'occupation.

---

tient la description d'un *mol-bord* à roues, nommé *planirpfluge* (charrue à niveler). On n'a pas manqué d'ajouter que les roues devenaient plus nuisibles qu'utiles, et qu'après tout il valait mieux s'en tenir à l'ancien *mouldebart* flamand. Le recueil scientifique hollandais où la question a été traitée d'une manière assez étendue cite, à cette occasion, avec éloge l'*Agriculture pratique de la Flandre* de M. Van Aelbroeck. Voyez *Bydragen tot de natuurkundige Wetenschappen*, recueil périodique publié par MM. H. C. Van Hall, W. Vrolik et G. J. Mulder, tome IV, n°. 3, Amsterdam, 1829, in-8. T.

# DIALOGUE V.

ÉDUCATION ET NOURRITURE DES BÊTES A CORNES. — MANIÈRE DE LES ENGRAISSER. — SAISONS, MÉTHODE ET ORDRE POUR LES SEMAILLES ET POUR LE PLANTAGE DE TOUTES SORTES DE PRODUCTIONS. — LEUR RAPPORT. — DIVISION DES TRAVAUX PENDANT LES DOUZE MOIS DE L'ANNÉE.

---

*Le Propriétaire.* — Nous allons nous livrer à une recherche extrêmement difficile. Quelle tâche, en effet, que d'exposer de point en point, d'une manière suivie, claire et précise, tout ce que nous avons à examiner actuellement!

Je crois que nous ne pouvons mieux faire que de parcourir successivement tous les mois de l'année, et d'indiquer les divers travaux que le cultivateur exécute à ces diverses époques. Il est vrai qu'ainsi la route deviendra bien longue; mais, dans une matière comme celle qui nous occupe, il vaut mieux être un peu long que trop bref. La saison, la méthode et l'ordre de culture se suivront pas à pas, sans aucune interruption: l'éducation, la nourriture et l'engraissement des bêtes à cornes trouveront aussi leur place, et les occupations de toute l'année se succéderont dans un ordre suivi et régulier.

*Le Fermier.* — Votre plan, monsieur, me paraît

excellent; je le suivrai avec d'autant plus de plaisir, qu'il facilitera aussi ma tâche : car si nous devions à chaque instant passer subitement d'une saison ou d'une opération à une autre, je craindrais de m'égarer dans un pareil labyrinthe et de perdre le fil; je confondrais les choses ou j'oublierais des articles intéressans.

Maintenant, monsieur, il ne s'agit plus que de savoir par quel mois de l'année nous commencerons. Dans quelques endroits, les nouveaux fermiers entrent en possession à mi-mars, dans d'autres au 1er. octobre (1).

*Le Propriétaire.* — Ne prenons ni l'une ni l'autre date pour point de départ, laissons là et les époques et les occupations des fermiers sortans et des fermiers entrans; car ce n'est pas alors que les choses vont bien dans la culture. Commençons plutôt par le premier jour de l'année, et finissons par le dernier. Ainsi chaque chose se présentera en sa propre saison.

Mais, pour fixer nos idées, disons premièrement quelle sorte de ferme nous prendrons pour exemple. Je ne puis assez le répéter, et nous ne devons pas le perdre de vue, la culture et les travaux varient extrêmement suivant l'étendue des fermes, selon leur situation plus ou moins rapprochée des villes ou des rivières, et surtout en raison de la qualité des terres et de la quantité relative des pâtures et des bois.

Prenons donc pour point de comparaison une ferme ordinaire en tout, étendue, qualité et situation; une ferme, par exemple, comme la vôtre, contenant 22 à 23 hectares, à une lieue de Gand : il vous sera plus fa-

---

(1) En Flandre, le 1er. octobre est la fête de Saint-Bavon, patron de la cathédrale de Gand; on y compte le commencement d'un bail à dater *de la Saint-Bavon*, comme l'auteur l'a écrit dans le texte. En France, le 1er. octobre est la fête de Saint-Remi. T.

cile de me donner les renseignemens que je vous demanderai. Parlez d'après le cours ordinaire des choses; et s'il vous est connu que d'autres cultivateurs suivent un procédé différent, je vous prie de me communiquer vos remarques sur ces variations.

Je l'avoue, il est impossible de dire tout ce que peuvent exiger des circonstances qui changent à l'infini; mais avant d'en venir à l'explication des travaux de chaque mois, dites-moi combien d'hommes et de femmes vous employez à votre service, quel est le nombre de vos chevaux et de vos bêtes à cornes, quel ordre vous suivez pour la culture, et si vous récoltez toutes espèces de productions.

*Le Fermier.* — J'entretiens, pour l'usage de ma ferme, deux chevaux, dix vaches à lait, trois ou quatre bêtes à cornes qu'on engraisse, deux veaux, et enfin quatre ou cinq cochons.

J'ai un homme pour soigner et conduire mes chevaux, et un autre pour le service de la grange et les travaux des champs. Ensuite j'ai une ou deux servantes, qui, sous la direction de ma femme, ont soin de tout ce qui regarde la vacherie et le ménage; enfin j'ai un petit garçon de huit à dix ans, qu'on appelle *vacher,* qui mène les troupeaux à la prairie, les ramène à l'étable et que j'emploie à toutes sortes de petits services. Du reste, quand la direction et l'inspection de ma ferme me laissent un moment de liberté, je mets la main à toutes sortes d'ouvrages, et je suis toujours le premier et le dernier au travail.

Dans les fermes de 45 hectares et au dessus, le maître ne fait rien que diriger et commander, aller et venir partout, pour s'assurer si chacun fait son devoir; mais ces fermiers ont besoin d'un plus grand nombre fixe de domestiques. J'observe encore que dans le temps des semailles, du sarclage et de la récolte, et surtout lorsque le temps est variable à ces époques, presque tous les cultivateurs auraient trop peu de monde à leur service, s'ils n'avaient le secours des femmes et des enfans de leurs voisins, et s'ils n'employaient ces voisins mêmes, petits fermiers qu'ils assistent réciproquement, soit en faisant labourer une partie de leurs champs, soit en transportant leurs pommes de terre, leurs blés ou autres productions aux marchés des villes environnantes, soit encore en voiturant leur bois de chauffage. C'est donc un usage constant en Flandre, que les grands et les petits fermiers s'entr'aident, pour l'avantage de tous et le bien-être de l'agriculture.

Quant à la question sur l'ordre de culture que j'ai coutume de suivre, et si je récolte toutes sortes de productions, je vous dirai, monsieur, que je sème ordinairement deux tiers d'*hivernaux* et un tiers de *marsais*, plus ou moins, suivant l'état de la saison. Lorsqu'il arrive qu'un fruit d'hiver ne réussit pas, je le remplace alors par un fruit d'été ou *marsais*.

Je récolte toute espèce de productions, à l'exception du houblon, du tabac et du chanvre. Le travail relatif à ces trois objets n'appartient pas en effet indispensablement à l'ordre général de l'agriculture. Ce sont des branches de commerce propres à certains cantons, où elles sont cultivées par les petits fermiers, parce qu'elles donneraient trop d'occupation aux cultivateurs qui exploitent en grand.

Nous pourrions parler ici des betteraves et de la garance. Cette dernière plante ne se cultive que dans quelques *polders*, spécialement vers la province de Zélande. Les betteraves se sont fort bien multipliées, et ont été vendues très cher en Flandre sous le Gouvernement français. On espérait en tirer de bon sucre; mais bientôt les betteraves et leur sucre sont tombés dans l'oubli.

Je ne vous dirai pas ici le nombre d'arpens que j'emploie à la culture de telle ou telle production, je me contenterai d'expliquer la méthode de cultiver chacune d'elles; je craindrais, sans cela, de prolonger inutilement notre entretien. D'ailleurs, cette division du sol varie à l'infini chez les divers cultivateurs : chez l'un, on peut disposer d'une étendue de terrain plus grande et de meilleure qualité pour le froment, les féveroles et le colza, les autres n'ont pas cet avantage.

*Le Propriétaire.* — Vous avez raison; mais je vous dirai cependant que chaque fermier doit diviser sa culture de telle manière qu'il ait chaque année, en trèfle et en navets, ce qu'exige le nombre de ses bestiaux. A la vérité, on ne peut pas calculer ceci au juste, puisqu'un cultivateur a quelquefois beaucoup de bons pâturages, et que l'autre n'en a que peu ou point. Néanmoins, ces pâturages à part, si l'on considère qu'il faut, chaque jour, à un cheval la quantité de trèfle que peuvent fournir 20 centiares de terre, et à une vache autant de trèfle et de navets qu'on en récolte sur 23 centiares, alors on peut estimer la quantité de trèfle et de navets qu'il faut au cultivateur pour tous ses animaux réunis. S'il a des pâturages, il doit les mettre en ligne de compte; il faut qu'il considère aussi que les trèfles peuvent donner deux coupes dans l'année, après quoi les bestiaux y vont paître encore quelques semaines.

La culture des autres productions doit être réglée d'après la nature des terrains.

Au reste, les trois productions que vous exceptez, savoir, le houblon, le tabac et le chanvre, ne peuvent être omises dans notre entretien : afin de ne pas rompre le fil de cette conversation, nous ne nous arrêterons pas ici à ces objets; mais nous en parlerons plus tard.

Je vous prie donc de commencer à présent l'explication de vos travaux pendant le mois de

## JANVIER.

*Le Fermier.* — Pendant ce mois, je fais couper mon bois de chauffage, et on l'apporte dans la basse-cour; on s'occupe de sérancer ou de teiller et de battre le lin; je fais également battre le blé, et je l'envoie au marché. Ma femme et mes servantes, outre les soins du ménage, s'occupent de tout ce qui concerne les bestiaux, la laiterie, la fabrication du beurre; le temps qui leur reste est employé à filer du lin: c'est ainsi que chez moi on ne perd pas un instant.

Je vous ferai observer 1°. que toutes les productions nommées *hivernaux* ou grains d'hiver ont été semées et plantées dès le mois d'octobre.

2°. Que les terres destinées à la culture des *marsais* ou grains d'été, ne devant pas encore être ensemencées, il ne nous reste, à cette époque, d'autre occupation dans les champs, que d'aller, lorsque la gelée ne l'empêche point, recueillir les navets pour la nourriture des bestiaux. Aux premières apparences de gelée, je dépose dans une étable ou cellier à provisions une bonne quantité de navets, afin de pouvoir attendre jusqu'au dégel.

Quelques cultivateurs, dans les terres légères, sèment encore du froment pendant ce mois, s'ils ne l'ont fait au mois de décembre; je n'approuve pas cela: il me semble que la terre est alors trop froide pour la germination du grain. Dès que le froment s'est gonflé dans la terre, et que le germe se montre, il est trop exposé à geler promptement.

*Le Propriétaire.* — Puisque vous n'avez rien à dire sur les travaux des champs pendant ce mois, passons à ce qui concerne les bestiaux, à la manière de les élever, de les nourrir et de les engraisser. Nous ne pouvons le répéter assez : la prospérité de l'agriculture dépend surtout de la quantité de bétail que les cultivateurs entretiennent dans leurs étables. En effet, le bétail procure le fumier, qui fait pousser les fruits de la terre, et sans fumier la terre ne peut produire de bonnes récoltes. L'expérience prouve que les cultivateurs qui prospèrent le mieux sont ceux qui possèdent le plus de bétail.

*Le Fermier.* — Il n'y a pas de doute que le bien-être de l'agriculteur dépend de la quantité et de la qualité du fumier qu'il emploie. En conséquence, celui qui veut être abondamment pourvu de ce moyen de fécondité doit avoir une bête à cornes pour 3 arpens de Flandre de son exploitation (1 hectare 34 ares); il doit en outre acheter annuellement une certaine quantité de résidus ou de tourteaux de colza pour son lin, de la cendre pour ses trèfles, et de la chaux pour ses *croupissoirs* et pour ses terres fortes. J'emploie tous ces engrais, et pour me procurer le plus de fumier possible, mon étable est jonchée de paille de seigle ou d'avoine deux ou trois fois par jour, à raison de 4 à 5 kilogrammes par bête et par jour quand le fumier est destiné aux terres légères, et un tiers de plus pour les terres fortes; le fumier destiné à ces dernières est enlevé plus tôt, parce qu'il n'a pas besoin d'être si gras et si bien consommé.

De deux jours l'un, on retire le fumier de l'étable, que l'on doit laver ensuite avec quelques seaux d'eau.

Ce procédé a deux avantages : d'abord la propreté qui en résulte est salutaire aux animaux, et puis l'eau, étant balayée de l'étable, emporte la fiente dans un puits, où l'on entretient constamment ainsi un engrais liquide, dont on fait usage pour les terres qui en ont le plus besoin.

Je m'abstiendrai d'entrer dans les détails sur la manière d'élever les bestiaux en tels ou tels cantons, car les mêmes usages sont suivis à peu près partout.

On coupe les jeunes taureaux lorsqu'ils sont âgés d'environ un an. Après cette opération, ils sont désignés sous le nom de *bœufs*, et on les vend pour être élevés dans les distilleries ou dans les prairies grasses. En quelques cantons du pays de Waes, ils traînent encore la charrue : mais cette coutume devient de plus en plus rare. Plusieurs cultivateurs prétendent cependant qu'on y trouve de l'avantage : il y a bien des raisons à donner pour et contre, je ne les rapporterai pas ici, parce que le travail lent des bœufs déplaît beaucoup à l'actif et laborieux cultivateur de la Flandre. Nous croyons que l'homme accoutumé à travailler avec des bœufs a besoin de la plus grande patience, et que s'il n'est pas apathique et paresseux il le deviendra bientôt. Un beau cheval vigoureux réjouit au contraire celui qui s'en sert, et il nous donne plus de zèle et de courage.

Lorsque, dans le nombre, il se trouve un jeune taureau de belles proportions et de bonne race, on le conserve pour féconder les vaches : il est employé à cet usage depuis l'âge de vingt mois jusqu'à trois ans et demi ; après cette époque, on l'engraisse et on le vend aux bouchers. Il pourrait servir plus long-temps à la multiplication du bétail ; mais quand il devient plus vieux, on ne peut l'engraisser et le vendre avec le même avantage.

Les fermiers qui ont des brebis entretiennent habituellement un taureau pour faire saillir les vaches de la commune, sans autre indemnité que l'autorisation d'envoyer paître leurs brebis sur les terres non cultivées des habitans. Dans les cantons où l'on n'élève pas de moutons, il y a ordinairement un laboureur qui entretient un taureau banal, dont il prête le service moyennant la modique rétribution de 5 sous de Flandre (45 centimes) chaque fois.

Ordinairement on envoie de nouveau les vaches au taureau cinq à six semaines après qu'elles ont vêlé. Quelques fermiers aiment mieux attendre la fin du second mois, ils prétendent que cela est plus profitable.

Un cultivateur intelligent fait, autant que possible, saillir ses vaches au temps convenable pour qu'elles puissent mettre bas vers la fin d'avril ou de mai, saison la plus favorable aux bestiaux, à cause de l'abondance des fourrages et des pâturages, et de leur excellente qualité.

On nourrit et on engraisse les bestiaux de la manière suivante. Ainsi que je vous l'ai dit précédemment, j'entretiens dix vaches à lait, deux ou trois veaux et quatre génisses; j'engraisse celles-ci, qui proviennent de mon étable : quelquefois, cependant, j'en achète dans les cantons où elles sont rarement mises à l'engrais; mais il est toujours préférable d'obtenir ces jeunes bêtes de son troupeau même, parce qu'on est plus sûr d'avoir l'espèce convenable, et que l'on évite l'inconvénient d'en acheter qui peuvent provenir de prairies très différentes, par leur nature, de celles où l'on veut les transporter.

L'espèce des bestiaux varie essentiellement dans les divers cantons de la Flandre. Il s'en trouve où elle est beaucoup meilleure et plus forte. Dans le nord, il y a beaucoup plus de pâturages, et l'herbe y est plus forte qu'au midi; le bétail y est aussi plus grand et plus fort, les bœufs surtout y ont plus de valeur; mais, quant aux vaches à lait, elles n'y produisent pas plus que dans les autres cantons.

Je trouve que le meilleur temps pour engraisser mon bétail est depuis le mois de novembre jusqu'au mois de mai. En hiver, les bestiaux mangent le *brassin* avec plus de plaisir qu'en été; ils sont moins sensibles au grand froid qu'à la grande chaleur, et ils se tiennent plus tranquilles à l'étable, parce qu'ils ne sont pas tourmentés par les mouches.

Je commence ordinairement à engraisser mes bestiaux à l'âge de seize, dix-huit ou vingt-quatre mois : ce dernier âge est le plus avantageux; car, après trois ou quatre mois d'engrais, la bête alors a doublé de valeur. Lorsque j'ai une vache stérile, ou âgée de sept à huit ans, je l'engraisse pendant huit à dix mois, ou je la vends; plus une vache vieillit, moins on en tire de lait et de beurre, et moins elle est propre à être engraissée. Mais afin que le nombre de mes vaches reste toujours le même, je ne me défais de l'une d'elles que lorsque j'en ai élevé une plus jeune jusqu'à l'âge de deux ans et demi et qu'elle a fait son premier veau.

Chaque tête de bétail que l'on met à l'engrais consomme journellement, à dater du mois de septembre, trois paniers de navets ( trois quarts d'hectolitre ), ce qui est le produit de 23 centiares de terre. On joint à ces navets avec leurs feuilles une quantité de carottes et de pommes de terre ou de panais, et l'on coupe le tout dans une auge de bois au moyen d'une bêche; on y mêle un demi-panier de drêche de brasserie, pour augmenter la quantité de lait. Ceux qui ne peuvent se procurer de la drêche la remplacent par des tourteaux de graine de lin (1). On donne aussi aux bêtes qu'on engraisse un peu de menue paille de seigle ou de froment, ou les capsules du colza; celles-ci sont la meilleure nourriture, quoiqu'il y ait des cultivateurs ignorans qui en font peu de cas, au point de les brûler dans les champs. Cette nourriture se donne en hiver, deux ou trois fois par jour, après avoir été bouillie : si on a trop d'occupations rurales, on se contente de verser de l'eau bouillante sur ce mélange et on le donne ainsi au bétail. L'opération qui consiste à cuire cette nourriture s'appelle faire le *brassin* : on a tout près de l'étable une chaudière et une grande cuve maçonnée, dans laquelle on rassemble ce *brassin*. Dans les intervalles, en hiver, on donne aussi au bétail du foin, de la paille et du foin de trèfle; ce dernier et la paille d'orge bien battue sont ce qu'il y a de meilleur : il est bon que le tout soit haché très menu. Quelques cultivateurs, surtout les grands fermiers, font moins de *brassin*, et ils ne coupent ni leurs navets ni leur paille, afin de s'épargner un peu de travail; mais ils perdent beaucoup sur la valeur de leur bétail. En hiver, je donne trois fois par jour, à chacune de mes bêtes à cornes, un ou deux seaux de boisson chaude, dans laquelle je mêle une pâtée de deux à trois livres (87 à 130 grammes), composée de deux tiers d'orge ou d'avoine concassée et d'un tiers de froment, de sarrasin, de féveroles ou de pois; à défaut de ce mélange, on prend de la meilleure qualité de menue paille, de criblures ou de son.

Quand je puis me procurer du résidu des distilleries

---

(1) Les vaches auxquelles on donne de la drêche produisent beaucoup de lait de bonne qualité. La farine de lin les engraisse davantage. A.

d'eau-de-vie de grain, je l'ajoute au *brassin*, ou bien j'en donne à mes bestiaux tout autant qu'ils en veulent boire.

Je continue ainsi jusque vers le mois de mai, temps où les vaches peuvent être mises au vert ou manger de jeune trèfle ou de la spergule; mais il faut leur en donner peu à la fois dans les commencemens, en augmentant par degrés, jusqu'à ce qu'elles soient habituées à cette nourriture. Il faut avoir soin de ne laisser paître le bétail dans les champs de jeune trèfle que pendant une heure le matin et pendant une heure après midi, afin qu'il n'en mange pas trop ni avec trop d'avidité; ce qui pourrait le gonfler, lui occasioner des maladies dangereuses, ou même en faire périr une partie subitement.

*Le Propriétaire.* — Il arrive souvent en Flandre que les vaches mises au pâturage dans les champs de trèfle se trouvent tout à coup prodigieusement enflées, et qu'elles ne tardent pas à mourir si on n'apporte un prompt remède à leur mal : que faites-vous en pareil cas?

*Le Fermier.* — Monsieur, je ne suis pas vétérinaire; et d'ailleurs la médecine des animaux ne fait point partie des choses que nous avons entrepris d'examiner. Je me bornerai à vous dire que plusieurs personnes, dans un cas pareil, donnent à la vache une quantité de salpêtre et d'ammoniaque fondus ensemble; et, si cela ne suffit pas, plusieurs remèdes sont employés : on fait une incision dans le creux du flanc de la vache et l'on y met un petit tuyau de bois, pour faire sortir l'air qui cause l'enflure : c'est là une dernière ressource, fort dangereuse; car, si on ne réussit point, l'animal ne tarde pas à crever. Quant à moi, je me sers d'un autre moyen fort simple, que je veux vous faire connaître.

Quand ma vache est tellement enflée qu'elle est sur

le point d'en crever, je prends une once (3 grammes) de crin de la queue d'un cheval; au moyen de pincettes, j'expose ce crin à la flamme d'un bon feu, jusqu'à ce qu'il se soit frisé et ramassé en une boule; après avoir enduit cette boule d'un demi-quarteron (5 à 6 grammes) de beurre, je l'introduis dans le gosier de la vache, ce qui se fait facilement lorsqu'on tient la langue de l'animal avec les doigts. Cette boule de crin, en s'efforçant d'aller vers l'estomac, s'arrête à l'œsophage et y occasione un chatouillement continuel, qui, en moins de six minutes, force la bête à vomir : les vomissemens continuent jusqu'à ce que la vache soit débarrassée de tout ce qui la surchargeait. J'ai employé ce moyen avec le plus grand succès; il a sauvé plus de vingt vaches, soit des miennes, soit de celles de mes voisins. Ce remède me paraît mériter d'autant plus d'attention, qu'il est à la portée de chaque cultivateur.

Vous l'avez fort bien dit, qu'à certaines époques de l'année une trop grande abondance de trèfle est malsaine pour les vaches. Lors donc que les miennes reviennent d'un champ de trèfle, je leur donne un peu de navets, afin d'atténuer la qualité échauffante du trèfle; alors elles se couchent pour se reposer en ruminant. Lorsque la sécheresse ou la gelée a fait manquer le trèfle, ou bien dans les cantons où ce fourrage et les navets sont rares et où l'on ne peut se procurer de la drèche, on donne une plus grande quantité de spergule et de carottes et on augmente le *brassin* dont j'ai parlé ; on sème aussi plus d'orge, d'avoine, et des vesces, que l'on donne en vert. Enfin, chacun emploie ce qu'il peut se procurer le plus facilement.

Lorsque je me trouve avoir une vache à lait d'une forte taille, âgée de 4 à 5 ans, et disposée à manger beaucoup, je la mets tout de suite à l'engrais et je lui donne continuellement du meilleur brassin. Si, dans l'origine, elle pesait 400 livres ( 173 kilog. ), elle peut être grasse en 8 ou 9 mois et peser 700 livres (303 kilog.), et sa valeur aura ainsi augmenté de près du double ; par la bonne nourriture que je lui aurai donnée, elle m'aura rapporté pendant tout ce temps seize à vingt pots de lait par jour ( 18 à 23 litres ). Quand elle se trouve à peu près grasse, son lait diminue, parce que je diminue la quantité de sa nourriture ; mais, outre l'augmentation de sa valeur et le produit de son lait, elle m'aura procuré, pendant six mois, assez d'engrais sec et liquide pour entretenir deux arpens de terre en bon état ( 90 ares ).

Si je mets à l'engrais un bœuf fort, âgé d'environ deux ans, du poids de 550 livres ( 238 kilogr. ), et d'une valeur de 220 fr., je lui donne de la meilleure qualité de ce *brassin* dont j'ai parlé plus haut, et où je mêle une certaine quantité de féveroles et la vingtième partie d'un hectolitre d'avoine par jour. Par ce moyen, le bœuf peut se trouver gras en 8 mois, peser environ 1000 livres ( 433 kilogr. ), et avoir plus que le double de sa première valeur.

Les cultivateurs des environs de Gand prennent un grand soin de ces bœufs : plusieurs les engraissent pendant douze ou quatorze mois, de manière qu'ils pèsent 1350 livres (675 kil.). Alors ces bêtes se vendent 550 fr. et plus ; cela va même quelquefois à 800 fr. pour les bœufs des distilleries.

La plupart des bœufs dont je parle ici viennent de la Campine ( province de Brabant ) ; ils sont de plus forte taille que ceux qu'on élève au centre de la Flandre ; il faut aussi qu'ils restent plus long-temps à l'engrais :

comme ils ne sont pas habitués à se tenir toujours à la mangeoire, leurs jambes deviennent quelquefois tortues, raides ou engourdies, alors il est temps de les vendre. Les bœufs du Brabant ont quelquefois travaillé pendant deux années avant l'époque où on les engraisse, et beaucoup de personnes prétendent que la viande en est meilleure que celle des bœufs qui n'ont pas travaillé.

En général, on croit qu'un bœuf bien nourri gagne chaque jour environ 2 livres de chair ( 86 grammes ); mais on ne peut dire d'une manière précise combien de temps on doit laisser les bêtes à cornes à l'engrais, ni quelle quantité de nourriture il faut leur donner ; car les unes sont plus tôt grasses et ont besoin de plus de nourriture que les autres. Elles consomment beaucoup plus dans les premiers jours que sur la fin de l'engrais. Lorsqu'on s'apercevra que les bestiaux laissent dans l'auge une partie de leur nourriture, il faudra en diminuer la quantité jusqu'à ce qu'ils aient repris de l'appétit. On doit avoir soin aussi que l'étable soit bien tranquille, que le jour n'y pénètre pas trop, et qu'on n'ouvre pas fréquemment la porte sans nécessité.

Quelques fermiers mettent beaucoup plus de soin que d'autres à bien engraisser le bétail ; mais ceux qui demeurent à proximité des villes l'emportent sur tous, à cause de la facilité qu'ils ont, chaque fois qu'ils vont au marché, d'en rapporter de la drêche ou d'autres objets favorables à l'engrais.

Parmi ces derniers cultivateurs, il y en a qui nourrissent habituellement dix à douze vaches qu'ils ne font jamais saillir. Ces vaches ne proviennent pas de leur étable; mais ils les achètent lorsqu'elles ont fait leur premier, second ou troisième veau : alors ils les mettent à l'engrais et leur donnent, hiver comme été, de la meilleure nourriture ; ils continuent toutefois à les traire trois fois par jour. Aussitôt qu'une bête est grasse, on la vend et elle est remplacée par une autre.

Je crois, en effet, qu'il y a de l'avantage à cette manière d'engraisser ; mais, pour bien des raisons, cela ne peut se faire ainsi que dans le voisinage des grandes villes. Celui qui se charge de ce soin doit être actif, très attentif, et il doit surtout bien se connaître à l'achat du bétail maigre ; car il est certain qu'une bête est plus propre à cela que l'autre : il y en a qui sont grasses en un tiers de temps de moins que d'autres. Il se trouve des cultivateurs en Flandre, qui sont tellement habiles, qu'à la vue et au tact ils évaluent très approximativement le poids des bêtes vivantes ; ils savent aussi combien de livres de bonne viande donneront une bête grasse lorsqu'elle sera tuée, c'est à dire après défalcation de la tête, de la peau, des pieds et du suif. Voici comment ils font ce calcul : une bête en vie donne communément, pour 20 livres de son poids, 10 livres de bonne viande ; mais un bœuf bien gras donne jusqu'à 12 ou 13 livres : donc une bête en vie, bien engraissée, qui pèse 1000 livres, peut donner de 600 à 650 livres de viande. Ce calcul sera cependant sujet à des différences, d'après l'espèce et la qualité du bétail, ainsi que je l'ai déjà dit.

Les cultivateurs qui demeurent loin des villes, ou dans des cantons peu fertiles, ne peuvent donner les mêmes soins à leur bétail. Ils engraissent moins de bestiaux, et ils vendent ordinairement les jeunes bêtes à seize ou douze mois et même plus tôt ; ils élèvent les plus fortes et les plus belles jusqu'à ce qu'elles soient pleines, et ils les vendent alors pour vaches à lait ; enfin ils en agissent suivant la quantité de fourrage dont ils peuvent disposer. Comme le lait et les pommes de terre n'ont pas autant de valeur chez eux que dans les autres cantons, ils en nourrissent de préférence les cochons à l'engrais. Leurs veaux ne sont nourris que de lait frais, qu'on leur donne trois fois par jour, savoir : dans les quatre premiers jours, un pot ( 1 litre 15 centilitres ) chaque fois, et en augmentant pendant sept à huit semaines, de manière que chaque veau reçoive enfin six à huit pots ( 7 à 8 litres ) chaque fois, ou dix-huit à vingt-quatre par jour ( 21 à 24 litres ).

Lorsqu'on engraisse un veau, il faut prendre de grandes précautions, parce que, dans les commencemens, il est très difficile à élever. On doit avoir égard à ses forces, et ne pas lui donner trop de lait en commençant; car cela lui serait très nuisible et même mortel. Pour plus de sûreté, ma femme, dans les premiers jours, ôte la crême du lait, qu'elle donne à ses veaux, et elle ajoute un peu d'eau chaude à ce lait écrémé : lorsqu'ils ont acquis plus de force, elle leur donne le lait tel qu'il vient de la vache, en y ajoutant, lorsqu'il fait froid, un ou deux œufs et quelquefois un pain blanc, et en été, lorsqu'il fait très chaud, un peu d'eau froide pour rafraîchir le lait.

Pour bien engraisser un veau, on doit le tenir renfermé dans un coin de son étable, ou dans une très petite loge, de manière qu'il ne puisse pas remuer. Dans le pays de Waes, les loges de ces veaux sont tellement étroites qu'il faut y faire entrer les animaux à reculons, de manière qu'ils ne bougent plus tout le temps de l'engrais. Au bout de sept ou huit semaines, la bête vaut 70 à 90 francs.

Il y a des cultivateurs qui tiennent des veaux à l'engrais pendant quatre mois : on appelle ces élèves *veaux de Pâques*, parce qu'à cette époque on les mène dans les grandes villes au concours d'un prix que, d'après un ancien usage, les bouchers donnent au propriétaire du plus beau veau : ces élèves se vendent 140 à 175 francs pièce.

Quant aux cochons, je n'en mets à l'engrais qu'autant qu'il m'en faut pour mon ménage. Je préfère d'engraisser des bêtes à cornes, parce que celles-ci me produisent un fumier plus abondant et de bien meilleure qualité; mais ce qui me convient à moi peut ne pas convenir à d'autres, et chacun agit à cet égard suivant les circonstances où il se trouve.

Lorsqu'une truie de neuf mois m'a donné sept ou huit petits, j'élève ceux-ci avec des pommes de terre, un peu d'orge moulue ou du sarrasin et du lait de beurre. Sept ou huit semaines après, j'en vends une partie, et je n'en réserve que trois ou quatre pour l'engrais. Je commence à les engraisser quand ils ont de quatorze à dix-huit mois : je donne la préférence à ce dernier âge. Cependant d'autres cultivateurs commencent l'engrais de leurs cochons à sept ou huit mois; parvenus à douze ou quatorze mois, ils valent autant de fois 10 fr. qu'ils ont de mois.

Chaque cochon à l'engrais doit être isolé, il faut le laisser bien tranquille et ne pas lui épargner la litière de paille fraîche. On lui donne par jour trois seaux d'une nourriture composée comme suit : par chaque seau, environ 10 livres (4 kilog. un tiers) de pommes de terre cuites, et 2 livres (86 grammes) d'une pâtée d'orge concassée, de féveroles, d'avoine ou de blé-sarrasin. Dans la première quinzaine, je leur fais boire un peu de lait battu; après, je me contente de verser un pot et demi de ce lait par chaque seau de nourriture. Dans les cantons sablonneux où l'on ne récolte pas d'orge, mais bien de très bon blé-sarrasin, la nourriture des cochons à l'engrais se compose de trois quarts de pommes de terre cuites et un quart de sarrasin moulu : on y ajoute quelquefois un peu de carottes blanches cuites ou de panais.

Un cochon d'environ dix-huit mois, pesant 350 livres (152 kilog.), et valant 100 francs, peut être gras en quatre ou cinq mois, peser 550 livres (238 kilog.), et valoir 250 francs.

Les fermiers qui ont une plus grande abondance de nourriture à donner à leurs porcs les tiennent plus long-temps à l'engrais; et si ces animaux leur coûtent un peu davantage, les propriétaires en sont dédommagés par l'augmentation du poids. Après six mois d'engrais, une truie de trois ans pèsera 650 livres (280 kilog.), et pourra se vendre jusqu'à 300 francs.

Quelques cultivateurs laissent courir, en été, les cochons dans les vergers, parce qu'ils grandissent davantage et qu'ils s'en portent mieux; mais je n'aime pas cet usage, car le porc est un animal nuisible qui gratte et retourne la terre, et endommage ainsi les tiges des plantes: d'ailleurs, les bestiaux sont dégoûtés des herbes qui croissent dans les endroits où il a répandu son fumier.

Cependant, afin que mes porcs puissent jouir, en été, de la salutaire influence d'un air pur, je fais faire, devant leur toit, un enclos de lattes d'une verge et demie en carré (22 centiares). Alors ils peuvent courir de leur loge à l'enclos : là, je leur jette tous les jours de la paille et diverses sortes de feuilles et des débris de légumes; ils mangent cela dans les intervalles de leurs repas, ou bien ils le réduisent en fumier.

*Le Propriétaire.* — N'avez-vous pas été trop prodigue, en parlant de la nourriture de votre bétail? J'ai vu le compte des prix du trèfle, des carottes, navets et pommes de terre, du *brassin* et du mélange de divers fruits et légumes que quelques cultivateurs donnaient à leurs bêtes; et quand le montant se comparait au produit du beurre et du lait, et du bétail engraissé, on trouvait presque toujours de la perte en définitive. La question est donc de savoir si le cultivateur n'aurait pas plus de profit à vendre à bon prix la plus grande partie de ces fruits de la terre, que de les prodiguer ainsi à son bétail.

*Le Fermier.* — Cette question est de celles que font les théoristes; elle repose sur des principes erronés. Il faut faire une grande distinction entre le prix d'une partie de trèfle, de carottes ou de navets que l'on vend à quelques voisins qui en ont besoin, et le prix de ces denrées quand on les donne au bétail; car lorsqu'une fois les voisins, qui achètent ces denrées, n'en éprouvent plus le besoin, on ne trouve plus d'acheteurs à quelque bas prix que ce soit. Il est donc impossible, et ce serait une folie de l'essayer, de vendre toutes ces denrées; on ne les cultive pas pour cela, mais bien pour élever et nourrir du bétail autant qu'il est possible : sans quoi l'agriculture n'irait pas. Un véritable cultivateur flamand vend toujours avec répugnance (à quelque haut prix que ce soit) la moindre chose qui puisse servir à nourrir son bétail. Il dit : Tout ce qui vient de mon champ pour mon bétail retourne au champ en fumier, qui me donne de nouveaux fruits.

*Le Propriétaire.* — Cette réponse me paraît satisfaisante. Mais tout ce que vous m'avez dit jusqu'ici sur la manière d'engraisser les bestiaux ne concerne que ceux qu'on nourrit à l'étable, et non pas le bétail qu'on engraisse dans les pâturages, et qui y reste jour et nuit. Il est vrai que cet usage est peu suivi dans vos cantons, où vous préférez garder vos bestiaux à l'étable, afin de vous procurer plus de fumier; mais vous n'ignorez pas qu'il y a des gens qui, sans être cultivateurs, engraissent le bétail dans les prairies. Je vais vous dire ce que je sais à cet égard.

Dans divers cantons de la Flandre, il y a une plus grande quantité de prés à faucher que les besoins du pays ne l'exigent, d'autres qui sont plus propres au pâturage qu'à la récolte des foins, d'autres, enfin, qui de temps en temps doivent être broutés par le bétail pour qu'il y améliore la qualité du foin. Tous ces prés sont environnés de fossés profonds ou de jetées de terre assez élevées pour que les bestiaux n'en puissent sortir. On envoie le bétail dans ces prés vers le mois de mai, et il y reste jour et nuit jusqu'en octobre ou en novembre, en un mot, tant que la saison le permet. Ce bétail est ordinairement composé de génisses d'un an et de vaches qui ne vêlent plus : celles-ci s'engraissent mieux et plus vite que les génisses, dont la croissance nuit au développement des chairs. Le lait de ces vaches diminue graduellement à mesure qu'elles engraissent, jusqu'à ce qu'enfin elles ne donnent plus de lait. Alors elles sont bientôt grasses; on vend successivement celles qui le sont, en les remplaçant par des bêtes maigres, pour autant que le pré produit de l'herbe en assez grande quantité, et l'on continue ainsi en vendant toujours les animaux les plus gras.

Il y a des prairies où l'on peut mettre autant d'animaux qu'elles ont d'arpens de contenance (arpens de

45 ares), et quelquefois un plus grand nombre, suivant que l'herbe est bonne et abondante.

Mais il importe surtout de ne pas se tromper sur ce qu'on peut nourrir de bétail dans un pré; car si on en met trop, le but est manqué totalement.

La plupart et les meilleures des prairies de cette espèce se trouvent dans le nord de la Flandre occidentale, et surtout dans les environs de Dixmude, où on les nomme les *gras pâturages*. Là, les pâtures valent un tiers de plus que dans la Flandre orientale; c'est là qu'on fabrique le meilleur beurre de l'Europe, et que l'on en fait un objet de commerce considérable.

Dixmude est le chef-lieu de ce canton : il y a un marché chaque semaine; il n'est pas rare d'y voir vendre, en un jour, plus de cent tonneaux de beurre pesant ensemble de 16 à 17,000 livres (6,930 à 7,360 kilog.). Ce beurre est envoyé dans les grandes villes de la Flandre et du Brabant, et même en France.

Dans les *gras pâturages*, le pacage se fait ordinairement par les cultivateurs qui ont une ferme au milieu des prés; ils divisent ces prés en trois espèces : la meilleure est celle qui donne beaucoup d'herbe nette, ronde et pure; elle est réservée pour les bœufs qui, depuis le mois de mars précédent, ont atteint trois ans. On les envoie, en mai, dans les prés de cette espèce, et ils y restent jour et nuit jusqu'en novembre, ou plus longtemps si la température le permet. On vend, dans l'intervalle, les bêtes suffisamment grasses, et on les remplace par de jeunes bœufs qu'on nomme *bœufs à deux dents*, parce qu'ils n'en ont pas plus de bonnes : ils ne sont âgés que de deux ans, à compter du mois de mars.

Quand on retire les bestiaux des prairies, vers le mois de novembre, on vend les bœufs qui alors ont atteint quatre ans : la plupart vont fournir les boucheries de France; les autres, plus jeunes, sont achetés soit par des distillateurs, qui continuent à les engraisser pendant quelque temps à l'étable, soit à des cultivateurs, qui font l'engrais comme vous l'avez expliqué. Les jeunes bêtes sont aussi vendues en partie; celles qui ne le sont pas sont nourries à l'étable pendant l'hiver, et envoyées au pacage au mois de mai suivant.

La deuxième espèce de prairies est celle qui ne produit qu'une petite quantité d'herbe ronde : elle est destinée aux jeunes bœufs à *deux dents*, et aux bœufs encore plus jeunes, que l'on nomme *élèves*.

Les prés de la troisième espèce sont ceux dont l'herbe plate, fine et molle fournit une nourriture moins solide que les autres. Ces pâturages ne servent qu'aux vaches à lait, aux génisses et aux veaux; on y envoie, vers le mois de juin, un taureau pour saillir les vaches qui sont en chaleur. On choisit cette époque, afin que les bêtes fécondées puissent mettre bas vers le mois de mars, et que leurs veaux puissent aller pâturer en mai.

Les vaches à lait sont toujours mises dans la même prairie, parce qu'en broutant l'herbe plus près de terre que les bœufs, elles font plus de mal à la plante; elles n'ont d'ailleurs pas besoin d'une herbe aussi forte que celle des bœufs.

Lorsque ces vaches se trouvent dans des prés éloignés de la ferme, on va les traire deux ou trois fois par jour; mais quand elles paissent à de moindres distances, on les trait le matin avant leur départ, et le soir après leur retour du pâturage.

Il vaut mieux traire les vaches à l'étable qu'à la prairie :

d'abord, parce qu'on recueille ainsi leur fumier de la nuit; ensuite, parce qu'il y a des vaches qui ne se laissent pas volontiers traire au pré; enfin, parce qu'il n'est pas prudent de laisser les vaches toute la nuit en plein air, surtout lorsqu'il pleut, qu'il tombe du brouillard, ou que les nuits commencent à devenir froides. Qui sait si ce n'est pas à cet usage qu'il faut attribuer une partie des maladies qui règnent parmi les bestiaux, surtout dans la partie de la Flandre la plus voisine de la Hollande, où cette méthode est plus suivie, où les brouillards sont plus fréquens et où les nuits sont plus froides?

Il y a moins d'inconvénient pour les bœufs à rester jour et nuit dans les prairies que pour les vaches, parce qu'ils y sont plus accoutumés dès leur jeunesse.

Quelques génisses d'un ou deux ans s'engraissent aussi dans les prés, soit pour être vendues au boucher, soit pour rester comme vaches à lait quand elles sont pleines.

Si, dans la prairie, quelque vache devient stérile, on la vend ou on l'engraisse.

Dans les cantons dont nous venons de parler, le bétail trouve, en été, un pâturage plus abondant et de meilleure qualité qu'au milieu de la Flandre; mais il perd cet avantage en hiver, car alors on ne lui donne guère que de la paille, du foin et de la menue paille ou des criblures. Cependant quelques uns des meilleurs fermiers donnent, avec la paille, des pois et des féveroles dans l'état où ces productions reviennent du champ. Il me semble que cela est un peu dur sous la dent du bétail, et que l'on ferait mieux de hacher la paille, de tremper les féveroles et les pois, et de les mêler avec de la criblure. Dans les grands froids, avant de donner cette nourriture aux vaches à lait, il serait bon d'y verser de l'eau chaude; mais tout ceci ne peut remplacer le bon *brassin* que l'on donne aux vaches dans l'intérieur de la Flandre: elles produisent ainsi une moitié de lait de plus que dans les autres cantons; il faut cependant convenir que les cantons aux *gras pâturages* sont richement favorisés de la nature, et que les terres y sont très fertiles. Ces terres ressemblent beaucoup à celles des *polders*; mais elles sont moins fortes, et la culture en est très différente. Dans les *polders*, les cultivateurs ont beaucoup de chevaux et peu de bêtes à cornes; dans les autres cantons dont il s'agit, c'est tout le contraire. Dans les gras pâturages, le cultivateur qui a une ferme de 72 hectares n'en cultive le plus souvent que 27, le reste se compose de belles prairies qui environnent sa ferme; elle fait l'admiration des amateurs du beau bétail. Ce cultivateur, s'il soigne bien son exploitation et s'il n'éprouve pas d'accidens extraordinaires, fera de grands bénéfices en peu de temps et sans beaucoup de travail (1); mais là où la nature a fait le plus pour l'homme, celui-ci fait le moins pour lui-même.

En effet, dans ces pays à pâturages, l'agriculture ne consiste que dans la récolte de l'orge d'hiver, du colza, du froment, des féveroles et de l'avoine: point de froment, de blé-sarrasin, de lin, de navets; peu de trèfle, peu de pommes de terre, seulement ce qu'il en faut pour la consommation des fermiers. Il est vrai que depuis le

---

(1) Cela était vrai, il y a peu d'années; mais, à présent, les droits exorbitans dont le bétail est frappé quand il est destiné pour la France font perdre un tiers de leur valeur aux gras pâturages et aux bestiaux. Ce commerce a beaucoup diminué; le marchand et le cultivateur n'ont plus autant de bénéfices. La décadence des distilleries, dont le nombre se réduit presqu'à rien, fait baisser également la valeur des bestiaux maigres. A.

mois de mai jusqu'en novembre, leurs pâturages suffisent à leur bétail; mais s'ils voulaient cultiver plus en grand les navets et les pommes de terre, ils pourraient les employer avec succès pour nourrir leurs bestiaux pendant l'hiver, et surtout pour obtenir de leurs vaches une plus grande abondance de lait, pendant que le reste de leur jeune bétail continuerait à être nourri à l'étable, tout en procurant du fumier de meilleure qualité et en plus grande quantité. C'est ce que ces cultivateurs ne veulent point comprendre; ils disent que leurs terres sont trop fortes pour les navets, et que les pommes de terre épuisent trop le sol. Ne peut-on pas leur répondre que le peu de besoin qu'ils éprouvent les rend moins attentifs, et leur fait négliger des bénéfices certains pour éviter un petit surcroît de travail; que si leurs terres sont trop fortes pour la culture des navets, elles n'ont besoin que d'être labourées plus souvent, et élevées en planches; que les pommes de terre n'épuisent leur sol que parce qu'ils n'y mettent pas de fumier en suffisante quantité; qu'ils peuvent obtenir ce fumier plus facilement que les cultivateurs des autres cantons, par la quantité de bétail qu'ils sont à même d'entretenir pendant l'hiver, surtout s'ils ont, avec les facultés nécessaires, la précaution de prendre d'avance les mesures convenables? On s'y plaint que souvent le sol n'y a qu'une épaisseur de 6 à 7 pouces de bonne terre végétale (16 à 19 centimètres), et qu'en dessous il y a de l'argile ou du sable; que c'est pour cela qu'on y cultive une si petite quantité de terrain. Mais ne pourrait-on pas objecter que 7 pouces de bonne terre suffisent pour procurer des récoltes passables? Il est, sans doute, plus avantageux d'avoir une plus grande épaisseur de bonne terre; cependant, si le terrain que l'on possède était divisé en petites clôtures entourées de bons fossés; si, quelques années de suite, on labourait à un pouce de plus de profondeur; si, pour fumer ce terrain, on se servait de chaux et de fumier de cheval non consommé, il est vraisemblable qu'on parviendrait à donner au sol une véritable fertilité, en augmentant de plusieurs pouces la couche de bonne terre, et qu'on finirait par l'améliorer au point de pouvoir supprimer l'usage des jachères: enfin ne serait-il pas possible d'y essayer l'opération à la bèche dont nous avons parlé (page 22)?

Vous voyez que ceci confirme de plus en plus ma remarque, qu'il en est de l'éducation et de l'entretien des bestiaux comme de la culture des terres, c'est à dire que les usages varient suivant la différence du sol, la situation des cantons et la position des hommes.

Il s'ensuit aussi également que, dans les cantons où l'on engraisse le plus de bétail et dans ceux où la population est faible, on sème peu de lin, et par conséquent on file et on tisse peu. Ainsi, dans chaque canton on suit l'usage qui paraît le plus convenable; mais il est bien digne d'éloges l'homme qui examine et pèse ces usages, et qui sait y apporter quelquefois des améliorations!

Puisque nous en sommes sur l'article de la nourriture du bétail et de la manière de l'engraisser, il n'est pas inutile de traiter du produit des vaches à lait. Dites-moi donc combien on peut tirer de chaque vache, en lait et en beurre, quels procédés on emploie pour la fabrication de cette dernière denrée; parlons aussi de la propreté à observer dans cette opération et dans les soins de la laiterie: ce sont choses dignes de notre attention.

*Le Fermier.* — Traire les vaches et battre le beurre, c'est, chez moi, le premier travail de la journée.

On ne saurait déterminer au juste la quantité de lait qu'une vache peut donner en un jour, l'une est plus apte à en produire que l'autre, et cela dépend aussi de la manière dont elles sont traitées chez les divers fermiers. Il est certain, et personne ne l'ignore, que plus un fermier est libéral envers sa vache, plus elle le sera envers lui.

Ceux qui procurent à leurs vaches, pendant l'hiver, une bonne nourriture *brassée* et en quantité convenable, et qui leur donnent de bons pâturages et de bon trèfle pendant l'été, obtiennent de chacune seize à dix-huit pots de lait par jour ( 18 à 21 litres ), et même au delà.

Une vache à lait, sur le point de vêler, passe ordinairement deux à trois mois de l'année sans rien fournir, et son lait diminue à proportion qu'elle approche de cette époque. Hors ce temps, hiver comme été, je trais mes vaches jusqu'à trois fois par jour : le lait est recueilli dans un seau de cuivre jaune ou de bois. Il y a dans l'étable une grande cruche en cuivre, de la contenance de douze à quatorze pots ( 14 à 16 litres ), et au dessus de cette cruche il y a un tamis. Le seau étant à peu près rempli, on verse immédiatement le lait sur ce tamis, d'où il coule, pur et clair, dans la grande cruche. Quand celle-ci est pleine, on la porte à la laiterie ; on y passe le lait de nouveau à travers un tamis de crin, et on le verse dans des jattes de terre : ces jattes sont rangées dans la cave qui sert de laiterie, soit à terre, soit sur des bancs de pierre ou de briques maçonnés le long des murs. Les fermiers bien soigneux ne permettent pas que cet endroit soit employé à d'autres usages qu'à renfermer le lait. En été, il ne faut que vingt-quatre heures pour que le lait soit propre à être battu ; mais on compte qu'il faut ordinairement trois jours en hiver. Pendant cette saison, on verse le lait dans une cuve, qui reste dans la cave; et si le lait tarde trop à s'aigrir au point nécessaire pour le battre, on pose dans la cuve une cruche remplie d'eau chaude, afin d'accélérer l'acidification.

Ceux qui vendent du lait doux, ou qui en font un grand usage dans leur maison, écrèment souvent ce lait lorsqu'il a été quelques heures dans la laiterie, et ils joignent cette crème au lait réservé pour la fabrication du beurre.

Tous les vases qui servent à contenir le lait sont nettoyés à l'eau bouillante, tous les jours, avec le plus grand soin : le cellier qui sert de laiterie doit être aussi tenu bien propre et frais; car il est prouvé que si l'on n'observe pas la plus stricte propreté dans la manipulation du lait et du beurre, on perd sur la quantité et surtout sur la qualité de cette denrée.

Dans les environs de Gand, les fermiers sont d'une extrême propreté en tout ce qui concerne la laiterie; mais si l'on veut voir cette propreté poussée au dernier degré de recherche, il faut aller dans les *polders*, et surtout dans les cantons des gras pâturages. Là, les caves sont aussi propres que les salles à manger des riches bourgeois; les vases, les cuves, enfin tout ce qui sert à contenir le lait et à fabriquer le beurre y est d'une blancheur éblouissante; les cercles de fer y brillent comme de l'argent, et tous les jours, si le temps le permet, les ustensiles sont séchés en plein air. Dans ces cantons, les grands fermiers ont une servante presque exclusivement occupée à laver et nettoyer tout ce qui tient à la laiterie.

Onze à douze pots de bon lait (13 à 14 litres) produisent environ une livre de beurre (43 grammes), suivant la qualité des vaches et de la nourriture qu'on leur donne. Quelques cultivateurs évaluent à une livre et demie ( 65 grammes ) le beurre qu'une bonne vache peut produire par jour : il y en a qui donnent 2 livres ( 86 grammes ).

Le lait battu sert à la consommation du ménage : on le mêle aussi à la nourriture des cochons. Les cultivateurs qui demeurent près des villes en tirent un bon parti, en le vendant aux blanchisseurs : ceux qui sont encore plus rapprochés font peu de beurre; ils préfèrent vendre leur lait dans les villes.

La manière de fabriquer le beurre varie quelquefois. Quelques uns se servent de la baratte à tourniquet, instrument qui emploie deux ouvrières ; d'autres se servent du bâton à batte-beurre, espèce de pilon à bascule qu'un homme fait retomber avec force dans la cuve ; d'autres encore ont une autre espèce de baratte en forme de barrique à manivelles, mise en mouvement par deux hommes, ou en forme de moulin, dont des chiens font tourner la roue. Toutes ces manières sont bonnes, et quoique l'une donne plus d'embarras que l'autre, chacun croit la sienne la meilleure.

En hiver, on verse ordinairement un dixième d'eau chaude dans le lait : sans cela, il serait difficile d'obtenir du beurre. En été, lorsque le beurre commence à se montrer, on emploie de l'eau froide, afin de le durcir et de lui donner une belle couleur.

Le travail dure environ une heure et demie ou deux heures; on retire le beurre, et une femme le met proprement dans une écuelle ronde de bois, où elle le pétrit continuellement avec une cuiller en bois : plus elle prolongera cette opération, et mieux le beurre se purifiera du lait qui s'y trouve encore mêlé. On met alors le beurre dans une grande jatte de terre, et on y verse de l'eau bien pure. On le laisse ainsi, en été, pendant une heure, et en hiver, pendant dix à douze minutes. On décante l'eau et on met pour 6 livres de beurre une double poignée de sel; ensuite on le pétrit de nouveau avec la cuiller de bois, afin d'en extraire encore l'eau ou le lait qui peut y être resté; enfin, on y met encore une petite quantité de sel et on le divise, à volonté, en grandes ou petites mottes, qui sont envoyées aux marchés des villes voisines.

Il faut observer, aussitôt que le beurre est battu, qu'on y passe un couteau dans tous les sens, afin d'enlever les poils qui tombent dans le lait lorsqu'on trait les vaches et qui passent à travers le tamis : cette opération s'appelle *peigner le beurre*.

Les meilleures saisons de l'année pour faire sa provision de beurre sont les mois de mai et de septembre; mais il faut avoir soin de le pétrir encore une fois et de l'entasser, à coups de pilon, dans une cuve de bois. On y met une quantité raisonnable de sel; on entasse de nouveau le tout dans des cuves ou des pots de grès, et on verse par dessus une saumure d'eau et de sel, qui s'élève à un pouce au dessus du beurre.

Je ne parlerai pas du fromage, parce qu'en Flandre on s'occupe si peu de cet objet que ce n'est pas la peine de nous en occuper.

*Le Propriétaire.* — Puisque nous avons parlé de l'entretien des bêtes à cornes, dites-moi aussi, je vous prie, ce que vous pensez de la nourriture et de l'éducation des chevaux, ces animaux si utiles à l'agriculture.

*Le Fermier.* — Je donne à chacun de mes chevaux trois fois par jour un picotin d'avoine, ce qui fait ensemble au moins la quinzième partie d'un sac par jour

(7 litres et demi), et quelquefois davantage, d'après leur travail; j'y ajoute une égale quantité de paille de froment coupée : ils reçoivent en outre, dans les intervalles et pour la nuit, 10 à 12 livres de foin (4 kilogr. un tiers), et 7 à 8 livres de paille de froment (3 kilogr. à 3 kilogr. et demi). Lorsque l'avoine n'a pas réussi, je leur donne des pommes de terre et des carottes pilées ensemble et mêlées avec de la menue paille; puis des féveroles concassées, de l'orge, du blé-sarrasin, enfin ce que j'ai le plus en abondance et dont je puis le mieux me passer. Tout cela est mêlé avec un peu d'eau : une partie de ce mélange entre dans la boisson que je leur donne.

En été, dès que les trèfles sont bons, chaque cheval en reçoit par jour à peu près autant qu'il peut en croître sur une verge et demie de terre (22 centiares); mais quand il fait chaud et que les chevaux travaillent beaucoup, je ne leur donne qu'une petite quantité de trèfle, surtout quand il a vieilli, parce qu'alors il pourrait les échauffer. Dans ce cas, j'augmente le mélange pour la boisson, et quelquefois je donne à mes chevaux de l'orge bouillie, des carottes et des pommes de terre coupées avec de la menue paille de froment.

Quelques fermiers mettent les chevaux et les poulains dans une même prairie avec les vaches. J'avoue que cet usage est favorable aux chevaux et surtout aux poulains; mais je ne veux le suivre que rarement, et tout au plus dans les pâturages secs, ou après la troisième coupe des trèfles, pendant le mois de septembre. Les chevaux, lorsqu'ils y pâturent, endommagent considérablement les bonnes prairies, en déchirant la racine du gazon. Il n'en est pas de même dans les mauvaises prairies, pleines d'herbes malfaisantes : ces dernières sont étouffées alors par le piétinement des chevaux, et le sol se raffermit en même temps que leur fumier fait pousser les bonnes graminées.

En Flandre, et principalement dans le pays d'Alost, les chevaux sont surchargés de travail, ce qui leur occasione souvent des maladies. A la vérité, on augmente la quantité d'avoine qu'on leur donne, en proportion du travail qu'on leur fait faire; mais en hiver, lorsqu'ils travaillent peu, on leur retranche cette avoine en trop grande quantité. Plusieurs fermiers ne leur donnent alors que du foin, de la paille, des pommes de terre et des criblures. Je ne puis ni suivre, ni approuver cette coutume; car, lorsqu'on diminue la quantité de nourriture nécessaire à un cheval, ses forces s'usent au moins autant par ce retranchement que par le travail ordinaire. Je ne puis d'ailleurs me résoudre à condamner ainsi à des privations ces animaux, qui sont toujours prêts à me rendre tous les services que j'en exige.

Maintenant, monsieur, si vous le voulez bien, nous passerons au mois de février.

## FÉVRIER.

Les travaux des champs commencent de la manière suivante :

Lorsqu'il ne fait pas trop humide et qu'il ne gèle point, ou bien, s'il a gelé, lorsque mes terres sont couvertes de neige et que le dégel commence, j'ai soin, dans les terres légères, d'arroser le blé avec de l'engrais liquide : cela fond la neige et fait grand bien à la plante. Quand je ne puis compter sur le dégel, ou quand il est trop avancé, j'attends jusqu'à ce qu'il soit fini et que l'humidité ait pénétré la terre : alors, de temps en temps et jusqu'au mois de mars, je répands l'urine de bétail à raison de vingt futailles ou 60 hectolitres par arpent de 45 ares.

Dans le dernier quartier de ce mois, je fais tailler mes arbres et je fais émonder et couper mes haies, ainsi que mes bois; le produit de ces coupes est apporté à la ferme et mis en tas ou en piles. Si j'ai plus de bois qu'il ne m'en faut pour mon usage, je vends le surplus aux petits cultivateurs, ou bien à un marchand. Cette saison est la meilleure pour ébrancher les arbres : plus tôt ou plus tard, cette opération pourrait nuire à leur tige, excepté cependant les aulnes qu'il convient de tailler plus tard. La fin de ce mois est aussi l'époque la plus favorable pour planter toute espèce d'arbres.

C'est encore l'époque où je fais le tour de mon verger, afin de nettoyer mes pommiers et mes autres arbres fruitiers des nids de chenilles, qui les empoisonneraient d'insectes nuisibles.

J'examine aussi mes instrumens aratoires, et je les fais mettre en état de service pour les travaux du mois suivant.

Il y a des fermiers qui, dans les beaux jours de ce mois, commencent à labourer leurs terres, notamment celles qui sont propres à la culture du lin.

Pendant ce mois, ainsi que pendant les mois suivans, on continue, chez moi, à filer matin et soir; aussitôt que l'on a une assez grande quantité de fil pour fabriquer une pièce de toile de 70 à 80 aunes (53 à 61 mètres), on fait venir un tisserand, qui le met sur le métier, à la maison même. Ces tisserands sont de petits cultivateurs du voisinage : on leur donne ordinairement, pour cet ouvrage, 10 sous par jour (90 centimes), outre la nourriture : quelquefois on les paie à l'aune; mais alors le prix de la main-d'œuvre se règle d'après la finesse et la largeur de la toile.

Voilà, monsieur, tout ce que j'ai à vous dire sur le mois de février, passons aux mois suivans.

## MARS ET AVRIL.

*Le Propriétaire.* — Je crois que vous pouvez réunir ces deux mois, parce qu'à cette époque de l'année les travaux agricoles sont plus ou moins confondus, suivant que le beau temps arrive plus tôt ou plus tard.

Aux premiers jours de mars, on ne désire qu'un temps bien sec; on sait que la sécheresse dans cette saison et l'humidité en avril sont ce qui convient le mieux à presque toutes les espèces de terres et de productions. Un vieux proverbe a consacré chez nous cette doctrine.

*Le Fermier.* — Dans l'attente d'un temps si favorable, je m'occupe, au commencement de mars, d'inspecter mes terres, et je mets la main à l'œuvre; je répare les rigoles ou j'en creuse de nouvelles pour l'écoulement des eaux superflues; j'examine enfin si mes terres destinées aux productions d'été se trouvent assez sèches pour être labourées.

Il est reconnu que les terres légères et sèches sont plutôt en état d'être labourées que les terres fortes. En général, lorsque l'époque des semailles pour chaque espèce de plantes est arrivée, il est bon, pour autant que le temps le permet, d'y procéder sans délai; car l'expérience a prouvé qu'on se trompe rarement en semant un peu tôt, mais presque toujours en semant trop tard. Il est vrai qu'en ceci on est souvent dirigé par la température; mais il n'est pas moins certain que plus tôt on met la semence en terre après l'hiver, mieux elle lève, et plus sa tige pousse vigoureusement, surtout dans les terres naturellement bonnes, qui ne sont ni trop humides ni trop froides.

Il y a des grains de mars qui doivent nécesairement être semés plus tôt que d'autres. On commence les semailles par l'orge d'été dite *marseiche;* ensuite viennent les féveroles, l'avoine, les trèfles, les pommes de terre et le lin: le blé-sarrasin est semé le dernier, vers la fin du mois de mai; le tout un peu plus tôt ou plus tard suivant la température et d'après la qualité du sol.

Il vaut infiniment mieux semer par un temps calme et modérément chaud, que par un temps froid et quand il règne un vent sec; car la chaleur favorise la végétation, elle fait sortir les plantes, au lieu que le froid les repousse en terre.

L'expérience a également démontré à tous les cultivateurs qu'ils doivent changer de temps en temps la graine, parce qu'une production semée quelques années de suite dans la même exposition et dans la même qualité de sol ne tarde guère à dégénérer. C'est pourquoi, tous les deux ou trois ans, je change les semences dont je me sers, et j'en prends de nouvelles dans les cantons où les terres et leurs fruits sont meilleurs que chez moi. De cette manière, j'ai toujours des semences fortes et mûres, ce qui est plus important qu'on ne croit; car il est certain qu'un mauvais germe ne peut produire de bons fruits. La meilleure semence est celle de l'année; il faut aussi qu'elle soit bien nette, afin qu'elle ne produise pas une quantité de mauvaises herbes.

Il faut avoir soin de ne semer ni trop serré ni trop

clair. Tous les cultivateurs savent que le lin doit être toujours semé dru ; on sème clair le blé-sarrasin, les colzas, les navets et les carottes ; le froment, le seigle, l'orge et l'avoine ni trop serré ni trop clair ; mais tout ceci dépend encore de la qualité du sol et de la température : car il est constant que, dans un temps sec, on peut semer en moindre quantité que dans une saison pluvieuse, parce que, dans ce dernier cas, l'humidité fait toujours pourrir en terre une partie de la semence : de manière que lorsqu'on sème du froment en octobre, on peut toujours employer un quart de moins de graine que sur la fin de novembre, parce qu'à cette première époque la terre est plus chaude, et conséquemment la semence lève mieux et plus tôt.

L'expérience prouve aussi que la même espèce de plante, semée sur le même terrain quelques années de suite, perd considérablement en qualité et en produit. C'est par ce motif que les Flamands, dans leur culture, changent continuellement leur assolement, et suivent, à cet égard, un ordre qui subsiste depuis un temps immémorial ; mais cependant la diversité du sol fait que cet ordre ne peut être également observé partout. A cet égard le cultivateur doit se laisser guider par l'expérience.

Pour expliquer cet ordre d'une manière claire et précise, j'ai fait trois tableaux : le premier, marqué A, pour les meilleures terres légères, que nous avons classées sous le n°. 1 ; le second, marqué B, pour les terres légères n°. 2 ; et le troisième, marqué C, pour les bonnes terres fortes des n$^{os}$. 4 et 5. Ces tableaux suffiront pour faire connaître au fermier intelligent l'ordre qu'il convient de suivre pour les différentes espèces de terres. Mais, comme le lin est une plante qui, d'après l'expérience, ne doit être semée sur le même terrain qu'à des intervalles de sept à huit ans, les trèfles en huit ou neuf ans, et l'avoine en quatre ou cinq ans, je me suis réglé là dessus pour la confection de mes tableaux : je vous invite à les étudier; ils rendront plus intelligible ce qui me reste à dire sur la manière de semer chaque plante en particulier.

*Tableaux représentant le système d'assolement que l'on suit en Flandre : le tableau* A *pour les bonnes terres légères*, N°. 1, voyez page 9; *le tableau* B *pour les terres légères*, N°. 2, voyez page 10; *le tableau* C *pour les bonnes terres fortes*, N$^{os}$. 4 et 5, voyez pages 11, 12 et 13.

**TABLEAU A.**

| | | | | | | | | |
|---|---|---|---|---|---|---|---|---|
| Lin et Trèfles ou Carottes. | Froment blanc ou Froment rouge. | Seigle et Navets. | Seigle ou Orge et Navets ou Pommes de terre. | Pommes de terre. | Froment. | Seigle et Navets. | Lin. | Trèfles. |
| | | | | Froment. | Seigle ou Orge et navets. | Avoine. | Lin et Carottes. | Seigle. Trèfles. |
| | Avoine. | Seigle et Carottes ou Orge et Navets. | Pommes de terre. | Froment. | Seigle et Navets. | Orge et Navets ou Avoine. | Lin. | Trèfles. |
| | Orge et Navets. | Seigle et Carottes. | Pommes de terre. | Froment. | Seigle et Navets. | Lin et Carottes | Avoine. | Trèfles. |

## TABLEAU B.

| 1^re^. année. | 2^e^. année. | 3^e^. année. | 4^e^. année. | 5^e^. année. | 6^e^. année. | 7^e^. année. | 8^e^. année. | 9^e^. année. | 10^e^. année. |
|---|---|---|---|---|---|---|---|---|---|
| Lin et Carottes. | Seigle et Navets. | Seigle et Navets. | Blé-Sarrasin. | Carottes. | Pommes de terre. | Orge et Navets. | Lin et Carottes. | | |
| | | | Avoine. | Trèfles. | Orge et Navets. | Pommes de terre. | Seigle et Navets | Lin et Carottes. | |
| | | | Pommes de terre ou Carottes ou Navets printaniers | Avoine. | Trèfles. | Seigle ou Orge et Navets. | Seigle et Navets. | Lin et Carottes. | |
| | | | Pois. | Seigle. | Trèfles. | Orge et Navets. | Avoine ou Pommes de terre. | Lin et Carottes. | |
| | | | Spergule et Navets. | Sarrasin. | Pommes de terre. | Avoine. | Lin et Carottes. | | |
| Lin | Seigle. | Trèfles. | Seigle et Navets. | Seigle et Navets. | Avoine ou Blé-Sarrasin. | Pommes de terre. | Seigle et Navets. | Lin. | Trèfles. |
| Lin. | Trèfles. | Avoine ou Spergule ou Pois. | Seigle et Navets. | Seigle et Navets. | Blé Sarras. ou Pom. de t. ou Carottes. | Carottes. | Seigle et Navets. | Lin. | Trèfles. |
| | | | | | | Orge et Navets | Avoine. | Seigle et Navets. | Lin. |
| | | | | | | Seigle et Navets. | Seigle et Navets. | Lin. | Trèfles. |

## TABLEAU C.

| | | | | | | | | | |
|---|---|---|---|---|---|---|---|---|---|
| Lin. | Trèfles. | Avoine. | Carottes ou Orge et Navets. | Froment. | Seigle et Navets. | Pommes de terre. | Froment. | Seigle et Navets. | Lin. |
| | | | | Féveroles. | Froment. | Seigle et Navets. | Pommes de terre. | Colza et Carottes. | |
| | | Orge et Navets. | Colza et Carottes ou Féveroles. | Froment. | Seigle et Navets. | Pommes de terre. | Seigle et Navets ou | Avoine ou Lin. | Lin. |
| | | | | | | | Froment. | Seigle ou Orge et Navets. | Lin. |
| | Froment. | Orge et Navets ou Seigle et Navets. | Féveroles. | Froment. | Seigle et Navets. | Pommes de terre. | Colza et Navets. | Avoine ou Lin. | Lin. |
| | | | Avoine et Trèfles ou Pommes de terre. | Trèfles. | Froment. | Seigle et Navets. | Lin. | | |
| | | | | Colza et Navets. | | | | | |
| | Colza et Navets. | Froment. | Seigle et Navets. | Avoine. | Trèfles. | Froment. | Seigle ou Orge et Navets. | Avoine ou Lin. | Lin. |

Les carottes indiquées dans le tableau C ne sont semées que dans les terres les plus légères de celles qu'on désigne sous le N°. 4, et on les sème très rarement dans les terres N°. 5.

*Le Propriétaire.* — Vos tableaux me paraissent très satisfaisans. L'ordre de culture qu'ils indiquent pour chaque production fait voir que le cultivateur, après la récolte de tel ou tel fruit, a souvent le choix de diverses autres espèces propres à être cultivées ensuite. Il est libre ainsi de donner la préférence à la production qui lui est la plus nécessaire ou qui convient le mieux à la qualité de ses terres. Au reste, je sais parfaitement qu'il est impossible de faire connaître tous les usages particuliers. Plusieurs petits fermiers qui n'ont que la quantité de terre suffisante pour entretenir une ou deux vaches cultivent alternativement, plusieurs années de suite, une année du seigle et des navets, et l'autre année des pommes de terre, ou alternativement du seigle et des navets, et ensuite de l'avoine. Il y en a qui, deux ou trois années de suite, sèment du seigle; mais ceux-ci reconnaissent que chaque fois leur grain perd quelque chose en quantité et en poids. Il suffit donc que vos tableaux indiquent l'usage le plus habituel, et surtout celui qui est suivi dans les bonnes terres fortes du n°. 4, où l'on s'applique davantage à la culture du lin, du froment, des féveroles et du colza, et dans les terres légères, n$^{os}$. 2 et 3, où l'on cultive de préférence le blé, l'avoine, le blé-sarrasin, l'orge, les carottes et les navets : dans celles-ci, en effet, ces dernières productions sont plus nécessaires pour la nourriture du bétail, dont on a un plus grand besoin dans les terres légères, afin d'obtenir une plus grande quantité de fumier.

Ainsi, je vous prie de continuer, et de me dire dans quelle saison vous semez chaque espèce de graines, combien de fumier et quelle quantité de semence vous employez pour un arpent de terre; enfin, quel en est le produit, année commune.

*Le Fermier.* — Certes, monsieur, vous ne me demandez pas peu de choses; mais nous n'abandonnerons point notre entreprise, et je tâcherai de vous satisfaire, en réclamant toutefois votre indulgence : il m'est impossible d'expliquer tant d'objets en peu de mots. Je serai obligé d'être long, diffus même : c'est assez notre habitude à nous autres villageois. Ici, la chose est d'autant plus inévitable, que si j'omettais quelque point, assurément vous m'interrompriez aussitôt.

*Le Propriétaire.* — Continuez toujours, mon ami ; on ne peut être bref en parlant d'un art sur lequel notre attention est continuellement fixée : dites tout ce qui a rapport à l'agriculture, que ce soit de beaucoup ou de peu d'importance. Une pareille matière est ennuyeuse pour ceux qui ne sont pas amateurs d'agronomie; mais rappelez-vous que ce n'est pas pour eux que vous parlez.

*Le Fermier.* — Je commencerai donc par vous dire que dans les mois dont nous parlons, dès que la température le permet, j'envoie la charrue aux champs, et je commence par labourer les terres disponibles, en suivant l'ordre des productions auxquelles elles me paraissent propres.

Mais, avant d'entrer dans de plus grands détails, il faut que je vous présente quelques observations particulières.

1°. Toutes mes terres propres à la culture des productions d'été ont été labourées en planches élevées, dites planches à jachère, après la récolte et immédiatement avant l'hiver, pour autant que cela s'est trouvé possible.

2°. Dans cette saison, après avoir donné le second labour à mes terres, je tarde le plus qu'il m'est possible à y mettre la dernière main et à les ensemencer, parce que ce temps de repos fait le plus grand bien au sol.

3°. Quand je parle du nombre de voitures de fumier que j'emploie pour chaque arpent et pour chaque espèce de productions, il faut toujours entendre que c'est là le maximum d'engrais que cette espèce demande à la rigueur. Ainsi, lorsqu'on sème sur un terrain où il reste encore le tiers ou la moitié de l'engrais d'un fruit précédent, alors la quantité d'engrais énoncée se diminue d'autant. Comme une terre, par sa nature ou son exposition, exige souvent plus d'engrais qu'une autre, il est difficile de déterminer exactement la quantité d'engrais nécessaire à chaque production : c'est donc une chose qu'il faut laisser au jugement et à l'expérience du cultivateur. Dans tous les cas, ce que je vais dire sur la quantité d'engrais à employer suffira pour faire connaître les productions qui en exigent le plus et celles qui en demandent le moins; mais, à cet égard, il faut se pénétrer de la nécessité d'aller plutôt au delà que de rester en deçà de ces quantités, quoiqu'il soit vrai de dire que tout cela doit être calculé avec intelligence, puisque l'on voit souvent qu'une quantité excessive de fumier donné sans discernement aux céréales ne leur fait produire que beaucoup de paille et peu de grain. Enfin, on calcule en Flandre qu'après la récolte des *marsais*, il reste encore un demi-engrais, et un tiers d'engrais après la récolte des *hivernaux*; mais qu'il ne reste plus rien quand d'un engrais entier on a tiré deux productions, si ce n'est dans le cas où l'on a donné un double engrais, comme pour le colza, le tabac et le chanvre; ou bien dans les *polders*, dont on fume les terres tout d'un coup et en une seule fois pour quatre à cinq ans; ou enfin au moyen de l'arrière-engrais de chaux et de cendres, qui dure trois ans.

*Le Propriétaire.* — Toutes les réflexions que vous venez de faire sont utiles au but que nous nous proposons. Mais, puisque nous voilà parvenus au commencement de la saison où l'on sème les *marsais*, je vous prie de commencer par l'orge; et comme il y a de l'orge de printemps, de l'orge d'été, de l'orge d'hiver, il serait bon de traiter ces différentes espèces en même temps, parce qu'elles demandent les mêmes soins et qu'elles sont parvenues à leur maturité à peu près à la même époque.

*Orges d'été, de printemps, et d'hiver.*

*Le Fermier.* — L'orge d'hiver et l'orge de printemps sont la même espèce. Nous disons de l'*orge d'hiver* quand on la sème vers octobre, et de l'*orge de printemps* quand on la sème au mois de mars : dans quelques cantons, l'orge d'hiver s'appelle *escourgeon* (1).

L'orge d'hiver (escourgeon) est une des principales productions des *polders* : elle exige en général une terre forte et grasse; on en récolte cependant d'une très bonne espèce et en grande quantité dans les terres légères n°. 1 du milieu de la Flandre, quand on a soin de bien fumer. Les brasseurs donnent la préférence à cette dernière espèce sur celle qui croît dans les terres fortes, parce qu'ils en trouvent la pellicule plus fine et la graine plus nourrie; ils préfèrent aussi l'orge d'hiver à l'orge d'été, parce que la première pèse 10 livres de plus par sac (4 kilogrammes de plus par hectolitre), et donne un produit plus considérable.

On sème l'orge d'été (2) au mois d'avril : dans les

(1) L'*escourgeon* est le *hordeum hexasticum* de Linnée; en dialecte flamand, cette espèce d'orge s'appelle *schockelioen*.

(2) *Hordeum vulgare* de Linnée.

terres fortes, on sème l'orge d'hiver en octobre, et dans les terres légères, en novembre ou décembre, mais toujours le plus tard qu'on peut dans ces dernières, parce que cette plante y est plus sensible au froid que dans les terres fortes. S'il arrive que l'orge d'hiver se gèle, je fais labourer le champ en mars, et j'y sème de l'orge d'été avec des trèfles ou des carottes.

Cette céréale vient très bien après les pommes de terre, et mieux encore après les trèfles ou dans les prairies labourées.

Dans les terres fortes, on donne deux labours et même trois, en formant des planches de 5 pieds (1 mètre et demi); dans les terres légères, principalement après la récolte des pommes de terre, les fermiers ne labourent qu'une seule fois, mais ils passent la herse trois ou quatre fois en long et en large et ils enlèvent les mauvaises herbes; on arrose ensuite la terre, dans les deux cas, avec du fumier liquide, dont on emploie vingt futailles (60 hectolitres) pour chaque arpent de 45 ares (1). La terre ainsi préparée, on y jette la semence à raison d'un tiers de sac (80 litres) pour la même mesure, et on la recouvre au moyen de la herse; ensuite on y étend, savoir: douze voitures de fumier après le seigle et les navets; sept voitures après les pommes de terre, et six voitures après les trèfles. Le fumier de vache, ou toute autre espèce qu'on y emploie, doit être bien consommé. On

(1) Les tonneaux dans lesquels on met l'urine des bestiaux pour la transporter sur les champs sont de la contenance de deux cent quarante à trois cent soixante pots de Gand (276 à 414 litres): on prend des tonneaux de la plus petite dimension ou de la plus grande, selon le besoin que la terre et les plantes peuvent avoir de cet engrais liquide. Si le cultivateur n'en a pu recueillir une quantité suffisante, il y supplée en mêlant à celle qui se trouve dans sa citerne une quantité de tourteaux de navets délayés avec de l'eau. A.

enterre ensuite le tout avec la charrue, à 3 pouces de profondeur : on vide, avec la bêche, les sillons qui séparent les planches et on étend la terre sur le sol, afin que la semence soit mieux recouverte. Dans les terres légères, on passe quelquefois sur le semis le rouleau, *Pl.* XI, A, et l'on se borne à ce travail. Lorsque la plante est dans sa croissance, elle a besoin d'être sarclée deux fois, excepté dans les terres fortes, où elle croît quelquefois si serré, qu'elle peut étouffer la mauvaise herbe sans aucun autre secours.

La végétation de l'orge est souvent si active, et les épis s'élèvent à une hauteur telle, que le moindre vent suffit pour les renverser; mais on ne s'en inquiète point, attendu que les épis ne tombent que parce qu'ils sont richement fournis de grains, et on sait que l'orge n'en mûrit pas moins bien.

Dans les environs de Gand, on cultive généralement l'orge de la manière suivante :

On laboure la terre deux fois; la première fois un peu plus profondément que la seconde, et par planches de 5 pieds de largeur (1 mètre et demi); on se sert ensuite de la charrette à fumier liquide, en faisant marcher le cheval dans les sillons, entre les planches, afin que l'engrais puisse tomber dans ces sillons; après, on égalise le terrain à la herse, et puis on étend là dessus, aussi également qu'il est possible, dix à douze voitures de fumier de vache bien consommé : on sème la graine sur ce fumier, et on prend avec la bêche, dans les sillons creusés un peu plus profondément qu'à l'ordinaire, la terre suffisante pour recouvrir la semence et le fumier; enfin on foule le sol avec les pieds, ou bien on y fait passer, à bras d'hommes, le rouleau, *Pl.* XI, B. Cette dernière opération a pour but de comprimer la terre, afin qu'elle retienne l'humidité dans son sein, et qu'ainsi la semence lève mieux. Lorsqu'elle est parvenue à 2 ou 3 pouces de hauteur ( 5 à 8 centimètres ), on l'humecte encore une fois, si on le juge nécessaire, avec 20 hectolitres de fumier liquide : par ce moyen, on peut obtenir encore une récolte de pommes de terre ou de beaux navets la même année, sans autre engrais. Dans les terres légères, quelques fermiers se bornent à fumer le sol avec le produit des vidanges de latrines : on en met, pour chaque arpent de 45 ares, six baquets, c'est à dire la charge de six voitures à deux chevaux, peu de jours avant de semer l'orge d'hiver ; et au mois de mars on arrose encore une fois avec le même engrais très délayé, ou avec de l'urine de bestiaux bien liquide.

Les racines de l'orge et de l'avoine s'étendent beaucoup plus en largeur qu'en profondeur : c'est pourquoi il ne faut pas trop enfouir la semence ni l'engrais.

On ne récolte guère que quatorze à quinze sacs d'orge (15 à 16 hectolitres) par arpent de 45 ares, dans les cantons où l'on donne peu d'engrais : partout ailleurs, quand on n'est pas avare de fumier, surtout aux environs de Gand, on a dix-huit ou vingt sacs ( 19 à 21 hectolitres) sur 45 ares ; le sac pèse 140 à 145 livres de Gand (60 ou 62 kilogrammes), et il vaut 9 à 10 francs.

L'expérience nous apprend qu'on peut semer l'orge après le froment, mais non le froment après l'orge, probablement parce que les éteules de cette dernière céréale ont trop de chaleur et nuisent ainsi au froment. Cependant on récoltera de beaux navets en grande quantité après l'orge, et après ces navets on aura de bon seigle dans les terres légères, et des féveroles dans les terres fortes.

Pendant cette saison, si la couche supérieure de mon

champ est trop resserrée par les pluies d'hiver, je fais, par un beau jour bien sec, passer sur le champ la herse renversée, pour ouvrir le sol et pour faire pénétrer l'air et le soleil jusqu'aux racines du blé. C'est aussi maintenant l'époque de semer

*Le Genêt.*

Dans mon canton, cette plante est peu connue; je ne l'ai jamais semée. Vous savez sans doute, monsieur, comment on s'y prend, veuillez m'en instruire.

*Le Propriétaire.* — Bien volontiers. Cette plante n'est connue en Flandre que dans les mauvaises terres sablonneuses du n°. 3; on y sème le genêt le plus ordinairement dans le seigle. C'est au mois de mars que l'on jette dans le seigle un sac de semence de genêt pour 45 ares. On enterre cette graine au moyen du rouleau n°. XI, B; quelquefois, attendu que dans ces terres légères les pluies font suffisamment entrer la semence dans le sol, où elle germe et prend racine, on ne fait autre chose que jeter la semence sur le sol : le tout reste ainsi jusqu'à l'époque où l'on coupe le seigle; ce que l'on ne doit faire qu'à quelques pouces au dessus du sol, afin de ne pas endommager les jeunes plants de genêt, qui sont déjà en pleine croissance.

On n'arrache le genêt que lorsqu'il a trois ans; il peut donner alors, par chaque arpent de 45 ares, deux mille à deux mille cinq cents bottes, lesquelles valent 180 à 200 francs. C'est un produit raisonnable, si l'on considère la mauvaise qualité du terrain sur lequel cette plante a poussé sans causer aucune dépense. Il faut mettre aussi en ligne de compte l'amélioration de ce terrain par la chute des feuilles du genêt qui ont pourri et la disparition de toute mauvaise herbe, le sol étant tenu resserré par le genêt; et enfin on peut calculer que, moyennant une faible quantité de fumier, on obtient immédiatement une bonne récolte de seigle, après laquelle on a de nouveau du genêt sans être obligé de le semer, puisque les semences tombées par terre suffisent pour cela. Ces graines du premier genêt se conservent des années entières dans le sol, et elles poussent volontiers dans le seigle.

*Le Fermier.* — Quels que puissent être les avantages de la culture du genêt, je m'en soucie peu; car on ne le sème que dans un sol dont il est impossible de tirer un meilleur parti. Je préfère les

### *Féveroles.*

La pleine lune de mars est ordinairement l'époque où l'on commence à planter ou semer les féveroles. Les champs destinés à cette production sont préparés, avant l'hiver, en lits de jachère hersés et nettoyés. En cette saison, il faut labourer le champ bien profondément, et on refait les planches de manière que les rigoles se trouvent où était d'abord le milieu des lits; ensuite, au moyen de la herse, on arrache la mauvaise herbe, puis on sème les trois quarts d'un sac de féveroles (80 litres) pour 45 ares, et on les enterre à la herse. Ceci étant fait, on y répand douze voitures de fumier; si le sol est trop humide ou trop serré, on n'y met que huit à dix voitures de fumier, avec une *croix* de chaux (dix-huit sacs, près de 20 hectolitres), et l'on retourne le tout de nouveau à la charrue, à 4 ou 5 pouces de profondeur. après quoi on aplanit la terre avec la herse renversée. Il est bien entendu que l'on ne jette jamais de la chaux vive sur les terres, on a toujours soin de commencer par l'*éteindre*.

Il y a des cultivateurs qui, lorsque le fumier a été répandu sur la surface de la terre, y sèment les féveroles et les enfouissent ensuite, le tout à la charrue. D'autres ne sèment les féveroles que lorsque le fumier a été enterré, et ils se contentent ensuite d'enfouir la semence à la herse retournée. Cette dernière méthode ne vaut pas la première : on a besoin d'un quart de graine de plus, attendu qu'on ne peut l'enfouir également bien en suivant ce procédé. Mon opinion à moi est qu'il vaut beaucoup mieux planter les féveroles que les semer : voici comment je m'y prends.

Lorsque le champ a été bien labouré et que le fumier est enterré, un homme va couper la terre de distance en distance avec la grande houe, *Pl.* XII, B, en suivant la surface des endroits dans lesquels se trouve le fumier, et en se dirigeant en ligne directe d'une extrémité à l'autre. Une femme va sur les traces de cet homme, et dépose dans chaque trou fait avec la houe deux ou trois féveroles, qu'on recouvre, au retour, avec la terre de la coupe voisine. J'ai des ouvriers qui font ce travail si adroitement, que lorsque les graines poussent, on dirait qu'elles ont été plantées au cordeau. Un arpent de 45 ares planté de cette manière me coûte en journées environ 5 à 6 francs de plus que l'arpent planté à la charrue; mais je me dédommage de cette dépense par la quantité de féveroles que j'économise, et par l'augmentation de produit; car les féveroles ainsi plantées à des distances égales se développent mieux, sont plus fortes et se nettoient beaucoup plus facilement. Ce procédé a surtout de l'avantage dans les saisons humides. Quand le temps est sec, je préfère enterrer à la charrue le fumier qui est sur le sol, en faisant suivre la charrue par un homme qui traîne le fumier dans le sillon au moyen d'une fourche. Cet ouvrier est suivi de deux autres hommes ou de deux femmes qui distribuent d'une manière régulière, dans les sillons fumés, les féveroles qu'on veut planter et qu'on recouvre de 4 à 5 pouces de terre au retour de la charrue; après quoi, le sol est aplani à la herse renversée. Les féveroles sont plantées un peu plus profondément de cette dernière manière que de la première, et cela est nécessaire dans un temps sec.

Pour cette production j'ai aussi l'habitude de labourer profondément mes terres, au moyen de deux charrues qui se suivent, ainsi que je vous l'ai expliqué lorsque nous avons parlé du labour. Tous les ans, pour les *marsais*, je donne ce labour profond à toutes les terres fortes et humides.

Quelques cultivateurs ne me paraissent pas bien persuadés de l'utilité d'un labour profond; mais les uns se dispensent de suivre cet usage pour s'épargner du travail, d'autres ont des terres assez bonnes pour que l'opération devienne moins nécessaire. Cette dernière raison est la meilleure, et j'en agis de même lorsque la qualité de mes terres le permet; cependant je n'en persiste pas moins à soutenir que, dans toutes les terres fortes où à une certaine profondeur la base du sol est la même, le labour profond est d'une grande utilité, et qu'il n'y a point de meilleur moyen de détruire les herbes nuisibles.

*Le Propriétaire.* — Voilà qui est très bien; mais ne prodiguez-vous pas un peu trop le fumier et le labour? Car enfin, l'art ne consiste pas à fumer beaucoup et à faire marcher sans cesse la charrue: le grand point est la juste mesure.

*Le Fermier.* — Sans doute, monsieur, il arrive quelquefois que l'on donne trop de fumier à certaines terres, et alors on y recueille plus de chaume que de grain; mais nous ne tombons pas ici dans cette faute. Remarquez bien que je parle d'un sol de médiocre qualité. Nous aurons encore à revenir sur toutes les plantes dont nous venons de traiter. J'expliquerai alors comment on sème, avec fort peu d'engrais, un second fruit dans les terres pour lesquelles il faut maintenant le plus de fumier. Quand certains fermiers ménagent le labour et l'emploi de l'engrais, c'est qu'ils y sont forcés par le manque de moyens ou par quelque cause semblable : toutefois, je tiens pour constant qu'à cet égard celui qui fait le plus fait le mieux. Souvent on ne peut rassembler cette grande quantité de fumier et surtout d'engrais liquide, que j'indique toujours comme nécessaire à chaque espèce de culture; mais chacun y met ce qu'il a, et il soigne de préférence le sol et les plantes qui en ont le plus grand besoin.

Venons maintenant à ce qui concerne

### *Le Pavot.*

Nous avons le pavot à fleurs blanches et le pavot à fleurs pourprées : la dernière espèce donne plus d'huile et la première en fournit de meilleure qualité. Les terres que nous avons classées n^os^. 1 et 4 conviennent le mieux à cette culture. Avant l'hiver, on laboure le sol en couches de jachères; au commencement de mars, ou quand on a le premier beau temps, on distribue huit à dix voitures de fumier sur une étendue de 45 ares; on enterre ce fumier à 5 ou 6 pouces ( 13 à 16 centimètres ) de profondeur, et on divise le champ en planches ou carreaux. Quelques jours plus tard, on passe la herse à travers la terre et le fumier, et on sème environ une livre de graine de pavots (43 grammes) (1); cette graine est enfouie à la herse retournée; on vide les sillons, et la terre qu'on en extrait se distribue sur le semis : alors toute l'opération est terminée. Au mois de mai, on arrache les mauvaises herbes, et on éclaircit les plantes de manière à les isoler toutes à la distance d'un pied, puisqu'elles poussent au point d'avoir chacune huit ou dix tiges.

Au centre de la Flandre, on sème peu de pavots; cette culture n'est pas considérée comme appartenant à nos travaux ordinaires. Quelques fermiers sèment le pavot, pour leur usage particulier, dans les carottes de mai; puis ils éclaircissent le plant à des distances de 2 pieds et demi, pour ne pas faire tort aux carottes.

Les pavots sont mûrs à la fin d'août; quand nous en serons à cette époque, nous les reprendrons. Maintenant, monsieur, j'en viens à

### *L'Avoine.*

L'avoine est une céréale qu'on peut cultiver tant dans les terres fortes que dans les terres légères. Elle est productive en raison de la bonne ou mauvaise qualité du sol : elle croît très bien dans les prés retournés et se plaît dans les champs bêchés ou labourés profondément; il faut la semer en planches plus ou moins larges, suivant que le sol est sec ou humide.

(1) En général, on remarquera que la quantité de graine à semer, pour toutes les espèces de plantes, varie d'après la nature du sol et en raison de la bonne qualité des semences. Il faut donc que l'expérience détermine la juste proportion. A.

Il y a de l'avoine blanche et de l'avoine jaune : la première espèce est d'un meilleur poids; mais la seconde est beaucoup plus productive, quant à la masse, et surtout dans les prairies.

L'avoine se sème de la même manière que l'orge, à l'exception qu'il ne faut à l'avoine que les deux tiers du fumier indiqué pour l'orge, et que la semence ne s'enfouit, à la charrue ou à la herse renversée, qu'à 2 ou 3 pouces de profondeur (5 à 8 centimètres). Quand on sème de l'avoine pour la remplacer par du lin, on la fume à un tiers de plus que d'ordinaire.

Lorsque le sol est un peu sec et que je n'ai pas de fumier bien consommé, j'enterre du fumier non consommé, afin qu'en hiver les pluies et la neige accélèrent sa dissolution et que la semence en reçoive plus également les sucs; car j'ai souvent observé que, dans un été sec, le fumier non consommé employé pour l'avoine ne se dissout pas dans la terre, et que, conséquemment, la plante en retire peu de nourriture. Par cette raison, dans un terrain sec, et lorsqu'il s'y trouve un arrière-engrais de trèfle ou d'une autre production, je sème ordinairement l'avoine avec très peu de fumier; je me contente, avant les semailles, d'humecter la terre avec vingt ou vingt-cinq futailles d'engrais liquide pour 45 ares, et je répète cette opération quand la plante se trouve à quelques pouces de hauteur. Ce procédé m'a toujours été fort utile.

Les cultivateurs qui ont du fumier de mouton et qui en mettent cinq à six voitures pour 45 ares récoltent de bonne avoine, et peuvent semer une quinzaine de jours plus tôt qu'en y employant d'autre fumier. L'avoine parvient par ce moyen beaucoup plus tôt à maturité, et ainsi on est beaucoup plus sûr de pouvoir la faire rentrer par un temps favorable.

Je sème quatre mesures et demie d'avoine (60 litres) sur 45 ares de terre : cela rend, dans quelques cantons, de douze à seize sacs (13 à 17 hectolitres), et dans d'autres cantons jusqu'à dix-huit sacs (19 hectolitres), surtout si l'on donne, comme je l'ai déjà dit, un tiers de fumier de plus, afin de semer le lin après l'avoine. Chaque sac d'avoine pèse communément près de 170 livres (73 kilogrammes), et se vend de 9 à 10 francs le sac, *mesure d'avoine* (1). Quand je sème l'avoine dans des prairies labourées, je le fais quelquefois deux années de suite, sans fumier (2). Parlons maintenant des

*Trèfles.*

Il y a deux espèces de trèfles : la première est le petit trèfle ; il est ou à fleurs blanches, qui ne se trouve guère que dans les pâturages, ou à fleurs jaunes, lequel est d'une qualité inférieure.

La seconde espèce est le grand trèfle à fleurs pourprées ; c'est la plante la plus utile et même la plus indispensable dans l'agriculture flamande.

Ce trèfle ne se sème presque jamais seul : on le met, à bien peu de frais, dans d'autres productions, telles que le blé, l'orge, l'avoine et le lin. Dans les cantons où le sol est très sablonneux, on sème aujourd'hui moins de trèfle dans les linières, parce que plusieurs cultivateurs croient qu'après la récolte du lin le trèfle a beaucoup plus

---

(1) Le sac *mesure d'avoine* se compose, en Flandre, de 11 mesures ou un hectolitre et demi. A.

(2) Voyez, sur l'avoine semée dans les prairies, la page 35, dialogue II.

à souffrir, qu'après toute autre production, de la funeste influence d'une plante que l'on nomme *orobanche* (1), plante qui est tellement nuisible et qui fait des progrès si rapides, que l'on craint chez nous de voir périr entièrement le trèfle.

Dans les terres fortes, on sème environ 8 ou 9 livres (3 kilogr. et demi à 4 kilogr.), et dans les terres légères à peu près 10 livres de graine de trèfle (4 à 5 kilogr.) pour 45 ares. Si la semence a plus d'un an, il en faut un tiers de plus.

Les cultivateurs qui apprécient la grande utilité de cette plante prennent toutes les précautions nécessaires pour qu'elle ne leur manque jamais.

Quelques uns, et particulièrement les petits fermiers, de crainte que le trèfle ne manque dans l'avoine, le lin ou l'orge, repassent avec le râteau, pendant le mois de février ou de mars, le champ semé de seigle, et ils y jettent la semence de trèfle, laquelle entre suffisamment dans le sol par les pluies et le sarclage; mais quand le sol est très aride, on passe par dessus le tout le rouleau, *Pl.* XI, B. Le trèfle qui alors réussit le mieux sert pour l'année suivante; le moins bon, ou celui dont on n'a pas besoin, est labouré dans la terre, et il contribue ainsi à améliorer le sol. Entre-temps, il a donné la même année une bonne récolte, après laquelle on peut encore semer du seigle.

Quelques cultivateurs, en semant du trèfle dans le seigle, en février, répandent la graine avec les capsules, c'est à dire sans la nettoyer des criblures. Il leur faut ainsi un peu plus de semence; mais ils sont d'autant

(1) *Orobanche major*, Linn.

On recommande à l'attention du lecteur ce qui est dit de l'*orobanche* dans le dialogue VI. A mieux assurés de la voir bien pousser sans avoir besoin de repasser la terre au râteau ni au rouleau.

Bien des fermiers se passent tout à fait de pâturages, au moyen du trèfle; souvent ils n'ont que ce fourrage pour leurs bestiaux, et il leur suffit.

Le trèfle n'est pas d'une culture difficile; on le voit réussir dans presque toute espèce de sol qui n'est ni trop sec ni trop humide. Dans les terrains trop secs, il ne trouve pas la moiteur qui lui est nécessaire pour se développer promptement; dans les terres trop humides, souvent les racines pourrissent ou se gèlent en hiver.

On peut se servir de plusieurs espèces d'engrais pour la culture du trèfle. Les cendres de Hollande sont ce qu'il y a de plus usité; on en met environ trente-cinq cuves (12 hectolitres) pour 45 ares (1); on les répand vers la fin de février ou le commencement de mars. On choisit un temps pluvieux, afin que leur lessive puisse percer jusqu'aux racines : quand il ne tombe pas de pluie, elles restent trop long-temps à la surface de la terre, et alors le vent les emporte, ou bien elles s'évaporent.

Pour les terres fortes, on emploie beaucoup de terreau des *croupissoirs*, mêlé avec de la chaux; et, pour les terres légères, on le mêle avec de la cendre.

Quand on s'aperçoit que le jeune trèfle est étouffé par les mauvaises herbes, il faut arracher et racler celles-ci avec le sarcloir, *Pl.* XII, C ou D; après cela il faut répandre sur le sol quelques cuves de cendres ou d'engrais liquide.

Ceux qui ont plus de trèfle qu'il n'en faut pour le

---

(1) Les trois *cuves*, mesure pour les cendres, font quelque chose de plus que l'hectolitre. A.

donner en vert à leurs bestiaux coupent ce surplus avant le 20 juin, et ils en font du foin.

Dans quelques communes, on fauche et on sèche le trèfle de la même manière que l'herbe des prairies; mais ceux qui en agissent ainsi sont des paresseux et des ignorans, indignes du nom d'agriculteurs; car, en remuant et en retournant les trèfles, ils leur font perdre quantité de feuilles et de bourgeons, qui forment la partie la plus substantielle de la plante.

Les trèfles ne doivent point être fauchés, mais coupés comme les blés; on les laisse ensuite sécher en javelles, puis on les lie par bottes de 5 à 6 livres (2 à 2 kilogr. et demi), et on les enlève dans un temps sec. Après cette première coupe, le trèfle a encore le temps de croître et de fournir une bonne semence. Quelques uns, surtout les petits fermiers, dont la provision de graine est faible, et qui désirent l'avoir bien nette sans aucun mélange de semence d'orobanche, font cueillir la graine de trèfle sur la plante même, au mois de septembre, quand elle est mûre. Cet ouvrage se fait par des femmes et des enfans.

Ceux qui redoutent ce travail et les frais qu'il entraîne font tomber les capsules des trèfles bien secs, en plain champ, sur une toile, en réunissant ainsi la graine et son enveloppe; ils la déposent dans un grenier sec, et lorsqu'il a gelé très fort, ils rompent ces capsules et criblent la semence: c'est le meilleur temps pour ce travail.

Quoique le trèfle produise beaucoup de graine, il y a des cantons où l'on ne s'occupe guère de la récolter: beaucoup de cultivateurs, notamment dans les terres fortes, préfèrent la faire venir du pays de Waes, canton de Lokeren. En effet, le sol y paraît plus particulièrement propice à la graine des trèfles; car, non seulement on y récolte la meilleure espèce de semence, mais cette plante y produit aussi beaucoup plus qu'ailleurs.

Le principal marché de la Flandre pour la semence des trèfles est à Lokeren, plusieurs cultivateurs du pays d'Alost et d'autres cantons emploient cette graine; il s'en fait aussi une grande exportation.

Voici, monsieur, le calcul de la valeur d'un arpent de trèfle (45 ares), tant en semence qu'en fourrage. Les deux coupes de trèfle se vendent sur pied environ 170 à 190 francs l'arpent; mais quand on veut récolter de bonne graine, on vend la première coupe sur pied vers le 20 juin, ou bien on la sèche pour fourrage, et elle peut valoir 100 à 120 francs l'arpent; la seconde coupe, récoltée en graines, peut rapporter par année commune, aux environs de Gand, 320 livres pesant, et dans les environs de Lokeren, pays de Waes, jusqu'à 5 ou 600 livres : le prix moyen de cette quantité de graine est de 110 à 150 francs; ce qui, avec le produit de la première coupe, fait 210 à 270 francs pour un arpent de trèfle, où l'on n'a dû faire d'autre dépense que quelques tonneaux de cendres, puisque cette plante a été semée ensemble avec une autre production. Ajoutez 1°. qu'après la récolte de la première et de la seconde coupe des trèfles, il y a quelquefois encore une troisième coupe, ou bien les bestiaux trouvent un bon pâturage sur cette troisième pousse; 2°. que les bêtes à cornes retirent encore une nourriture assez abondante des jeunes trèfles, c'est à dire de ceux de la première année; 3°. outre tous ces avantages, cette production a encore celui de n'épuiser le sol en aucune manière; car, si la seconde année, en octobre ou en novembre, on laboure peu profondément, le gazon sert encore pour un demi-engrais ordinaire à une production suivante. Toutes espèces de fruits peuvent être cultivées après le trèfle, et principalement après celui dont on a recueilli la graine, parce que les feuilles qui se sont détachées pendant que la plante était sur pied font un bien infini au sol. Enfin, si les trèfles sont gelés, on peut encore y semer au printemps quelque autre plante qui serve à la nourriture du bétail. Dans les terres légères, quelques fermiers sèment de la spergule; d'autres sèment ensemble des vesces, de l'avoine et des pois, et les donnent en herbe au bétail. Au premier beau temps, on fait passer sur le trèfle gelé le traîneau, *Pl.* X, afin d'entr'ouvrir le sol : on sème la graine de trèfle par dessus, et on l'enfouit au moyen du même traîneau : de cette manière, on a de fort beau trèfle vers la fin de juillet.

Cette plante n'est guère sensible au froid; cependant, si le sol est gelé, que la neige tombe, qu'après cela il y ait un dégel jusqu'au moment où la neige soit fondue, et qu'avant l'infiltration de cette eau de neige dans le sol la gelée reprenne avec une nouvelle vigueur, alors le trèfle se gèle dans la glace; il est détruit en peu de jours, ou du moins il est tellement endommagé, que l'on préfère y passer la charrue pour essayer une autre culture : il devient urgent alors d'acheter une double provision de foin; car, l'été suivant, il sera hors de prix.

Le colza gèle de même très souvent; plusieurs cultivateurs sèment alors, après le colza, du lin ou de l'avoine; d'autres, dans le pays d'Alost, sèment, vers les premiers jours de mai, une plante qu'on appelle *cameline* : un tiers de litre de cette semence suffit pour un arpent de terre. Cette graine est mûre en septembre : on la bat en plain champ comme le colza; elle donne de sept à huit sacs l'arpent, mais elle vaut ordinairement de 4 à 5 francs le sac de moins que le colza. C'est aussi maintenant l'époque de semer les pois.

*Pois.*

Cette production n'exige aucun fumier. On sème, en avril, dans les terres légères labourées profondément, trois quarts de sac ( 80 grammes ) pour 45 ares; on enterre la graine à la charrue, et quand la plante a 3 ou 4 pouces de hauteur, le champ doit être bien sarclé : voilà tout le travail et tous les soins que demandent les pois. Au mois de juillet, on en récolte environ dix sacs ( 10 hectolitres 73 litres) par mesure de 45 ares; et ces pois peuvent valoir 12 à 14 francs le sac.

Quand on a cultivé des pois, on ne peut semer ni de nouveaux pois ni du lin sur le même sol avant six ans; une longue expérience a fait remarquer une singulière antipathie entre ces deux plantes. Mais après les pois vient très bien le seigle avec peu d'engrais : les feuilles tombées en tiennent lieu.

*Carottes rouges.*

Ces plantes se sèment rarement dans les terres fortes, mais très souvent dans les terres légères, comme celles des n$^{os}$. 1, 2 et 4. On les sème aussi le plus souvent dans d'autres productions, telles que le blé, le lin, le colza : nous parlerons de ceci en son lieu.

Quand on veut, dans les terres légères, semer séparément des carottes, il faut choisir un terrain où l'on ait récemment cultivé du blé-sarrasin, de l'avoine, des pommes de terre ou des navets. Les semailles se font dans les premiers jours d'avril : on étend sur le sol, bien labouré ou bêché avant l'hiver, six à sept voitures de fumier de vache ou d'immondices des rues, mêlées d'un tiers de fumier de cochon (1) : ce fumier est enterré à la charrue à 6 ou 7 pouces de profondeur, et on le laisse ainsi jusqu'après l'hiver. En avril, on donne un second labour, à 9 ou 10 pouces, en un mot, 2 ou 3 pouces plus bas que la couche du fumier enfoui avant l'hiver; on répand à la surface vingt futailles ( 60 hectolitres ) d'engrais liquide; on sème 2 livres et demie de graine ( 108 grammes ) pour 45 ares; on enfouit cette graine à la herse renversée; on y passe un traîneau ou un rouleau, et enfin on vide les intervalles des planches, à la bêche, et on répand la terre sur le semis. Quant à moi, je sème quelquefois les carottes sans nouveau fumier; mais je donne un arrosement de 40 hectolitres d'engrais liquide pour 45 ares, après avoir profondément bêché ou labouré le sol, l'expérience m'ayant appris qu'une trop grande quantité de fumier fait pousser les carottes en branches fourchues; ce qui les empêche de pénétrer suffisamment dans le sol.

Au mois de mai, pour la première fois, on sarcle et on éclaircit les carottes ; on gratte la terre avec la main ou avec la binette, et vers la mi-juillet on sarcle et on éclaircit une seconde fois. Le bétail mange les carottes arrachées.

Lorsqu'on remarque des endroits du champ où les carottes ne poussent pas, on y sème de gros navets, afin de ne pas perdre de terrain. Les carottes et les navets croissent fort bien ensemble; il en est de même de la spergule, dans les terres légères.

Je sème souvent des pois et des carottes en même

---

(1) Ce mélange se fait pour éloigner les taupes et les mulots, qui ont une grande aversion pour le fumier de cochon. A.

temps, dans l'arrière-engrais d'une première récolte, et je m'y prends de la manière suivante :

Après avoir profondément labouré ou bêché le champ et l'avoir fumé avec de l'engrais liquide, ainsi que je l'ai expliqué tout à l'heure, je l'ensemence dans les premiers jours de mai : premièrement, avec à peu près un demi-sac de pois (54 litres) pour 45 ares ; je les enterre légèrement à la charrue. Huit jours après, je sème sur cette même étendue 2 livres de graine de carottes, que je refoule à la herse renversée, ou bien avec le traîneau, *Pl.* X ; je fais vider les intervalles des planches et jeter la terre sur le semis, afin qu'il soit bien recouvert. A la mi-juillet, les pois sont mûrs et on les enlève ; comme les carottes sont encore fort petites, on les sarcle et on les éclaircit : de cette manière, on obtient, en fort peu de temps, deux récoltes diverses, qui valent ensemble environ 170 à 200 francs l'arpent de 45 ares, et après lesquelles on peut semer encore du blé la même année. Si, au mois de septembre ou d'octobre précédent, j'ai planté du colza dans de bonnes terres légères, comme celles du n°. 1, je fais souvent dans cet intervalle gratter la terre avec la binette, et je sème des carottes.

*Panais.*

On cultive les panais de la même manière que les carottes rouges ; mais on enlève ces dernières avant l'hiver : tandis qu'on laisse les panais dans les champs, comme n'étant pas sensibles à la gelée. Il faut remarquer aussi que les carottes rouges valent mieux pour les vaches à lait et pour les chevaux, et que les panais sont préférables pour engraisser le bétail. On peut avoir, de chacune de ces productions, par mesure de 45 ares de terre, douze à quatorze voitures, qui valent ensemble de 150 à 170 fr. Quelques jours après les semailles des carottes, il devient temps aussi de s'occuper de la

*Chicorée.*

Cette plante se sème beaucoup dans quelques parties de la Flandre, surtout près des villes, depuis que l'on sait lui donner des préparations telles, que les racines se mêlent au café : on sème la chicorée dans les terrains nos. 1, 2 et 4; le terrain n°. 1 mérite cependant la préférence, parce que l'on produira sur le n°. 1 de meilleur fruit et en plus grande abondance sans fumier, que sur les nos. 2 et 4 avec l'emploi du fumier; mais dans tous les cas, il faut que la terre soit d'une qualité égale jusqu'à une profondeur raisonnable; il faut aussi qu'elle soit labourée profondément, ou, ce qui vaut mieux encore, qu'elle soit bien bêchée.

Je cultive cette plante comme les carottes, avec cette différence seulement que je sème quinze jours plus tard jusqu'à une livre de graine (43 grammes) par mesure de 45 ares. A la fin de septembre, la chicorée est parvenue à toute sa croissance : on la retire alors au moyen de la bêche, on coupe la tige et les feuilles, et la racine est vendue aussitôt aux personnes qui en font commerce. Il y a eu des années où je l'ai vendue jusqu'à 2 francs la quantité produite par une verge de terre (15 centiares), à la charge de la livrer à domicile au négociant; mais à présent qu'on en sème de plus en plus, on ne peut la vendre en aussi grande quantité ni aussi cher, les prix variant infiniment d'une année à l'autre : cela dépend du plus ou du moins que l'on a semé, et des demandes du commerce. Beaucoup de cultivateurs donnent les tiges et les feuilles de cette herbe indistinctement à leur bétail, moi je ne les donne pas à mes vaches : cette nourriture rend le lait mauvais et le beurre plus mauvais encore, puisqu'il contracte la saveur de la plante.

La chicorée n'est pas semée généralement dans la Flandre, on n'en fait aucun cas dans l'agriculture flamande. J'en viens maintenant, monsieur, à la spergule ou spargoute.

*Spergule ou Spargoute.*

Cette plante est peu cultivée en Flandre, excepté dans certains cantons où les terres sont très sèches et sablonneuses, et où l'on ne récolte que peu de trèfles; cependant, quand ceux-ci ont péri par la gelée, on s'empresse de semer la spergule pour les vaches, qui donnent d'autant plus de lait et de bon beurre.

Il y a deux espèces de spergules, la grande, appelée aussi spergule française, et la petite, nommée spergule de Brabant : cette dernière est de beaucoup inférieure à l'autre et d'un rapport bien moindre.

On sème cette plante à raison de 10 à 12 livres de graine (4 à 5 kilogr.) les 45 ares, vers la fin de mars ou le commencement d'avril, par un labour sans fumier; si on veut lui donner un engrais liquide, on peut compter sur une belle récolte. Cette plante mûrit en six semaines, et après on sème des navets ou l'on plante des pommes de terre.

On sème aussi la spergule dans le chaume du froment ou du seigle, et elle est mûre à la fin du mois de septembre : on la fauche au commencement d'octobre, ou bien on l'arrache; après quoi, on sème le seigle, ou bien on laboure le champ pour les *marsais*.

La grande spergule peut produire de dix à douze voitures par 45 ares; le tout vaut à peine 50 francs.

Il y a beaucoup de fermiers qui ne veulent pas cultiver la spergule, parce que, disent-ils, elle amène trop d'ivraie, dont les champs sont encore infectés deux ou trois ans après.

Maintenant, monsieur, je vais vous parler, avec beaucoup de détail, d'une plante qu'il faut mettre au premier rang dans l'agriculture flamande, puisqu'elle procure à plus de cent mille ouvriers peu aisés un travail continuel, et que sans cela ils seraient tous réduits à l'aumône : cette plante est le lin.

### *Lin.*

Si le lin est la plante la plus avantageuse à la Flandre, c'est aussi celle dont la culture demande le plus de connaissances pour l'obtenir d'une bonne et belle qualité.

Il n'est pas de production qui exige autant de travail et sur laquelle l'agriculteur fixe plus son attention; mais aussi il n'y a pas de plante qui soit cultivée de tant de manières différentes. Ces différences portent presque toujours sur la manière de fumer le sol, d'après les données de l'expérience.

Un cultivateur intelligent qui fait préparer et fumer ses terres suivant leur nature et leur situation récoltera de bon lin dans toute espèce de sol, mais principalement dans les qualités de terre que j'ai désignées sous les n$^{os}$. 1 et 4.

Les terres légères exigent pour le lin un labour assez profond. Dans les terres fortes et humides, il est convenable de faire un labour croisé et profond, ou bien de les bêcher.

Le lin ne doit pas être enterré trop profondément: une exposition trop sèche, trop humide ou trop froide ne lui convient pas, il lui faut une terre médiocrement molle et bien brisée et un fumier bien consommé.

Dans les terres légères, on sème le plus souvent le lin après le seigle et les navets; dans les terres fortes, cela se fait plus ordinairement après l'avoine. Le lin peut bien être semé après les pommes de terre et les féveroles; mais on trouve plus de profit à semer, après ces deux dernières productions, du froment sans fumier.

Après la récolte du seigle dans les terres légères et avant de semer des navets dans les champs destinés au lin, quelques uns donnent au sol un labour profond et répandent six à sept voitures de fumier de vache par 45 ares; ils sèment ensuite les navets, qui sont recueillis à Noël; après, on répand de nouveau six à sept voitures de fumier, et on laboure le champ en lits de jachères, puis on le laisse en cet état jusqu'au mois de mars : alors on lui donne un nouveau labour et on y fait passer la herse en long et en large; on enlève ensuite les mauvaises herbes. Enfin, vers le 20 avril, on laboure une troisième fois et on fait suivre également la herse, autant qu'il le faut pour bien rompre la terre : on y enfouit ensuite vingt cuves de bonnes cendres de Hollande (7 hectolitres), et quatre ou cinq jours après 30 hectolitres d'engrais liquide. Au bout de dix jours, on sème le lin, et on le refoule deux fois avec la herse renversée, de manière que le cheval trace toujours des lignes parallèles de 4 pieds de largeur d'un bout du champ à l'autre : on termine en affermissant le sol avec le traîneau, *Pl.* VIII.

En semant les navets dans un terrain maigre, d'autres emploient jusqu'à dix voitures de fumier pour 45 ares, et avant de semer le lin, ils emploient encore un demi-engrais de cendres et de fumier liquide. Ils disent que l'engrais de ces dix voitures ne perd que très peu de chose par la culture des navets et que, pendant l'hiver, il se dissout, pénètre mieux dans la terre et devient d'une bien plus grande utilité que le fumier qui n'est répandu qu'au moment de semer le lin.

Ceux qui veulent semer du lin après l'avoine donnent à l'avoine, dans cette intention, un tiers de plus d'engrais que d'après l'usage ordinaire. L'avoine étant enlevée, ils donnent encore au sol un demi-engrais, qu'ils enterrent avec le chaume, et le tout est laissé ainsi jusqu'aux semailles, époque où ils répandent sur le sol 25 à 30 hectolitres d'engrais liquide. D'autres, dans les bonnes terres légères n°. 1, destinées à la culture du lin, ne se servent pas de fumier pour les navets semés après le seigle; ils donnent à leurs champs, surtout quand la terre est un peu humide, jusqu'à 17 à 20 hectolitres de cendres de Hollande pour 45 ares; ils enfouissent les cendres dans la terre au moyen de la herse retournée, quelques jours avant de semer du lin: alors ils répandent encore 50 hectolitres de fumier liquide.

Il y en a qui vantent les immondices des rues de Bruges pour la culture du lin, dans les terres médiocres n°. 2, sur les bords du canal de Bruges à Gand; mais plusieurs ne veulent pas en faire usage, parce que les immondices des rues produisent beaucoup d'ivraie. Cependant, les cultivateurs attentifs ne s'abstiennent pas pour cela d'employer ce fumier; voici comment ils s'y prennent : ils labourent leur champ au premier temps favorable; ils y jettent dix à douze voitures de fumier à raison de 45 ares, et l'enterrent à peu de profondeur, au moyen de la charrue. Ils le laissent ainsi jusqu'à la fin d'avril : alors toute l'ivraie a déjà poussé. Ils donnent au sol un second labour un peu plus profond que le précédent ; ils y versent 30 hectolitres d'engrais liquide et y passent la herse par raies croisées : de cette manière, ils domptent la mauvaise herbe, et leur lin réussit bien.

D'autres encore font des tas de terreau mêlé avec du fumier de vache et de cochon. Ils coupent et déplacent de temps en temps cet engrais ; et après l'hiver ils l'enterrent le plus tôt possible à la charrue, à peu de profondeur, parce que le champ a déjà subi un labour profond. Vers la mi-avril, ils donnent encore un labour léger et peu profond, et répandent 20 hectolitres de vidanges de latrines, ou 25 hectolitres d'urine de bestiaux pour 45 ares ; puis ils passent la herse, et font le reste du travail comme à l'ordinaire.

Autour de Roulers, dans la Flandre occidentale, on sème ordinairement le lin dans le chaume d'avoine, ou après la récolte des trèfles de deux années. On met par arpent de 45 ares jusqu'à six cents tourteaux délayés dans de l'eau et de l'urine de vache, d'autres cultivateurs y ajoutent 10 hectolitres de cendres ; mais ils n'emploient que la moitié de cet engrais sur les terres où la motte de trèfle a été retournée à la charrue avant l'hiver. Quelques uns donnent, avant l'hiver, un engrais de fumier de mouton, quoique l'on désapprouve beaucoup cela dans quelques cantons à terres légères, parce que l'on croit que ce fumier n'est bon que dans des terrains humides ou frais : car, dans les terres sèches, le fumier de mouton ferait mûrir et jaunir le lin trop tôt.

Dans le pays de Waes, on emploie le plus souvent les cendres et les vidanges de latrines pour fumer les champs de lin. A chaque mesure de 45 ares, en bon état d'arrière-engrais, on donne de six à sept baquets : chaque baquet contient la charge de deux chevaux en chemin de terre; mais cela se fait de bien des façons différentes, d'après la manière de voir des cultivateurs, ou d'après la qualité et la situation des terres, qui sont souvent un peu fraîches et qui ont ainsi besoin d'une plus grande quantité de ce fumier.

Le temps des semailles varie dans les diverses parties de la Flandre; chacun fait ce que l'expérience lui indique comme plus convenable pour son terrain. On commence à semer le lin dès les premiers jours de mars, et l'on continue jusqu'au commencement de mai. Les premières semailles ont lieu autour de Courtray; on fait les dernières dans le pays d'Alost et dans les terres humides, ou fortes et argileuses (1).

Dans les environs de Thielt, on sème aussi du lin après l'avoine et le trèfle, et l'on fume presque uniquement avec des tourteaux et de l'urine de vache: on met cinq cents tourteaux pour 45 ares. Depuis quatre ans, quelques cultivateurs de ces cantons paraissent avoir adopté une autre manière de semer le lin: ils attendent jusqu'à la mi-mai; ils ne mettent que la moitié de l'engrais qu'emploient ceux qui sèment plus tôt; souvent même ils ne mettent point d'engrais du tout lorsque leur terre est d'une bonne qualité et qu'elle a un arrière-engrais raisonnable de la culture précédente; ils disent que moins le champ est fumé, plus la matière du lin est bonne, et qu'en semant tard ils sont plus sûrs d'une heureuse croissance du lin, puisqu'ils ont moins à redouter les nuits froides, souvent très nuisibles pour le jeune lin. Ceci est une innovation, dans laquelle, pour ma part, je n'ai pas grande con-

(1) Plus on sème tard, moins il faut fumer: sans cela, le lin croîtrait trop vite, les tiges seraient trop faibles, et la pluie les renverserait à terre. A.

fiance. Le plus tôt vaut le mieux pour semer le lin; car dans tous les cantons où l'on sème de bonne heure, on recueille le plus beau lin. Je crois que le temps des semailles du lin peut bien être avancé un peu dans quelques pays, en travaillant la terre à plus de profondeur et en la brisant davantage, pour faire mieux pénétrer l'humidité et pour faciliter le passage aux racines du lin; ces racines, à ce que l'on dit, s'étendent en profondeur à peu près à la moitié de la hauteur que prend le lin au dessus de terre. Je crois aussi qu'il vaut toujours mieux de prendre, pour le lin, du fumier consommé, qui donne moins d'herbes et qui réchauffe plus le sol, comme les vidanges de latrines, l'urine de vache, les tourteaux et les cendres. Je viens de dire que plus on laboure ou qu'on bêche profondément la première fois, mieux cela vaut pour le lin; cependant il y a quelques cantons où l'on est d'une toute autre opinion. Peut-être cette manière de voir est-elle fondée d'une part sur la bonne qualité de leurs terres, et, d'une autre part, sur le manque de fumier. Les cultivateurs de ces cantons prétendent qu'il ne faut labourer qu'à 6 ou 7 pouces de profondeur pour avoir de bon lin, et que le lin aime un terrain dur : dans cette idée, ils sèment leur lin de la manière suivante : quand ils ont des trèfles après de l'avoine ou du seigle bien fumé, ils couvrent ce trèfle de cendres ou de terreau; ils sèment ensuite du froment sans fumer; le froment enlevé du champ, on laboure le chaume et on passe trois ou quatre fois la herse, pour arracher et pour étouffer le chaume et les mauvaises herbes; quatre ou cinq semaines après, on laboure la terre de nouveau et on la met en planches rehaussées : tout reste ainsi jusqu'après l'hiver. Au premier moment convenable, on ouvre encore une fois la terre, à la charrue, à sillons croisés, et on la nettoie bien à la herse; enfin, au commencement de mai, on aplanit le sol, on sème le lin sans nul fumier, et le reste se fait comme je l'ai déjà dit. Cette méthode me semble la moins coûteuse; mais je ne crois pas qu'elle soit la meilleure. Je pense que c'est le manque de fumier qui fait travailler ainsi.

Aux environs de Courtray, dans les meilleures terres argileuses, n°. 4, on récolte peut-être le plus beau lin de l'Europe, et l'on n'y emploie comme fumier que des tourteaux de colza et de l'engrais liquide. Pour un arpent de 45 ares, qui contient encore un bon demi-arrière-engrais de récolte précédente, on met six cents tourteaux. Lorsque le terrain est sec, on jette ces tourteaux dans le réservoir d'urine de bestiaux, et on les y laisse fondre pendant dix jours.

Pour les terres humides, on se contente de piler ces tourteaux et d'en répandre la poussière sur le terrain. On verse 50 hectolitres d'engrais liquide par 45 ares; ensuite on donne au sol le temps de sécher, et la herse renversée passe de nouveau deux ou trois fois sur le tout; après quoi, on refoule ce terrain avec le rouleau; au bout de trois semaines, la terre est ouverte de nouveau, à la herse, et on sème 78 kilogrammes de graine pour 45 ares.

Quand la graine de lin est déposée en terre de cette manière ou de toute autre, on sème encore par dessus 9 à 10 livres de graine de trèfle, ou 2 livres et demie de graine de carotte pour 45 ares; ensuite on passe légèrement le traîneau, *Pl.* X; et enfin, dans les terres légères, pour qu'elles retiennent d'autant plus l'humidité et que la semence lève plus tôt, on affermit le sol avec le traîneau, *Pl.* VIII.

Dans les terres fortes, cette dernière opération est peu en usage, parce que la moindre pluie suffirait pour rendre la terre trop compacte et nuirait aux progrès de la plante. Quelques uns même ne font pas ce travail dans les bonnes terres légères : ils disent que lorsque le sol est trop comprimé, les mauvaises herbes croissent trop tôt et en trop grande quantité ; mais aussi on prétend qu'alors le lin est plus exposé aux dégâts des insectes.

Quelques cultivateurs sèment le lin sur des planches de 10 à 12 pieds de largeur, plus ou moins, suivant la qualité et la situation du sol.

Dans les terres légères, d'autres cultivateurs préfèrent semer dans le lin des carottes plutôt que du trèfle : ils prétendent que cette dernière plante endommage la pellicule du lin, ce que ne font pas les carottes. Cela est vrai ; mais on peut prévenir ce mal, en ne semant le trèfle que huit à dix jours après le lin, lorsque ce dernier est déjà levé. Cette semence de trèfle, quand on fait biner le lin et qu'il tombe de la pluie, entre dans la terre et prend racine. Le lin étant déjà alors un peu élevé sur le sol, le trèfle ne peut croître beaucoup ; il ne s'élève pas, et de cette manière il ne peut aucunement nuire au lin.

On sème ordinairement, par mesure de 45 ares, environ 180 livres de lin (78 kilogr.), plus ou moins, suivant la qualité de la graine et la bonté du sol. J'ai observé qu'il vaut beaucoup mieux semer abondamment que trop clair : car, en ce dernier cas, le lin perd de sa finesse.

Il y a du lin à fleurs blanches et d'autre à fleurs bleues. Le premier se trouve surtout dans le pays de Waes ; on l'y emploie le plus souvent à être travaillé avec le chanvre : il est plus gros, il produit plus et croît mieux ;

l'autre est plus fin, plus fort, et on s'en sert davantage.

Il est de la plus grande importance d'employer de bonne graine; la meilleure est celle qui est plus lourde et plus grosse, d'un volume égal et d'une teinte brun clair. Ceux qui ont l'habitude de choisir attentivement le semence prennent des graines plein la main et les laissent couler entre le pouce et l'index, afin de les bien voir sur le côté et de mieux juger de leur épaisseur et de leur bonté. D'autres mouillent l'index et le plongent dans la graine, qui s'attache au doigt humecté; ils ont ainsi la faculté d'examiner chaque graine séparément et d'en reconnaître la pureté.

On donne la préférence à la graine de lin nouvellement arrivée de Riga. Mais quand la première récolte de cette graine donne une semence de bonne qualité et bien mûre, on peut très bien la semer l'année suivante.

Voilà donc la graine du lin, des trèfles et des carottes entrée dans la terre. Le reste des travaux consiste dans le sarclage et la récolte de ces fruits, nous en parlerons lorsque nous traiterons de la saison de ce travail.

Quand vers la fin d'avril ou au commencement de mai, on observe que le seigle, le blé ou l'avoine viennent trop serrés, ou qu'ils se sont élevés trop rapidement pour que l'on puisse espérer une bonne récolte, on prend dans les terres légères le parti de laisser aller les moutons sur ces champs. Ces animaux font deux choses également utiles : d'abord, ils mangent les extrémités des plantes, et puis ils foulent le sol. La végétation se trouve ainsi modérée et les plantes sont raffermies dans ce sol léger qui vient d'être foulé; leur tige prend une nourriture plus abondante et acquiert la force nécessaire pour porter de gros épis.

Dans les terres fortes et humides, il n'est pas prudent de laisser faire cette opération par des moutons. Il est préférable de couper les extrémités des plantes avec la faucille, et quand les tiges ne sont pas encore trop élevées, on y fait passer la herse. De cette manière, une grande partie des plantes est détruite par la herse, et cette espèce de labour fait grand bien à celles qui demeurent intactes.

## MAI.

Ce mois était autrefois appelé en Flandre le *mois des pâturages*. Dès les premiers jours, on a de bonnes pâtures de trèfle, et vers la fin on a de la spergule et de jeunes carottes, toutes plantes qui rafraîchissent le bétail et font produire beaucoup de lait et de bon beurre.

Si, pendant ce mois, il survient un temps chaud et sec, ou que les vents du nord dominent, alors la végétation se trouve extrêmement retardée, et l'agriculture en souffre considérablement; si à une chaleur modérée se joignent de petites pluies, tout réussit à souhait et les plantes croissent à vue d'œil.

Mais le beau temps, pendant ce mois, augmente aussi la quantité de mauvaises herbes : on les extirpe d'autant plus difficilement, que dans cette saison les grands cultivateurs sont surchargés de travail. Aussi ne viendraient-ils pas à bout de cette opération, s'ils n'avaient l'assistance des femmes et des enfans de quelques petits cultivateurs du voisinage. Aidés ainsi, ils parcourent leurs champs et arrachent, par le moyen que j'ai déjà indiqué, les mauvaises herbes qui se trouvent dans le froment, le seigle, l'avoine, et, surtout, dans le lin. Mais je remarquerrai de plus, à l'égard du lin, que je le fais biner dix jours après le semis;

et j'ai soin de confier cet ouvrage à des femmes d'un poids assez léger pour que la plante soit moins foulée quand elles marchent à deux genoux pour arracher attentivement les mauvaises herbes; ces femmes ne doivent avoir ni souliers ni sabots. Je tâche aussi d'arranger ce travail de manière que les ouvrières aient toujours le visage tourné contre le vent, parce qu'après l'ouvrage fini, le vent aide la plante à se redresser. C'est à quoi le cultivateur doit bien faire attention : car, si on ne les surveille pas, les ouvrières feront exactement tout le contraire, surtout quand il règne un vent froid. Après le premier enlèvement des mauvaises herbes, si je m'aperçois qu'il en reste encore, je fais recommencer; car tout ce que l'on peut tenter pour obtenir de bon lin deviendrait inutile, si l'on ne parvenait à le débarrasser absolument de toute ivraie.

C'est à présent aussi qu'il faut sarcler les féveroles; dès qu'elles sont à 3 pouces au dessus du sol, on passe tout le champ à la herse, pour détacher les mauvaises herbes et pour ouvrir le terrain. On laisse le tout ainsi, jusqu'à ce que les féveroles soient à un pied au dessus de terre : alors toute l'ivraie est arrachée à la main.

Maintenant, monsieur, nous allons parler du plus précieux des tubercules, qui mérite une attention toute particulière.

### *Pommes de terre.*

*Le Propriétaire.* — Oui, certes, la culture de la pomme de terre mérite bien l'attention générale, et l'on ne peut y apporter trop de soins. C'est une nourriture saine, qui convient également à l'homme et aux animaux. Cette précieuse plante est le soutien du pauvre;

et les riches ne la dédaignent pas. Sans la pomme de terre, Dieu sait où en serait la classe nombreuse des gens peu aisés et celle des indigens. Quand cette récolte manqua en 1817, la misère désola toute la Flandre; on vit alors que les pauvres se passent plus facilement de pain que de cette substance; lors de la disette, ils ont été forcés de se nourrir d'alimens dont les animaux se contenteraient à peine (1).

Les premières pommes de terre furent introduites d'Amérique en Flandre, au XVI$^{e}$. siècle, par le docteur Charles de l'Écluse (plus connu des savans sous le nom de Clusius). Il se passa bien du temps avant que l'on n'eût senti généralement la grande utilité de cette plante, et sa culture fit très peu de progrès. En 1650, on en parlait à peine dans la Flandre occidentale. Quelques plantes de pommes de terre y furent apportées alors par un chartreux, le frère Robert Clarke, obligé de quitter l'Angleterre. On les cultiva près de Nieuport, mais sans les apprécier encore à leur juste valeur. En 1700, à peine s'en occupait-on dans les jardins de quelques riches habitans de Bruges. M. Verhulst, habitant de cette dernière ville, inspiré par son zèle patriotique, distribua gratuitement une grande quantité de pommes de terre à divers cultivateurs, en exigeant d'eux la promesse de concourir à la multiplication de cette plante. Ce louable but fut atteint : on trouva que la pomme de terre était d'une grande ressource, tant pour les hommes que pour le bétail; enfin, en 1740, on apporta les premières pommes de terre aux

(1) Ce fut par l'abondance des pluies continuelles qu'on vit, en 1817, manquer la récolte des pommes de terre : on les vendit jusqu'à 12 fr. le sac (107 litres); le froment se vendit, la même année, de 40 à 50 fr., et le seigle 35 fr. le sac. A.

marchés, pour les habitans des villes; depuis cette époque, la culture de cette racine a fait des progrès continuels, et c'est aujourd'hui un des principaux objets de nos travaux.

La Providence a voulu que les deux productions les plus indispensables aux habitans pauvres de notre province fussent aussi les plus abondantes : la pomme de terre fournit une nourriture saine; le lin, travaillé par des mains industrieuses, procure aux ouvriers le moyen de gagner cette nourriture.

Voulez-vous bien me dire maintenant comment vous procédez à la culture de vos pommes de terre?

*Le Fermier.* — Très volontiers, monsieur.

D'abord, je vous ferai observer qu'il y a plusieurs espèces de pommes de terre. La première est celle qu'on plante dans des terrains bien secs, près des villes, au commencement de mars : elles sont arrivées à leur maturité au mois de juin : on les nomme pommes de terre blanches de la Saint-Jean; on ne les considère pas comme très bonnes. Elles ont quelque chose de raide et de gras; mais elles se vendent fort bien dans les villes, aux personnes qui recherchent les primeurs. A la mi-mars, on plante la seconde espèce appelée pommes de terre rouges hâtives : elles sont à maturité en juillet; elles valent mieux que celles de la première espèce. Une troisième espèce, appelée pomme de terre de *semence* (1), est plantée à la mi-mai; elle est mûre à la

---

(1) Cette espèce est appelée ainsi, parce qu'elle provient de semences importées en Flandre il y a quarante ans. Il y eut chez nous, en 1775, parmi les pommes de terre, une maladie que l'on appelait le *crêpé* ( *de krul* ), parce que les sommités de la tige se *frisaient*. La plante ne produisait alors qu'un petit nombre de pommes de terre de mauvaise qualité; la maladie augmenta d'année en année, de sorte que

mi-septembre. Une quatrième espèce est connue sous le nom de pommes de terre de Chypre, hâtives et tardives; on les plante depuis le commencement jusqu'à la fin du mois de mai, et même au commencement de juin; les hâtives sont mûres à la mi-septembre et les tardives à la fin d'octobre. Beaucoup de cultivateurs du pays de Waes plantent des pommes de terre qu'ils appellent hollandaises; ils ont aussi une espèce qu'ils appellent pomme de terre jaune de Brabant; mais ils sont obligés de renouveler tous les deux ans les pommes de terre à planter: sans cette précaution, elles perdent beaucoup de leur saveur et de leur bonté : ils estiment ces pommes de terre beaucoup plus que toutes les autres. Outre toutes les espèces déjà énumérées, il y en a encore une en Flandre, connue sous le nom de pomme de terre de *Scheldewindeke* ; c'est le nom d'un village du pays

---

ce tubercule fut menacé d'une perte totale. Les députés de la Châtellenie d'Audenarde prièrent l'Académie impériale et royale de Bruxelles de proposer, à leurs frais, un prix sur la cause de cette maladie, et ils offrirent 1,200 fr. à l'auteur du mémoire couronné. Le docteur Van Baveghem, à Basrode, pays de Termonde, remporta le prix. Ce docteur démontra jusqu'à l'évidence que les pommes de terre étant exotiques dégénéraient à la longue, et perdaient leurs bonnes qualités primitives, plus tôt ou plus tard, et chez un agriculteur plus que chez un autre, selon qu'elles étaient soignées et bien ou mal plantées.

D'après les avis de l'auteur du mémoire, les députés de la Châtellenie d'Audenarde firent venir à leurs frais de la Virginie, dans l'Amérique septentrionale, patrie des pommes de terre, une quantité de semences et de tubercules destinés à être plantés; ils les distribuèrent aux cultivateurs, pour renouveler ce légume au moyen de ces graines et des nouveaux plants. En effet, on obtint le résultat qu'on avait désiré; on prévint la perte dont on s'était vu menacé: car toutes les pommes de terre cultivées de cette manière sont du plus grand rapport et de la meilleure saveur. On les appelle encore aujourd'hui pommes de terre de *semence*. A.

d'Alost : cette dénomination vient sans doute de ce que l'espèce y réussit le mieux, qu'on l'y plante le plus, et qu'elle y est provenue jadis de semence. Elle vient le mieux dans les terres fortes; et, quand elle est plantée dans d'autres cantons, elle a besoin d'être renouvelée tous les deux ans; faute de ces soins, elle perd ses bonnes qualités. Cette pomme de terre est d'une saveur pure et agréable; elle est très farineuse; beaucoup de personnes la préfèrent aux autres; mais plusieurs ne l'aiment point, parce qu'elle est un peu sèche.

Outre toutes les pommes de terre dont nous venons de parler, il y en a plusieurs autres encore, connues en flamand sous les noms de mottes d'aune (*elzen-motten*), têtes-de-chat (*katten-bollen*), pommes de terre de frêne (*essche-aard-appelen*), etc.; mais on ne les cultive que pour le bétail, parce qu'elles sont d'un plus grand rapport. Cependant, bien des cultivateurs ne les plantent plus; ils aiment mieux planter pour le bétail les pommes de terre dites *de semence* : ils disent que le bétail les préfère et qu'il y trouve une meilleure nourriture (1).

Il n'y a pas de plante qui ait plus d'espèces variées; cela dépend du terrain, du fumier, et de la manière de cultiver (2).

---

(1) Une nouvelle espèce de pommes de terre a paru en Flandre, il y a peu d'années. On lui a donné le nom de *lankman*, parce que c'est un amateur gantois nommé Lankman qui l'a importée d'Angleterre. Ces pommes de terre sont les plus grosses que l'on connaisse en Flandre; leur rapport surpasse celui de toutes les autres espèces; on les mange à table; mais elles valent mieux pour le bétail. A.

(2) M. Sageret, auteur d'un excellent ouvrage intitulé *Pomologie physiologique*, ou Traité du perfectionnement de la fructification (un vol. in-8°., 1830, chez madame Huzard), s'occupe depuis trente-six ans de multiplier ce tubercule par le semis. Propriétaire d'un jardin de six arpens, au faubourg Saint-Antoine, rue de Montreuil, n°. 141, M. Sageret y récolte les graines de toutes les variétés de la

Ainsi que je viens de le dire, on commence à planter les pommes de terre dans les premiers jours de mars; on continue jusqu'à la fin de mai ou même de juin, et encore plus tard, chez les cultivateurs qui plantent la pomme de terre après l'orge et le colza.

La culture des pommes de terre demande beaucoup de fumier et, dans les terres fortes, deux profonds labours : le premier doit se faire le plus tôt possible. La seconde fois, je laboure la terre en dos d'âne, avec des rigoles intermédiaires de 4 à 5 pouces de profondeur. Quelquefois je bêche la terre, et je forme les planches et les rigoles à la houe, *Pl.* XII, B : je laisse, dans ce cas, reposer le sol pendant quelques jours, afin qu'il se réchauffe en aspirant l'air atmosphérique. Je fais ensuite déposer quatorze à quinze voitures de fumier, par mesure de 45 ares, dans les rigoles préparées. On place les pommes de terre sur ce fumier, à la distance d'environ 2 pieds les unes des autres; la houe recouvre le tout avec la terre des planches. Quand la tige s'élève à 3 pouces du sol, il faut arracher les mauvaises herbes, et dès qu'elle a près d'un demi-pied de hauteur on lui donne un arrosement d'engrais liquide; puis on élève autour de chaque plante une motte de terre en forme de taupinière, ou bien on les fait *buter* en lignes droites. Cette opération donne à la racine beaucoup de chaleur et de force, et elle étouffe les mauvaises herbes.

D'autres cultivateurs, surtout dans les terres fortes, donnent un premier labour très profond : ils distribuent sur le sol le fumier nécessaire; ils tracent alors un sillon

---

pomme de terre; et chaque jour le semis lui procure des variétés nouvelles, dont il fait part aux agronomes qui vont le voir dans sa retraite champêtre, à Paris. T.

de 3 à 4 pouces de profondeur ; deux femmes suivent la charrue, et, à chaque distance de 2 pieds, elles mettent une pomme de terre dans le sillon ; le soc, en retournant, jette la terre et le fumier sur les pommes de terre qui remplissent le premier sillon. L'ouvrage s'achève ainsi entièrement, et le tout reste dans cet état jusqu'à ce que la pomme de terre ait à peu près un demi-pied d'élévation au dessus du sol : alors on les arrose et on les *bute*.

Il y a de grands cultivateurs qui, pour économiser le travail, parviennent à *buter* les pommes de terre au moyen de la charrue : à cet effet, ils ajustent à la charrue une espèce de soc élevé par le milieu et qui rejette des deux côtés la terre labourée ; mais cette méthode n'est pas très bonne, parce que l'on *bute* ainsi d'une manière inégale.

Dans un sol compacte et humide, beaucoup de cultivateurs répandent sur les pommes de terre une demi-voiture de chaux, quelques jours après qu'elles sont plantées ; ils passent alors le sol à la herse, et le reste de l'ouvrage se fait comme je viens de le dire en parlant des autres procédés. La chaux donne de la chaleur à la terre, fait grand bien à la plante et n'en fait pas moins au froment et aux féveroles qu'on sème après. Mais ceux qui jettent ainsi de la chaux sur leurs pommes de terre ne donnent ordinairement point d'urine de bestiaux quand ils *butent*.

D'autres font usage de la cendre, pour planter des pommes de terre dans un sol compacte, et ils emploient des tourteaux de navette dans un sol léger : ils en jettent une bonne poignée dans le trou qui contient chaque pomme de terre plantée.

D'autres encore donnent aux terres légères un labour profond ; ils distribuent le fumier sur le sol et l'enterrent à la charrue à environ 4 ou 5 pouces de profondeur. Un homme suit le sillon de la charrue, tenant à la main un bâton de 4 pieds de long, de 3 pouces de diamètre et pointu par l'un des bouts; il marche en droite ligne d'une extrémité du champ à l'autre, faisant avec ce bâton un trou de 2 pieds en 2 pieds de distance; des femmes ou des enfans suivent cet homme, en laissant tomber une pomme de terre dans chaque trou, qu'ils referment en même temps avec le pied : on continue ce travail pour tout le champ. Un bon ouvrier occupe trois planteurs, qui peuvent, ensemble, planter de pommes de terre 3 arpens par jour ( 1 hectare 34 ares ). Le reste du travail que demande cette culture consiste à arroser les plantes avec de l'engrais liquide et à les *buter*, à mesure qu'elles croissent, ainsi que je l'ai précédemment indiqué.

Quelques uns choisissent, pour les planter, les plus grandes pommes de terre et les coupent en morceaux, ayant soin d'enlever les *yeux* : ils ne plantent que les parties qui contiennent deux ou trois des plus forts bourgeons, parce que les petits yeux ou rejetons donnent une production trop chétive; les morceaux de rebut sont jetés aux bestiaux et se trouvent ainsi utilisés. Je n'adopte pas cet usage, et je préfère aux grandes pommes de terre celles d'une espèce moyenne; ce que l'on économise en plantant des pommes de terre découpées peut à peine compenser le travail que cela exige; les femmes et les enfans qui font cet ouvrage n'ont pas toujours l'attention de choisir les bons *yeux*; ils les rejettent souvent et plantent la plus mauvaise partie.

On plante ordinairement, pour un arpent de 45 ares, trois sacs de pommes de terre ( 3 hectolitres 22 litres ). Si cet arpent est bien préparé et bien fumé, on y récolte, année commune, environ une centaine de sacs de la première et de la quatrième espèce, que l'on vend sur pied environ 300 fr.

On aura toujours une récolte moins abondante des autres espèces, excepté de celles qui servent au bétail : de celles-ci on a bien un tiers de plus en quantité; mais elles sont d'une moindre valeur.

*Le Propriétaire.* — D'après ce que j'ai vu de la manière de planter les pommes de terre, je ne puis pas tout à fait blâmer la mesure de couper le tubercule que l'on va planter ; je crois cependant qu'il vaut mieux extirper seulement les bourgeons qui entourent les *yeux*, et planter ensuite la pomme de terre en son entier; je pense qu'en coupant le tubercule par tranches on nuit aux sucs qui doivent procurer la substance naturelle à la pomme de terre ; par la même raison, je crois qu'il n'est pas bon de planter la pomme de terre dont les germes ont déjà paru, parce qu'alors les sucs nécessaires à la pomme sont déjà diminués, et que les germes nouveaux ont moins de force pour se développer; ce qui diminue en quelque sorte la vigueur et la qualité de la plante.

Le cultivateur doit faire attention aussi à ne pas prendre des pommes de terre de sa propre récolte, si elle est devenue mauvaise par trop de sécheresse ou trop de pluie : il faut qu'il en fasse chercher alors, dans d'autres cantons, des meilleures qu'il puisse avoir.

Il me semble que si le cultivateur a une bonne récolte, il est à propos qu'il en prenne de la graine pour la semer l'année suivante, et pour renouveler ainsi de temps en temps cette racine par les semences. C'est le moyen d'avoir toujours de bonnes pommes de terre, de prévenir toutes les maladies, et peut-être à la longue d'obtenir de nouvelles et de meilleures variétés.

La qualité du sol contribue beaucoup à la bonté et à la saveur de la pomme de terre; car on voit que, dans chaque canton différent, elle a des propriétés diverses. On remarque aussi que les meilleurs terrains, qui ont le moins besoin d'engrais, donnent les meilleures pommes de terre. L'abondance de fumier est utile pour augmenter le rapport; mais elle n'est pas très favorable à la saveur de la pomme de terre, et même si le fumier est trop abondant ou trop humecté, la pomme de terre s'en ressentira : c'est pourquoi celui qui plante à la bêche fera fort bien de jeter un peu de terre sur le fumier avant de laisser tomber le tubercule. La chaux et les cendres dans un sol compacte, et le fumier des rues dans un sol léger sont les meilleurs engrais pour la saveur de la pomme de terre; il est bon aussi, dans un sol sec et léger, de planter les pommes de terre récoltées sur un sol compacte, et de planter quelquefois sur des terres fortes les tubercules qui proviennent des terres légères; car si les pommes de terre sont toujours plantées dans des terrains secs et légers, elles deviennent trop sèches et trop farineuses; et, toujours plantées sur des terres fortes, elles prennent une qualité grasse et dure, surtout quand la saison est pluvieuse. Ce n'est qu'en faisant un continuel échange dans les pommes de terre destinées à être plantées, que l'on peut prévenir ou affaiblir en quelque sorte ces défauts.

Je ne parlerai pas ici de la manière de planter les pommes de terre avec les herbes sorties des rivières, puisque j'en ai déjà parlé dans notre troisième entretien (1), quand nous avons traité du fumier. Je demande

---

(1) Voyez page 73.

seulement à faire encore quelques observations qui méritent l'attention de tout cultivateur soigneux.

Deux de mes voisins, sur leurs champs, situés l'un à côté de l'autre, étaient occupés à planter des morceaux de pommes de terre coupées; au moment d'achever les deux tiers de la besogne, ils furent surpris par une averse; obligés de quitter le travail et le champ, ils y laissèrent les morceaux de pommes de terre prêts à être plantés et qui se trouvaient là dans des paniers. La pluie ayant cessé, ils allèrent finir leur ouvrage: environ deux mois après, ils s'aperçurent que les pommes de terre plantées avant la pluie venaient bien, mais que celles qui avaient été plantées après la pluie venaient fort mal, et que même un tiers de celles-ci avait manqué entièrement; ils firent bêcher le terrain et ils trouvèrent que les morceaux plantés en dernier lieu étaient pourris dans la terre. Sans doute, l'eau des grandes pluies s'était trop unie au suc des pommes de terre coupées; elle avait ainsi détruit la substance nécessaire aux germes et les avait fait pourrir. L'expérience m'apprendra bientôt jusqu'à quel point cette opinion est fondée. Je ferai effectuer, le plus tôt possible, une plantation semblable avec les mêmes circonstances. J'ai remarqué souvent que la trop grande sécheresse et surtout la trop grande humidité nuisaient à la pomme de terre.

Voici un autre fait. Dans les années 1816 et 1817, l'été et l'hiver furent des plus humides. Un nouveau cultivateur venait de s'établir au village de Lemberghe, à une lieue de Gand; ses terres étaient d'une bonne qualité, comme celles du n°. 4 à 5. Cet homme, prenant en considération la grande humidité de la saison, planta ses pommes de terre sur un terrain bien bêché et bien fourni de chaux, à une profondeur de 3 à 4 pouces, en planches de 5 à 6 pieds de large ; il n'en eut pas moins l'attention de les *buter* à la manière ordinaire (1) ; les sillons qui séparaient les planches étaient plus profonds d'un demi-pied au moins que le sol où il avait planté ses pommes de terre. Les autres cultivateurs ses voisins, qui n'avaient jamais vu cela, se moquèrent de lui et dirent ironiquement : « Ce nouveau venu nous donnera des leçons. » Mais ils reconnurent bientôt que *rit bien qui rit le dernier.* Les grandes pluies continuèrent ; au moyen des sillons creusés, l'eau s'éloigna promptement des pommes de terre, et le cultivateur en eut enfin une superbe récolte dans une saison où presque tous ceux du même canton n'eurent presque rien. Cela prouve que les pommes de terre aiment bien un sol fort et compacte, mais qu'il faut les débarrasser à temps de l'excès d'humidité et de froid. Sans aucun doute, ce fermier a fait une chose qui peut se faire avec avantage pour la culture des pommes de terre dans tous les terrains humides et forts ; je dis dans les terrains humides et forts, parce qu'il faut suivre une marche tout opposée pour un sol sec et léger : car là il faut planter les pommes de terre à plus de profondeur, et les buter davantage, afin de mieux conserver la moiteur dont elles ont besoin pour leur croissance. C'est pourquoi, dans les terres sèches, le fumier de vache bien conservé convient le mieux, ainsi que les herbes tirées des rivières ; c'est pourquoi aussi plusieurs cultivateurs m'ont dit que, pour les pommes de terre, ils mettent leur fumier en tas, qu'ils le brisent et le coupent au moyen de la bêche ; d'autres encore qu'ils

---

(1) Il y a beaucoup de cantons en Flandre où l'on plante les pommes de terre sur planches, mais rarement alors on les *bute* ; cependant, sans cette dernière opération, l'ouvrage n'est fait qu'à demi. A.

labourent souvent leur fumier dans la terre avant l'hiver, afin qu'il s'y réduise pendant cette saison en particules très divisées et qu'il se répande ainsi plus également sur le terrain, comme vous m'avez dit qu'on le faisait pour semer l'avoine.

*Le Fermier.* —Tout ce que vous venez de dire, monsieur, sur les pommes de terre, mérite une grande attention, ainsi que la manière de réduire le fumier ou de le labourer dans la terre pendant l'hiver. J'ai fait cela souvent aussi; mais alors il faut que l'on emploie quelques charretées de fumier de plus, parce que de cette manière le fumier se répand sur toute l'étendue des champs. Au contraire, quand on se borne à jeter le fumier dans les sillons ou trous destinés aux pommes de terre que l'on veut planter, alors les germes ne s'étendront pas au delà, parce que plus loin ils ne trouvent pas la substance qui leur est nécessaire. Dans le premier cas, les pommes de terre étant plantées dans une terre bien brisée, partout également fournie de fumier, les germes n'éprouveront de pénurie nulle part; de plus, le fumier se trouvant ainsi répandu avec égalité dans la terre, cela vaudra mieux pour le froment ou pour toute autre plante que l'on voudra semer après les pommes de terre. J'espère, monsieur, que j'en ai dit assez maintenant sur les pommes de terre, et que nous pouvons passer au blé-sarrasin.

### *Blé-Sarrasin.*

Cette plante est extrêmement sensible au froid, et à tel point qu'en une seule nuit la moindre gelée peut la détruire : c'est pourquoi on ne la sème que dans les derniers jours de mai, afin qu'elle pousse en juin.

Le blé-sarrasin n'a pas besoin de fumier, mais il lui

faut des labours multipliés et profonds. S'il est possible, on sème le sarrasin après le seigle et les navets, rarement dans les terres fortes, mais souvent dans les terres légères. On a aussi recours à la culture de ce grain quand on n'a pas de fumier, ou quand un champ produit trop de mauvaises herbes.

Dans plusieurs cantons sablonneux, surtout entre Gand et Bruges, on sème beaucoup de blé-sarrasin, et cette production y réussit très bien ; elle est d'une grande utilité tant pour les hommes que pour le bétail. On récolte sur une mesure de 45 ares douze à quatorze sacs (13 à 15 hectolitres), qui valent à peu près 11 fr. le sac (10 fr. l'hectolitre), produit assez raisonnable, puisqu'on n'a fait aucune dépense d'engrais.

Pour bien cultiver cette plante, il faut, dès avant l'hiver, ou, après la récolte des navets, labourer le champ en lits de jachères ; on le laisse dans cet état jusqu'en avril, alors on le laboure le plus profondément possible. Vers le temps des semailles, on donne encore un labour et on aplanit le terrain. On sème ensuite, pour 45 ares, la cinquième partie d'un sac (21 litres), on repasse le semis à la herse retournée ou au rouleau, *Pl.* XI, B, et l'ouvrage est terminé jusqu'au temps de la maturité, ce qui a lieu vers le commencement de septembre : alors on coupe la récolte et on la sèche, posée debout en tas; ensuite on l'étend sans délai sur une toile, pour la battre au fléau. Il faut se presser, et y employer beaucoup d'ouvriers, afin de la mettre promptement à l'abri des pluies, qui la ruineraient.

## JUIN.

*Le Fermier.* — Le mois de juin est une des époques

les plus agréables de l'année pour l'agriculteur. Celui-ci ne se lasse point de parcourir ses terres parées de riches moissons; il contemple d'un œil satisfait les rapides progrès de la végétation, et la nature semble lui donner à chaque instant l'assurance qu'il recevra bientôt le prix de son travail.

On continue cependant à planter des pommes de terre; on nettoie les fromens et les seigles de la grosse ivraie qui s'y est montrée depuis le dernier sarclage.

Dans les terres légères et sablonneuses, on fauche pour le bétail la spergule qu'on a semée à la fin de mars ou en avril. Ce fourrage procure beaucoup de lait et de bon beurre. Après la spergule, on sème des navets avec un demi-engrais, ou bien on plante des pommes de terre avec un engrais entier; enfin, on sème du seigle avant la fin de l'année. En beaucoup de cantons, le grand rouleau, *Pl.* XI, A, passe en juin sur l'avoine, quand le sol est sec; et cette opération est fort utile.

C'est aussi dans ce mois qu'on récolte le foin de trèfle, ainsi que je l'ai expliqué en parlant du mois de mai.

J'ordonne maintenant à mes domestiques d'enlever et de réunir tous les restes d'ordures qui se trouvent dans les granges, les étables, et toutes les dépendances de la ferme; je fais curer les fossés qui entourent mes champs. La boue qu'on en retire, ainsi que les ordures dont je viens de parler, deviennent les élémens de ces *croupissoirs* dont nous avons parlé dans notre troisième dialogue.

A présent, les rouets et les métiers de tisserand travaillent avec activité; les occupations relatives au bétail et aux granges se poursuivent sans relâche et de la manière que nous l'avons dit précédemment. On prépare aussi la grange et les greniers qui doivent contenir la récolte des mois suivans.

*Le Propriétaire.* — Vous avez rapporté fort bien et avec détail tout ce qui concerne la manière de semer et de planter *les marsais.* Nous voici arrivés à l'époque où l'on commence à récolter : c'est le moment où le cultivateur déploie toute son activité, il redouble d'assiduité, de soins et de zèle ; mais il s'acquitte de cette nouvelle tâche avec un plaisir extrême, puisque le but de son travail est maintenant de mettre en lieu de sûreté les précieux produits qui le dédommageront de toutes ses peines : allons, veuillez commencer la description de ce grand ouvrage par les premiers jours du mois de juillet.

## JUILLET.

*Le Fermier.*—C'est, en effet, avec ce mois que commencent les travaux les plus importans que nous ayons dans notre état. Le nombre fixe et ordinaire de nos domestiques ne suffit plus, et nous sommes forcés d'aller demander du secours aux petits cultivateurs, nos voisins : le fermier a besoin maintenant d'exercer une grande vigilance et d'inspecter les ouvriers soir et matin, pour que chacun s'acquitte convenablement de sa tâche.

La première récolte est celle du

### *Colza.*

Dans les premiers jours de ce mois, ou bien à la fin du mois précédent, on met sur le sol, en petits tas, le colza coupé ; le lendemain de bonne heure, tandis que ces tas sont encore humides de la rosée, on les retourne avec précaution, pour empêcher la graine de tomber. En quatre ou cinq jours, le colza est sec, si le temps est favorable : alors on le bat avec un fléau, en plain champ, sur une grande toile. Après avoir retiré les capsules au moyen d'un râteau, on dépose la graine dans un grenier bien sec, en attendant qu'un marchand se présente.

Dans quelques parties de la Flandre occidentale, on met le colza en meules sans le battre : on le laisse ainsi à peu près quatre semaines, et on ne le bat qu'après ce délai. On donne pour raison de cet usage, que la masse tout entière du colza ne parvient pas en même temps à une égale maturité, mais que les graines les moins mûres le deviennent suffisamment au bout des quatre semaines qu'elles restent en meules, et qu'alors on peut les battre au fléau plus facilement et avec un plus grand avantage. On obtient ainsi huit à neuf sacs ($8 \frac{1}{2}$ à $9 \frac{1}{2}$ hectolitres) de graine par arpent de 45 ares; cependant ce résultat varie beaucoup dans plusieurs cantons : la valeur ordinaire est de 26 à 28 fr. le sac (24 à 26 fr. par hectolitre) : ce prix est aussi sujet à de grandes variations.

Le colza, ainsi que l'huile qu'on en retire, forme un objet considérable de commerce : il en est de même de son flegme ou des tourteaux, qui sont un engrais excellent pour diverses productions, ainsi que nous l'avons déjà dit.

La paille du colza est de peu de valeur ; bien des fermiers s'en servent pour faire bouillir le *brassin* destiné à leurs bêtes à cornes; d'autres l'emploient à chauffer le four.

Le colza donne beaucoup de capsules et de criblures ; on en fait si peu de cas, que souvent on les brûle sur le sol au moment de la récolte ; mais les personnes qui en connaissent mieux l'utilité les rentrent à l'étable, et les mêlent pendant l'hiver au *brassin* des bestiaux, qui, en effet, y trouvent une excellente nourriture.

Dès que le colza est enlevé, on laboure tout de suite le sol à une profondeur de 3 à 4 pouces (8 à 11 centimètres), et on le nettoie de manière à ne laisser ni chaume ni mauvaise herbe. Après l'avoir labouré de nouveau à deux différentes reprises, on le laisse jusqu'au mois d'octobre, et alors on y sème le froment, sans fumier. D'autres cultivateurs sèment, après le colza, des navets également sans fumier, ou ils plantent des pommes de terre, avec un demi-engrais : le tout étant récolté en octobre, ils sèment alors le froment avec un demi-engrais. Si le colza s'est trouvé dans une bonne terre légère comme le n°. 1, ou dans la meilleure espèce du n°. 4, et si l'on y a semé des carottes en mars ou avril, on laisse le sol en repos pendant quinze jours ou trois semaines après la récolte du colza. On nettoie les jeunes carottes avec la binette ; si les carottes sont un peu clair-semées, ou bien s'il se trouve des endroits vides, on y jette tout de suite de la semence de spergule ou de navets : vers le 25 de ce mois, on sème le chou-colza, pour le transplanter en octobre.

Quand on veut planter de colza l'étendue d'un arpent (45 ares), il faut faire un semis très clair sur le quart de cette étendue, en prenant un terrain bien divisé, bien rompu et bien fumé. Quelques cultivateurs font cette opération après la récolte de l'orge. Si les choux-colza se produisent encore en trop grande quantité, on les passe à la herse transversalement et à raies croisées, afin d'éclaircir les plantes et d'en diminuer le nombre ;

celles qui restent deviennent ainsi plus belles et plus fortes. Il faut prendre toujours cette précaution, parce qu'il est impossible que de mauvaises plantes donnent de beau colza.

*Orge.*

Au commencement de ce mois, ou à la fin du mois précédent, l'orge est en pleine maturité ; on la coupe à la faucille : trois ou quatre jours après, on la lie en javelles ou en gerbes, que l'on pose debout en tas de quinze à vingt-cinq. Le lendemain, dès que l'orge est mise dans la grange, on laboure immédiatement le champ, à peu de profondeur ; et, sans aucun engrais, on y jette un quart de livre (11 grammes) de semence de navets par arpent de 45 ares ; on enterre cette graine au moyen de la herse renversée. Quelques fermiers, quand l'orge est mûre de bonne heure, plantent dans ce terrain l'espèce de pommes de terre réservée au bétail : s'ils y plantent les pommes de terre employées à la nourriture de l'homme, ils donnent au terrain un tiers d'engrais ; lorsque ces pommes de terre sont récoltées, ils les laissent entassées, pendant quatre mois, dans le puits de réserve, avant de les manger, parce que, avant cette époque, elles seraient trop grasses et trop fermes.

*Foin.*

A cette époque, on fauche les prés et on fait les foins ; c'est un travail qu'il ne faut entreprendre ni trop tôt ni trop tard. Si l'on s'y prend avant le temps convenable, on perd beaucoup sur la quantité du foin, qui d'ailleurs se trouve trop faible ; un long retard lui ôte ses bonnes qualités, lui fait perdre toute saveur et le rend trop semblable à la paille. Nous tâchons donc de reconnaître au juste le moment où l'herbe est à sa maturité, ce qui a lieu vers le temps où elle cesse de fleurir: cette époque arrive plus tôt dans les prairies élevées que dans les prairies basses.

Les prés élevés produisent une herbe ronde et dure; dans les prairies basses, elle est plate et molle : la première vaut mieux pour les chevaux, la seconde est préférable pour les vaches à lait. Quand l'herbe est mûre, on la fauche par un beau temps et on la laisse, pendant quelques heures, dans l'état où les coups de faux l'ont couchée. Des femmes la retournent ensuite continuellement et l'étendent au moyen d'une fourche en bois, à deux dents. Cette opération se fait plus ou moins vite, selon que la sécheresse du temps l'exige. La seconde journée, vers le soir, cette herbe est ramassée en tas, et le lendemain, après l'évaporation de la rosée, on l'étend de nouveau. L'opération se continue ainsi jusqu'à ce que l'herbe se trouve suffisamment séchée. Alors on rentre le foin et on le place dans les greniers au dessus des écuries et des étables. Ceux qui n'ont pas un local suffisant mettent leurs foins en meules couvertes de paille. Il faut avoir grand soin de bien sécher le foin, pour éviter le désagrément de le voir fermenter et pourrir. Lors même que le foin est récolté au moment où il est bien sec, il n'entre pas moins en moiteur, et on doit laisser évaporer cette humidité avant de donner le foin nouveau à des chevaux: ceci demande cinq à six semaines.

Pour peu que le cultivateur néglige une heure pendant la saison des foins, il court le risque d'arriérer son travail de plusieurs jours; car, à cette époque, on peut, moins que jamais, compter sur la durée du beau temps.

Quant à tout le reste, je m'en rapporte, monsieur, à ce que vous avez dit vous-même lorsque, dans notre second entretien, nous avons parlé de l'herbe des prairies. Souffrez cependant que je fasse ici une observation qui vous aura sans doute échappé, c'est qu'il faut recommander à tout propriétaire les soins et les précautions à prendre pour l'irrigation des prairies, autant que le permettent leur position naturelle et les moyens artificiels dont il dispose. Rien ne peut se comparer à l'utilité de cette mesure.

Les irrigations pendant l'hiver apportent à la motte de gazon un certain limon ou terre grasse qui lui donne de la substance. Après l'hiver, les eaux amenées sur les prairies contribuent à ranimer le gazon et à faire pousser les herbages. On objectera sans doute l'impossibilité d'arroser partout indistinctement les prés qui en auraient besoin : je conviens que cela n'est praticable qu'en peu d'endroits; mais je parle de ce procédé, parce que beaucoup de personnes le négligent. Je connais cependant plusieurs propriétaires qui, pour l'employer, n'épargnent ni frais ni travaux : s'ils ont des prairies situées au pied d'une montagne, ou bien dans le voisinage de rivières ou de ruisseaux, ils creusent des rigoles, ils font maçonner des tuyaux munis de coulisses ou de vannes pour arrêter l'eau, et pour la forcer quelquefois à prendre son cours dans les prairies. Là où la propriété se trouve assez considérable pour supporter de plus grands frais, j'ai vu construire des moulins près des rivières et des ruisseaux, afin de tirer l'eau, à certaines époques, par dessus les digues des prairies. Ces dépenses étaient fortes; mais il en résultait un profit encore plus grand.

A présent, monsieur, je vais parler d'une plante dont ne peut se passer la nombreuse population de la Flandre et qui fait tant de bien à la classe ouvrière : c'est le lin.

*Lin.*

Le lin mûrit également à cette époque : on le considère comme arrivé à maturité quand la floraison a cessé, quand les capsules se referment et quand le bas de la tige a jauni. On doit bien observer ces signes; car si l'on s'empresse trop d'arracher le lin, on ne récoltera que peu de semence; tandis que si l'on tarde à l'excès de le recueillir, on perd encore davantage à la qualité du lin.

*Le Propriétaire.*—Cela est reconnu; mais, on prétend que le désir de rassembler beaucoup de graine et d'obtenir, dans le lin, une récolte de trèfle et de carottes, prive bien des gens d'une qualité de lin parvenue au degré de finesse et de solidité auquel cette production pouvait atteindre. Que dire à cela? Le cultivateur travaille par amour du gain ; et il en est ici comme de beaucoup d'autres branches d'industrie, où le désir de gagner davantage nuit à la perfection du produit.

Mais poursuivons : quand le lin est mûr et arraché, en quoi consiste le reste du travail ?

*Le Fermier.* — D'abord et avant tout, les capsules qui renferment la graine s'arrachent au moyen d'une espèce de grande étrille à dents de fer; après quoi, on réunit le lin en petites bottes d'environ deux poignées d'épaisseur, et on le met immédiatement dans l'eau, afin de le *rouir*. On croit communément qu'il est bon de faire le rouissage dans une eau grasse et croupissante, sous un taillis d'aunes, puisque ces feuilles donnent au lin une belle teinte; mais on ajoute que cependant l'eau ne doit pas être couverte d'herbes aquatiques à la superficie; qu'elle doit être claire et limpide : on veut encore que l'endroit destiné au rouissage soit isolé de tout courant d'eau, afin qu'il ne reçoive pas de sable lors des grandes pluies, ce qui serait nuisible au lin; enfin on prétend qu'il ne faut pas procéder au rouissage deux fois de suite dans la même eau.

A défaut de pareils routoirs, on se contente souvent d'arracher des feuilles d'aunes et de les mêler entre les tiges de lin. On assure aussi que ces feuilles détruisent les insectes qui se trouvent dans quelques mares employées au rouissage et qui endommagent le lin.

Il faut tâcher de placer le lin perpendiculairement dans l'eau destinée au rouissage, bien entendu que la pointe de la tige se trouve toujours en haut, de la même manière qu'elle croît dans les champs : la raison en est que la partie supérieure de la plante est beaucoup plus difficile à rouir que la partie inférieure, et que la sommité se trouvant ainsi plus rapprochée de l'air, l'action du soleil et la chaleur de l'atmosphère accélèrent mieux la macération. Mais en Flandre ceci ne peut pas toujours s'exécuter facilement, parce que les routoirs qui aient la profondeur et la quantité d'eau convenables n'y sont pas communs; dans ce cas, pour obtenir à peu près les mêmes résultats, on est forcé de placer le lin un peu de biais, de manière que les pointes d'une botte ne soient pas recouvertes par les pointes d'une autre botte : il faut éviter aussi de placer le lin contre les bords du routoir, parce qu'il n'y pourrait se rouir avec l'égalité nécessaire. Par dessus le lin, on met une natte de paille ou paillasson, et on y pose quelques perches ou planches avec des pierres assez lourdes, afin de retenir le lin sous l'eau (1).

Dans les environs de Courtray, on a une autre manière de rouir, et je crois que c'est la meilleure de toutes. Aussitôt que le lin est arraché, on le pose debout sur le sol, en formant deux rangées de tiges obliquement inclinées l'une vers l'autre, et on a soin de laisser les têtes en haut : c'est ce qu'on appelle mettre le lin en haies. Dans cette contrée, l'opération est exécutée avec tant d'adresse, que le lin, étant ainsi rangé, se trouve serré et affermi au point de n'avoir à craindre ni la pluie ni le vent.

Quand le temps est favorable, le lin, au bout de dix à douze jours, se trouve avoir acquis le degré de sécheresse convenable : on le réunit alors en bottes de 8 à 10 livres pesant ( $3\frac{1}{2}$ kilogr. ou $4\frac{3}{4}$ kilogr. ), et on le transporte dans la grange, ou bien on le met en meules. Pendant l'hiver, par un temps sec, on enlève la graine au moyen du battoir.

En août ou bien en octobre, ou après l'hiver, au mois de mai, on apporte le lin à la rivière la Lys pour l'y faire macérer : on a ménagé à cet effet, sur le bord de la rivière, au moyen de pieux ou de perches, un endroit de la capacité qu'on croit nécessaire : dans cet

---

(1) Cela se fait dans quelques cantons avec beaucoup de négligence ; on jette trop de lin dans la fosse à rouir, en proportion de la capacité : de cette manière on entasse trop le lin, et il est trop couché à plat. De plus, la boue et le sable du fond sont ramassés à la pelle ; on met tout cela par dessus le lin : celui-ci alors se trouvant recouvert par la boue, les sommités des tiges sont encore trop peu rouies quand le bas des tiges l'est déjà trop. La boue et le sable sale qui pénètrent dans le lin en altèrent aussi la couleur et la force plus qu'on ne veut le croire. A.

endroit isolé, on pose le lin debout; il est retenu par des bâtons entrelacés, liés ensemble, et tous attachés aux pieux qui sont enfoncés dans la terre au bord de la rivière. En un mot, le tout est disposé de manière que tout le lin se trouve réuni et attaché : il reste ainsi dans l'eau, à telle profondeur et aussi long-temps qu'on le juge nécessaire. Il faut, pour cette opération, au mois d'août, sept jours; au commencement d'octobre, douze jours; à la fin de mai, neuf ou dix jours, d'après le degré de chaleur de la température. Le lin n'a là ni feuilles d'aune ni eau grasse et stagnante, et cependant il y est tout aussi bien roui et même mieux qu'ailleurs. On assure que cela est dû à la pureté, à la limpidité et à la qualité douce des eaux de la Lys, ainsi qu'à la méthode particulière de poser le lin perpendiculairement; on prétend aussi que le lin roui quand il est déjà sec a une teinte beaucoup plus blanche que lorsqu'il est roui étant vert; mais on reconnaît, en revanche, que la qualité est moins solide.

Plusieurs personnes pensent qu'on ne peut mieux faire que de rouir et de sécher le lin en octobre, et de le blanchir seulement au mois de mars ou d'avril; elles disent qu'il est alors plus fort et d'une plus belle teinte.

Sans doute, dans les environs de Courtray, on est très habile et très soigneux pour les préparations du lin : il existe là cependant un usage sur lequel je hasarderai une observation. Plusieurs cultivateurs, avant de déposer leur lin dans la Lys pour le rouir comme je viens de l'expliquer, attachent, au moyen de trois liens, deux paquets de lin ensemble, un paquet ayant les sommités en l'air, et l'autre paquet les sommités en bas. Il me semble que cette méthode n'est pas la meilleure, par le motif que j'ai déjà donné, c'est à dire parce que les tiges du lin sont plus difficiles à rouir du haut que du bas : ainsi le lin qui est avec les sommités en l'air doit être roui plus tôt et plus également que celui dont les sommités sont tournées en bas et qui ne peut être roui que d'une manière fort inégale, à moins que le rouissage à sec n'ait un autre effet que le rouissage en vert, ce qui mérite un examen sérieux. Il est vrai qu'on remédie à ce défaut de macération en laissant le lin un peu plus long-temps à blanchir; mais néanmoins il est vrai que plus le lin est roui également, mieux cela vaut, et moins il doit rester à blanchir sur le pré, où il est toujours plus ou moins exposé à être endommagé par de fortes pluies ou de grands vents.

*Le Propriétaire.* — Le rouissage du lin mérite assurément une grande attention. En 1813, on crut à Gand avoir fait à cet égard une découverte fort importante. Les journaux publièrent qu'on avait inventé pour le rouissage un nouveau procédé tellement avantageux que le lin roui de cette manière valait 30 pour 100 de plus que celui qu'on avait fait rouir par l'ancienne méthode : cela résultait, disait-on, des expériences faites sous les yeux de l'Autorité. Je sais qu'en effet des expériences de ce genre ont eu lieu; mais je ne puis dire avec certitude ce qui s'est passé en cette circonstance. Quoi qu'il en soit, voici en quoi consiste ce nouveau procédé. Il faut, d'abord, une eau pure, qui ait en profondeur un pied de plus que le lin n'a de longueur; il faut que le lin y soit posé debout, les pointes en haut; qu'il soit lié et réuni en une masse au moyen de perches, et que cette masse bien serrée se tienne perpendiculairement dans le rouissoir où on l'enfonce à la profondeur nécessaire, au moyen de planches, sur lesquelles on pose des poids, de manière que l'extrémité supérieure du lin se trouve au dessous de la surface de l'eau, et que la partie inférieure soit à un pied du fond; enfin l'étendue de ce routoir doit avoir le double de l'espace où se trouve placé le lin; et voilà tout le mystère de l'opération, qui doit procurer un bénéfice de 30 pour 100. J'ai fait cette expérience, et quelques autres l'ont faite avec moi; mais nous avons été loin de trouver le bénéfice annoncé.

Je n'ai pas l'intention de blâmer cette méthode, je dirai plutôt qu'elle a du bon et qu'elle mérite d'être essayée de nouveau : je veux seulement faire observer, en premier lieu, qu'en bien des endroits elle n'est guère praticable, faute d'eaux assez profondes, car elles devraient avoir environ 5 pieds (un mètre et demi) pour le lin d'une belle venue; et, en second lieu, que cette manière de rouir n'est pas si nouvelle que bien des personnes le croient. Qu'on lise le savant ouvrage de M. Thys, imprimé à Malines en 1809, on y verra, page 493, ce qui suit : « Il faut placer le lin dans le » rouissoir de la même manière qu'il croît dans les » champs, les pointes en haut, parce que la partie su- » périeure ne se rouit pas aussi promptement que le » bas. » Cela revient aux raisons que vous m'avez données en parlant du rouissage, et c'est le fond de toute la nouvelle méthode : en attendant, nos cultivateurs paraissent peu disposés, jusqu'à présent, à la suivre. L'invraisemblance d'un bénéfice de 30 pour 100, qu'on a peut-être exagéré de plus de 20, et le surcroît d'embarras et de frais qu'entraîne la nouvelle méthode sont probablement les causes du peu de succès qu'elle a obtenu chez les cultivateurs flamands; ceux-ci, en effet, n'adoptent pas légèrement les nouveautés : l'expérience leur a démontré que, dans l'agriculture, les nouveaux procédés sont ordinairement trop vantés. Il est naturel que les fermiers ne goûtent pas beaucoup les nouveautés dont l'annonce est faite d'une manière trop pompeuse; ils cherchent toujours les moyens de les censurer. Il faut leur proposer des essais avec simplicité et les exciter à se convaincre de la vérité par des expériences dont le succès doit être démontré d'avance à celui qui les a proposées.

*Le Fermier.* — Ce que vous dites là, monsieur, de notre incrédulité quand il s'agit de nouvelles découvertes agricoles est exactement vrai; mais aussi, croyez-moi, si nous étions disposés à essayer continuellement tout ce que nous proposent les journaux, nous perdrions souvent nos peines, notre argent et notre temps: c'est là un danger que nous n'aimons pas à courir.

On dit qu'il a été ordonné de battre, de filer et de tisser du lin roui d'après la nouvelle méthode, pour le compte de l'atelier de travail à Gand. Il faut croire que les administrateurs ne manqueront pas de continuer l'opération; car un bénéfice de 30 pour 100 est un avantage auquel on ne renonce pas légèrement. En attendant que tout cela soit mieux éclairci, je vais continuer ce que j'ai encore à dire sur le lin.

La durée du temps que le lin doit séjourner dans le rouissoir n'est pas déterminée, cela dépend du plus ou du moins de chaleur dont on jouit. Quelquefois, cinq ou six jours suffisent; quelquefois il en faut huit ou dix. Dans tous les cas, il convient d'examiner l'état de l'atmosphère et de s'assurer si le lin est suffisamment roui. C'est ce dont on est certain quand la filasse se détache facilement de l'écorce, depuis la racine de la tige jusqu'au sommet de la plante. Ceci demande beaucoup d'attention, et vers la fin il est prudent d'y regarder deux fois par jour; car le rouissage étant terminé, le lin ne doit pas rester une heure de plus dans le routoir, où il pourrirait bientôt et perdrait sa force.

Quand le lin est retiré du routoir, il faut poser les bottes debout, pour laisser écouler l'eau. Le même soir ou le lendemain matin, on le délie et on l'étend sur un pâturage sec dont l'herbe soit la plus courte qu'on puisse trouver. Si, dans ce moment, on avait à craindre une forte pluie, il faudrait différer d'étendre le lin; car dans les premières heures qui suivent l'opération de l'étendage, le lin est très susceptible de se détériorer considérablement en recevant une averse.

Il est nécessaire de l'étendre, afin de le nettoyer des immondices de toute espèce qu'il peut avoir rencontrées dans le rouissoir. Cette opération sert de plus à le blanchir et à consumer en plein air quelques parties de l'écorce qui n'ont pas été suffisamment rouies. A cet effet, le lin reste douze à seize jours sur le pâturage; on le retourne de temps à autre, afin qu'il soit partout également en contact avec l'air. Aussitôt que le lin commence à se détacher des tiges les plus fines, on le lie en bottes, on le transporte dans la grange et là, pendant l'hiver, dans un temps sec, les tiges sont brisées au moyen du battoir, et subissent l'opération qu'on appelle *broyer à l'espadon* ou *espader*.

Ce sont des travaux qui demandent beaucoup de dextérité; car celui qui manie le lin trop rudement casse les sommités, le raccourcit, et lui ôte ainsi une partie de sa valeur.

Quelquefois on se sert de moulins qu'un cheval fait mouvoir et dans lesquels on broie la tige du lin, de manière qu'il peut être espadé sans avoir besoin de l'opération du battoir. On les nomme *moulins à battoirs :* ils ont une grosse meule, posée verticalement, qui parcourt un cercle en écrasant le lin qu'on lui présente : la tige est ainsi broyée au point de n'avoir plus besoin d'aucune autre manipulation avant d'être espadée. Il est d'usage que le fermier prenne sa charrette ou son chariot pour apporter son lin au moulin, et qu'il se serve de ses propres chevaux pour faire tourner la meule, en dirigeant lui-même le broiement de son lin. Pour cela, il a besoin du secours de trois aides, savoir : un cheval pour faire tourner le moulin et deux hommes pour pousser le lin sous la meule à mesure qu'elle tourne, pour le glisser s'il a plus de longueur que la meule n'a de largeur; pour le retirer, et enfin pour le lier en bottes quand toute l'opération est terminée. De cette manière, on peut broyer de 300 à 360 livres de lin par jour ( 130 à 156 kilogr. ) : on paie pour cela au propriétaire du moulin 2 fr. par jour, et le fermier paie en outre les journées des ouvriers employés à ce travail.

Il y a des fermiers qui emploient un moulin à ailes de bois pour espader leur lin : cette machine se meut à bras. L'opération est plus rapide que par l'espadon qu'on tient à la main ; mais aussi le lin se casse davantage et il est moins fort. On compte qu'en y employant quatre hommes, un moulin de cette espèce peut espader 50 livres de lin par jour ( 22 kilogr.).

Un bon ouvrier peut espader à la main 10 livres de lin ( 4 kilogr. et demi ): puisque quatre hommes n'en espadent que 50 au moulin à ailes, il n'y a donc qu'un quart de moins dans les frais; et si l'on considère que le lin espadé au moulin a toujours moins de force et de longueur et présente ainsi plus de perte, on peut en conclure que ces deux opérations offrent peu de différence dans les résultats. Je ne fais pas usage de ces moulins et beaucoup de cultivateurs sont de mon avis sur ce point. Nous préférons faire tout exécuter à la main, et employer les hommes qui demandent du travail, comme il s'en trouve un si grand nombre en Flandre. J'ai remarqué d'ailleurs que lorsque je fais vendre au marché une partie de lin espadée ainsi, j'en obtiens toujours un prix supérieur à celui que ceux de mes voisins dont le lin a été travaillé au moulin obtiennent du leur : c'est ce qu'un marchand expérimenté découvre au premier coup-d'œil.

Le temps sec est le plus convenable pour battre le lin ; et plus il y a eu d'intervalle entre l'époque où le lin a été broyé au battoir et celle où il est espadé, mieux il vaudra.

J'ai laissé la graine de lin au moment où on la détachait de la tige : revenons-y maintenant. On l'étend, après cette opération, sur de grandes pièces de toile, pour la faire sécher ; trois ou quatre jours de beau temps suffisent pour cela ; puis, la graine est transportée dans un grenier bien sec, où on la conserve dans ses capsules jusqu'à l'époque des semailles de l'année suivante.

Les divers cantons présentent une grande variété pour la quantité de graine et de lin qu'un arpent de terre peut produire et pour la valeur de ces productions.

Le lin, dans les pays de Waes et de Termonde, ainsi qu'aux environs de Gand et d'Audenarde, est meilleur que dans le pays d'Alost et dans les *polders :* mais, soit pour la quantité, la longueur et la finesse, soit pour la qualité de la graine, rien ne surpasse le lin qui se récolte près de Courtray.

La quantité de graine que l'on y récolte sur 45 ares

ensemencés avec de la graine de Riga peut s'estimer de 600 à 700 livres ( 260 à 300 kilogr. ), qui valent actuellement environ 150 francs. Mais il faut observer que le prix de la graine et du lin varie singulièrement d'année en année. Il y a d'ailleurs deux espèces de semences ; on estime à un quart du prix de plus celle qui est enlevée lorsque la tige du lin est sèche.

Quand la graine a bien réussi, elle est très bonne, l'année suivante, à être semée de nouveau, et elle produit plus de graine encore que la première semence. Si on sème ensuite cette seconde graine, elle en produit encore davantage ; mais elle produit du lin en moindre quantité et d'une qualité inférieure : cela vient de ce que le lin de Riga de la première année s'élève en une seule tige, qu'elle n'a point de branches latérales, et qu'elle a conséquemment moins de capsules; la graine n'en est que meilleure : car plus on sème le lin sans renouveler la graine, plus ses tiges jettent de petites branches : la quantité de capsules en est d'autant plus grande; mais aussi le lin finit par en devenir d'autant plus mauvais. En résultat, rien n'est mieux entendu que de se servir de graine de Riga, de deux années l'une, à moins que l'on ne prenne la semence dans la Zélande : celle-ci est moins chère et elle ne donne pas tant de mauvaises herbes.

On tire de l'huile de la graine que l'on ne croit pas propre à semer: ainsi employée, sa valeur n'est plus estimée qu'à la moitié de l'autre graine.

L'huile de lin est pour la Flandre un objet de commerce très considérable; il en est de même des tourteaux provenant du phlegme de l'huile, excellente nourriture pour le bétail.

On estime que, dans les environs de Courtray, une linière de 45 ares vaut de 550 à 600 francs, le lin étant vendu sur pied; et alors le cultivateur garde encore la semence, quand il a pour acheteurs les habitans du pays wallon ou ceux du territoire français; mais pour cela il est obligé de mettre le lin en gerbes, de les lier, de faire les meules et d'enlever les graines. Croyez, monsieur, que je n'exagère en aucune façon le produit des linières aux environs de Courtray. La valeur du lin est bien moindre dans les autres cantons de la Flandre. Après Courtray, viennent Roulers, Thielt et Audenarde, puis les pays de Waes, Termonde et Alost; enfin les environs de Gand, toujours en diminuant de valeur, de sorte que dans quelques parties de ces contrées on ne compte plus que sur 270 à 300 fr. les 45 ares.

*Le Propriétaire.* — S'il en est ainsi, je dois adopter l'opinion commune, qui proclame le lin de Courtray le meilleur de l'Europe; il n'est pas étonnant que les étrangers, surtout les Français, y viennent acheter tout le lin sur pied. L'empressement qu'ils y mettent chaque année, et qui va toujours en augmentant, a causé, sans doute, cet accroissement de valeur; mais cette même circonstance cause la ruine de nos pauvres fileuses et de nos tisserands.

Je crois que vous ne serez pas de mon avis sur l'exportation du lin; car vous devez vous trouver fort bien du prix élevé de cette production.

*Le Fermier.* — Il est vrai, monsieur, que je ne me soucie pas beaucoup d'entrer en discussion sur les avantages ou les inconvéniens de l'exportation du lin : j'abandonne cette question à ceux qui sont chargés de l'examiner. Le temps éclaircira tout cela; ce n'est pas d'ailleurs le sujet de notre entretien. Permettez-moi donc de terminer ici l'article du lin, et de passer au seigle.

*Seigle.*

A la fin de ce mois ou dans les premiers jours du mois suivant, le seigle est parvenu à sa maturité; on le coupe, on le pose à terre en petits monceaux; on le retourne le lendemain ; le troisième ou le quatrième jour, on le lie en gerbes que l'on rassemble en tas, et quand il est sec on le transporte dans les granges. Si, par malheur, on essuie de fortes pluies avant que le seigle ne soit lié en gerbes, on a soin de le retourner continuellement, pour l'empêcher de germer. Si les pluies viennent encore après cette opération, il faut disposer les gerbes en masses de trois rangées, chacune de cinq gerbes : la première rangée est placée dans les rigoles, qui divisent le champ en plusieurs planches; de chaque côté, elle est flanquée d'une rangée de gerbes posées de biais, afin que le tout soit mieux affermi. Alors on met quatre ou cinq gerbes par dessus la masse, également de biais, la partie inférieure de la plante se trouvant en haut et les épis en bas. C'est ainsi que les épis des quinze gerbes posées debout sont à couvert sous les cinq gerbes supérieures, le long desquelles découlent les pluies qui tombent. Toutes ces gerbes sont liées ensemble d'une manière particulière, avec leur propre paille, moyennant quoi elles sont préservées pendant quelques jours des dégâts de la pluie. Quand le danger est passé, on défait cette espèce d'échafaudage, et on laisse bien sécher le tout; après quoi, le seigle entre dans la grange.

Ceci étant fait, on sème les navets.

*Navets.*

Dès que mon seigle est enlevé du champ, ou même quand il est encore rassemblé en gerbes, je me hâte de labourer la terre qui l'a produit; car plus on s'empresse de faire ce travail, plus on est sûr de prévenir la croissance des mauvaises herbes, auxquelles ce prompt labour ne laisse pas le temps de pousser. Je passe le sol à la herse, en raies croisées; je divise le champ en planches, et, sans aucun fumier, je sème une livre un quart de graine de navets (54 grammes) par mesure de 45 ares. Cette semence est enterrée au moyen de la herse.

On trouve bien son compte à donner à cette graine 25 hectolitres d'engrais liquide; rien n'est plus favorable que de semer par un temps pluvieux: car alors il ne faut que trois jours pour faire germer le grain, et, dès cet instant, la récolte est assurée. Si, au contraire, le temps est sec avant et après qu'on a semé, la graine se dessèche dans la terre, et on est obligé de semer une seconde fois.

On obtient un plus grand produit des navets que l'on a semés après l'orge, que de ceux qu'on sème après le seigle, puisqu'on s'y prend plus tôt; mais ils n'ont pas si bon goût.

Il y a beaucoup de variétés dans les navets : quelques uns ont 6 à 7 pouces (16 à 19 centimètres) de long, et 4 à 5 pouces de diamètre (11 à 14 centimètres) : ceux de cette espèce sortent souvent de terre de la moitié de leur longueur. Les petits navets ronds, de 3 pouces de diamètre, valent mieux; ils entrent davantage dans le sol et sont moins exposés à geler.

Les navets, aussi bien que les trèfles, sont de la plus indispensable nécessité dans l'agriculture. Les trèfles donnent leur dernier produit à la fin du mois de septembre, et alors les navets sont là pour les remplacer dans la nourriture du bétail.

On sème des navets dans le même champ où l'on vient

d'en récolter, c'est ce qu'on nomme *navets de jachère.* Les premiers étant enlevés, on laboure le sol deux ou trois fois en février, et on le laisse ainsi jusqu'au mois de mai ou de juin : alors on y passe une seconde fois le soc, et on sème de nouveau les navets, principalement quand on n'a pas de bons pâturages ou que les trèfles manquent.

Ces derniers navets doivent être semés plus clair que les premiers, parce qu'étant semés plus tôt, ils ont un plus grand volume. Dès qu'ils sont à quelques pouces du sol, il faut les nettoyer de toute ivraie, les éclaircir et les transplanter à la main, environ à un pied d'intervalle. Vers octobre, ces navets sont enlevés, et le champ est aussitôt ensemencé de seigle. En Flandre, on sème peu le *navet de jachère,* parce que cette méthode fait perdre la récolte d'une seconde production qu'on aurait pu obtenir.

Les cultivateurs anglais se vantent de récolter des navets plus beaux et en plus grande quantité que ceux des cultivateurs de la Flandre. Nous savons fort bien que nous aurions le même avantage si nous voulions, comme les Anglais, semer nos navets à la fin de mai ou au commencement de juin, dans une terre bien fumée et labourée profondément; mais il nous suffit d'avoir les navets comme une seconde récolte que nous puissions donner au bétail depuis la fin de septembre jusqu'en avril. Que ferions-nous, d'ailleurs, de navets dans les mois de juin, de juillet et d'août? A cette époque, nous avons assez de bons trèfles, dont nous faisons plus de cas pour le bétail que des navets. Cette dernière production devrait ainsi rester trop long-temps en terre, et finirait par contracter un goût trop fort, par être piquée des insectes et par se gâter tout à fait. Les cultivateurs flamands ne recherchent pas non plus les gros navets, parce que cette espèce est communément flasque et acide. Les petits navets ont une saveur plus agréable; et non seulement le bétail les préfère et les vaches qui s'en nourrissent donnent de meilleur lait, en plus grande abondance, mais les hommes les mangent aussi avec plaisir.

Dans les terres légères, les navets sont sarclés, soit à la main, soit au moyen du sarcloir ou de la binette; on les éclaircit ensuite et on les range à une distance convenable.

Dans les terres fortes, et chez quelques grands fermiers qui n'ont pas toujours le loisir d'exécuter en perfection toutes espèces de travaux, on se contente de passer en raies croisées la herse, *Pl.* VII, à travers le champ de navets, et de les éclaircir par ce moyen; ceux qu'on vient d'arracher ainsi se donnent aussitôt au bétail. Plus tard, on diminue encore les autres, à la main.

Les navets n'effritent que peu la terre; elle se divise et s'allège même par l'arrachis de cette production, au point d'en devenir meilleure, immédiatement après, pour la culture du lin. Le sol, n$^{os}$. 1, 2 et 4, est le meilleur pour les navets. Quand on veut les semer dans les terres fortes, ces terres ont toujours besoin d'un labour plus profond.

En général, nous considérons comme très bonnes les espèces de sol qui produisent de bons navets.

En voilà sans doute assez pour la culture des navets : nous passerons aux travaux du mois d'août.

## AOUT.

C'est l'époque où l'on récolte le froment, pour lequel nous suivons la même méthode que pour le seigle.

La quotité de sacs de froment ou de seigle que peut produire une mesure de 45 ares varie à l'infini selon la nature du sol : telle espèce de terrain donne plus de seigle, et telle autre plus de froment.

Dans les meilleures terres du n°. 1, on peut récolter douze à treize sacs (13 à 14 hectolitres) de seigle par mesure de 45 ares, ou huit sacs de froment. Dans les terres fortes n$^{os}$. 4 et 5, on récolte au contraire dix à onze sacs de froment (11 à 12 hectolitres), et seulement huit sacs de seigle. Le froment vaut de 20 à 21 fr. le sac (18 fr. 50 cent. à 19 fr. 50 cent. par hectolitre), et le seigle environ 11 fr. le sac (10 fr. 20 cent. l'hectolitre).

Quand on sème une seconde fois du seigle après du seigle récolté, ou une seconde fois du froment après le froment, le produit se trouve diminué d'un sixième.

Le froment étant enlevé, je retourne le chaume à 3 pouces de profondeur, et j'y passe la herse en raies croisées, afin d'enlever l'ivraie et les éteules qui pourraient être restées dans la terre; après quoi, je la brise en y passant le traîneau, *Pl.* IX; la herse repasse encore deux fois; on ramasse les herbes et le chaume et on les transporte loin du champ, ou on les y brûle. La terre demeure ensuite en repos, pendant trois semaines. Dans l'intervalle, je m'occupe de la

*Graine de Pavot.*

Cette graine est mûre à la fin de ce mois; mais comme cette maturité n'arrive pas d'une manière égale, et que la graine se répand trop facilement, on fait aller entre les planches deux hommes, qui tiennent d'une main un petit baquet et de l'autre saisissent chaque tige à son tour : ils secouent ainsi la graine mûre et la font tomber dans les baquets. Quatre ou cinq jours après, ils répètent ce travail ; ils arrachent alors les pieds et les réunissent en petits fagots, qu'ils laissent debout afin que le reste de la graine mûrisse et sèche ; quatre ou cinq jours plus tard, ce reste de graine est secoué et déposé dans le grenier : on en recueille près de sept sacs ( 7 hectolitres et demi ) par mesure de 45 ares ; chaque sac donne de vingt à vingt et un pots d'huile ( 23 à 24 litres ).

Pour m'occuper de la récolte des graines de pavot, j'ai quitté le terrain labouré et nettoyé mon champ de froment : je vais reprendre les travaux sur ce champ, afin de semer le seigle ; mais comme le temps de la récolte et celui de semer les *hivernaux* varient bien quelquefois de trois à quatre semaines dans les diverses parties de la Flandre, il est nécessaire de réunir ici les travaux de

## SEPTEMBRE, OCTOBRE ET NOVEMBRE.

Je commence par faire passer la herse deux fois sur ce champ à froment, pour détacher les mauvaises herbes qui ont survécu au premier nettoiement et pour les faire périr : s'il y en a une grande quantité, je l'enlève. Quelques jours après, en un mot au commencement d'octobre, on jette six voitures de fumier pour chaque mesure de 45 ares ; on enterre ce fumier à un *sillon de semis*, c'est à dire par sillons de 6 pouces ( 16 centimètres ) de profondeur ; on divise le terrain en planches, à la charrue, et on verse dans les rigoles 25 hectolitres d'engrais liquide ; on repasse en raies croisées la herse renversée ; enfin on sème un bon demi-sac de seigle ( 54 litres ), pour chaque mesure de 45 ares, et on enterre cette semence en y faisant passer deux fois la herse en raies croisées. Ensuite, on ouvre à la charrue les rigoles qui forment les séparations des planches ; on les creuse à la bêche, on les vide et on répand la terre sur le sol ensemencé. Quand la saison se trouve être un peu sèche, et que le sol est léger, je fais aller sur les planches le rouleau, *Pl.* XI, A ou B, ou bien je fais fouler le terrain sous les pieds de quelques hommes (1) : alors tout est terminé.

Dans quelques cantons où le sol est compacte et fort, on sème le seigle de la manière suivante : on commence par ôter toute mauvaise herbe, ainsi que les éteules; ensuite on donne un labour de 8 à 9 pouces de profondeur; on divise le terrain en planches de 5 à 6 pieds de largeur, et on vide à la bêche les rigoles qui séparent les planches ; on pose debout, sur le terrain, les tranches de terre amenées par la bêche : ces tranches de terre ou mottes restent ainsi quatre ou cinq semaines, afin de sécher et de se pénétrer de l'air atmosphérique ; puis on répand une demi-voiture de chaux, plus ou moins, en proportion du plus ou moins de froideur ou d'humidité du terrain. On brise les mottes de terre, et on les aplanit à la herse ; on répand 20 hectolitres d'engrais liquide, et on sème deux tiers d'un sac (64 litres) de seigle pour 45 ares. On vide de nouveau les sillons à la bêche, et on jette la terre sur la graine semée ; enfin, au mois de février, on sème dans ce seigle de 8 à 9 livres de graine de trèfle, et on y passe le râteau. L'opération se trouve ainsi terminée, et l'on peut s'attendre à une récolte de beau seigle et de bon trèfle. C'est de la même

---

(1) Il vaut toujours mieux resserrer le sol au moyen des pas d'hommes qu'au moyen du rouleau, surtout lorsque le terrain n'est pas très uni ; car la moindre élévation que rencontre le rouleau empêche de comprimer le sol qui est à côté de cette élévation. A.

manière qu'on peut semer du froment avec avantage dans les mêmes espèces de terre.

A cette époque, tout ce qui concerne le semis et la récolte a lieu trois semaines plus tôt ou plus tard, selon les localités; mais tout se fait dans les terres légères quelque temps avant qu'on ne s'en occupe dans les terres fortes.

C'est en septembre que l'on récolte l'avoine; on suit la méthode que j'ai indiquée pour le seigle et pour le froment. Quand l'avoine est récoltée, là où l'on n'a point semé de trèfle, et où l'on n'a pas donné un engrais à l'avoine, dans l'intention de semer du lin, je sème le froment de la manière suivante :

*Le Froment après l'Avoine.*

Je retourne le chaume à la charrue, à une profondeur de 3 pouces; j'y repasse la herse pour nettoyer le sol, comme après la récolte du froment.

Je laisse reposer la terre pendant seize à dix-huit jours; je répands du fumier à raison de neuf à dix voitures pour 45 ares. J'enterre ce fumier à 6 ou 7 pouces, j'y repasse la herse deux fois, et ensuite j'y sème un bon demi-sac de froment (54 litres) sur lequel la herse repasse encore deux fois. Je termine en creusant les rigoles de séparation, et en répandant la terre qui en provient, comme je l'ai déjà dit.

*Féveroles.*

Dans cette même saison, les féveroles sont parvenues à maturité; on les coupe, ou bien on les arrache avec les racines : ce dernier procédé paraît être le meilleur. On les met ensuite en tas, pour les faire sécher, puis on les retourne une ou deux fois, et on les lie en bottes ou fagots que l'on pose debout. Quand le tout est suffisamment sec, on les rentre dans la grange, ou bien on en fait des meules, et les féveroles sont battues au fléau pendant l'hiver. L'arpent de 45 ares donne environ douze à quinze sacs de féveroles (13 à 16 hectolitres), qui peuvent valoir 10 francs le sac (de 107 litres). On ne fait pas grand cas des tiges; plusieurs cultivateurs ne les emploient que pour chauffer le *brassin* du bétail; d'autres le donnent en paille aux moutons pendant l'hiver. Dans les *polders* et dans les pays de *gras pâturages*, cette paille sert aussi à nourrir toute espèce de bestiaux.

### *Récolte des Pommes de terre.*

La récolte des pommes de terre a lieu également à la fin de septembre. On emploie à ce travail un homme qui, au moyen d'une fourche, soulève la motte de terre où se trouvent les tubercules, tandis qu'une femme empoigne les tiges de la plante, et les secoue de manière à faire tomber toutes les pommes de terre. Celles-ci sont ramassées par d'autres femmes et par des enfans qui en remplissent des paniers, lesquels sont vidés sur une voiture amenée au milieu du champ. Le produit de la récolte est transporté à la ferme, et mis à l'abri des gelées, dans un cellier pratiqué exprès pour cet usage.

Ceux qui n'ont point de cellier pour la conservation des pommes de terre déposent leur récolte dans des fosses circulaires de 6 à 7 pieds de diamètre, creusées dans un endroit élevé et sec, à la profondeur d'un pied et demi, ou quelque chose de plus. Ils entourent et recouvrent cette provision avec de la paille ou des planches, et ils rejettent sur le tout la terre provenue des fosses ou puits, sur laquelle ils entassent des feuilles ou du fumier quand les gelées sont fortes. Enfin, si la masse des pommes de terre est considérable, ils enfoncent, du haut de la fosse jusqu'en bas, quelques bàtons, ou de la paille, ou du jonc, pour prévenir l'échauffement, en établissant ainsi la circulation de l'air.

Quelques personnes creusent autour du tas un fossé plus profond d'un pied que la fosse aux pommes de terre, afin de la préserver de l'eau en cas de fortes pluies.

Il ne faut pas que les pommes de terre soient trop recouvertes ou déposées dans un endroit trop chaud, elles jetteraient trop de germes; ce qui diminuerait leur qualité, soit pour la nourriture de l'homme, soit pour la plantation : voilà pourquoi il est à propos de les retirer de la fosse et de les apporter dans l'étable dès que les grandes gelées sont passées. Si les pommes de terre sont dans une cave, il est bon de l'ouvrir souvent, afin de les rafraîchir par le contact de l'air.

Toutes les espèces de productions réussissent bien sur le sol où l'on vient de récolter des pommes de terre.

Si le sol est trop léger pour la culture du froment, je sème, après les pommes de terre, de l'orge, du seigle ou du lin, comme vous l'avez pu voir par les tableaux que je vous ai soumis.

Observez que, pour toutes les productions qu'on désire cultiver après les pommes de terre, on peut donner moins de labour et de fumier qu'après tout autre fruit; la raison en est que les pommes de terre ont reçu assez d'engrais, et que l'opération de les arracher allége le sol, à tel point qu'on peut la compter pour un demi-labour.

Voici comment je m'y prends, lorsque je veux cultiver le froment après les pommes de terre.

*Froment après les Pommes de terre.*

Aussitôt que les pommes de terre sont enlevées, on passe la herse deux fois sur le sol, afin de le nettoyer des mauvaises herbes et de faire sortir encore quelques tubercules qui sont restés dans la terre. On jette sur ce terrain quatre à cinq voitures de fumier pour 45 ares (1); on enterre ce fumier à 5 ou 6 pouces de profondeur, et on divise le sol en planches. Quelques jours plus tard, en octobre, ce terrain est de nouveau repassé à la herse; alors on y sème un bon demi-sac de froment : la herse y est encore passée deux fois, pour enfouir la graine. Les rigoles qui doivent séparer les planches sont creusées à la charrue et vidées ensuite à la bêche; la terre en est jetée sur la semence, ainsi que je l'ai dit en parlant du seigle.

*Le Froment après le Colza.*

Le colza ayant été enlevé au mois de juillet, si j'ai l'intention de semer du froment sur la même pièce de terre, je la fais labourer et nettoyer. Quelque temps après, nouveau labour, puis un nouveau repos jusqu'à l'époque où il faut semer le froment : alors nouveau labour de 6 à 7 pouces, et enfin les semailles sans engrais, comme je viens de le dire du froment semé après les pommes de terre.

*Le Froment après les Féveroles.*

Quand je sème le froment après les féveroles, toutes

(1) On ne donne point d'engrais au froment quand les pommes de terre ont été bien fumées, ou quand le sol est d'assez bonne qualité.
A.

les opérations sont les mêmes que pour le froment après le colza.

Il y a du froment blanc et du froment rouge : le premier réussit mieux dans quelques communes du pays de Waes situées sur la rive gauche de la Durme et du Bas-Escaut, nommément dans le village de Kalken, terres des n$^{os}$. 1 et 4.

Ceux qui sèment du froment blanc dans quelques cantons du pays d'Alost sont obligés de renouveler de temps en temps la graine; sans quoi, elle finit par produire du froment rouge.

Quelques unes des terres que je tiens à loyer ne sont pas tout à fait propres à la culture du froment blanc; cependant lorsque je le sème après les pommes de terre, après les colzas ou les féveroles, il réussit assez bien pendant trois ans; mais, si je le sème après les trèfles, je suis forcé de changer de semence l'année suivante.

Le poids du froment blanc ou rouge est communément de 180 à 190 livres le sac de Gand (78 à 82 kilogrammes les 107 litres). Le froment blanc est le plus léger.

Le froment blanc est ordinairement plus cher d'un dixième que le froment rouge.

Le froment blanc donne le meilleur pain; mais on en obtient davantage du froment rouge, et la fleur de sa farine est meilleure. La tige de ce dernier est aussi d'une qualité supérieure et plus forte, et ainsi elle est moins facilement abattue par la pluie et les vents.

*Le Propriétaire.* — Dites-moi maintenant ce que vous pensez de l'épeautre (1) et du méteil.

---

(1) *Triticum spelta*, Linné.

*Épeautre et Méteil.*

*Le Fermier.* — L'épeautre est une espèce de grain que l'on sème peu en Flandre, si ce n'est aux environs de Ninove et de Grammont, toujours dans les terres fortes; on le cultive de la même manière que le froment. On emploie environ un sac (107 litres) de semence pour 45 ares, et le produit est de douze à quinze sacs (13 à 16 hectolitres).

L'épeautre concassé est une nourriture saine et solide pour toute espèce de bétail : on s'en sert principalement pour brasser les bières blanches; mais je dois ajouter que cette production épuise beaucoup le sol.

Quant à ce qui concerne le méteil, c'est un mélange moitié seigle et moitié froment semés ensemble, dans des terrains qui appartiennent plutôt aux terres fortes qu'aux terres légères et qui ont plus ou moins la propriété d'appauvrir la semence, en raison de l'âpreté ou de l'humidité de la température, accident auquel surtout le seigle est très sensible (1). Quand, par les temps contraires, le seigle ne donne qu'une demi-récolte, le froment est meilleur; si le froment ne prend pas bien, le seigle peut encore nous dédommager, puisque l'on emploie toujours pour les semailles un quart de graine de plus qu'à l'ordinaire; et de cette manière on espère toujours avoir quelque chose.

On sème le méteil à la même époque et de la même

(1) On dit en Flandre que le sol *appauvrit* la graine, quand on voit dépérir en peu de jours la tige du blé qui avait paru prospérer d'abord. Elle disparaît comme si les radicules étaient rongées par les vers. Cette maladie, attribuée à l'âpreté ou à l'humidité du sol, fait le plus de ravage pendant les mois de mars et d'avril, saison des vents et des pluies froides. A.

manière que le froment. Ce grain sert surtout aux distillateurs d'eau-de-vie : les personnes qui veulent épargner le froment font aussi du pain de méteil. Quand cette plante réussit, elle produit toujours un sac de plus par arpent ( 107 litres de plus pour 45 ares) que si le froment et le seigle avaient été semés chacun séparément.

### *Colza.*

Le colza vient très bien après le lin et les pommes de terre.

Si l'on veut cultiver du colza sur le sol qui a produit du froment ou de l'avoine, il faut, dès que ces productions ont été enlevées, labourer la terre à 2 ou 3 pouces, et ôter le chaume par les procédés que j'ai indiqués. Alors on étend douze à quatorze voitures de fumier sur les 45 ares, on l'enterre à 4 ou 5 pouces de profondeur, en planches de huit sillons, et on laisse le tout en repos pendant quelques jours. Alors on passe deux fois sur le terrain la grosse herse, afin de rompre en même temps la coupe du sillon et le fumier. Après cela, on donne un nouveau labour, à 8 ou 10 pouces de profondeur, et on divise le champ en planches; ensuite on égalise la terre au moyen de la herse renversée, ou, si le sol est trop léger, on y passe le rouleau, *Pl.* XI, A. Enfin, dans les derniers jours de septembre, on plante soit à la bêche la plus large, *Pl.* XII, F, soit au plantoir, *Pl.* XIII, D, ayant soin de déposer deux plants dans l'extrémité de chaque ouverture faite par la bêche, ou un seul plant dans chaque trou fait par le plantoir : ainsi, à la distance de 11 ou 12 pouces et en ligne droite. On laisse entre chaque rangée un intervalle de 16 à 18 pouces. Cette opération terminée, le tout demeure en repos jusqu'à la mi-novembre : alors on vide les rigoles à la bêche, et la terre qui provient de ce travail se pose en tas, entre les plants, afin de les préserver, pendant l'hiver, des vents trop violens et des fortes gelées.

Quelques cultivateurs, toujours économes de leur travail, plantent le colza à la charrue, de la manière suivante :

Le terrain est travaillé, sans engrais, en tous points comme je viens de l'expliquer. Alors on y répand douze à quatorze voitures de fumier par 45 ares : on trace d'un côté du champ un sillon de 5 à 6 pouces de profondeur; un homme suit la charrue, et, avec la fourche, il fait entrer le fumier dans le sillon. Cet homme est suivi de cinq femmes, qui portent sur le bras les plants de colza, et qui les déposent dans le sillon à 12 ou 14 pouces de distance, contre le bord de la tranchée que le soc vient d'ouvrir. Le laboureur, en revenant avec sa charrue, recouvre d'une seconde tranche de terre les racines des plants ainsi disposés. L'ouvrage continue de cette manière jusqu'à ce que tout le champ soit planté de colza. Vous connaissez, monsieur, le travail de la charrue, vous comprendrez donc ce que je viens de vous dire : vous sentirez aussi que cette manière de planter n'est pas la meilleure.

Dans les *polders*, où l'on cherche toujours à économiser sur la main-d'œuvre, beaucoup de fermiers sèment le colza et se contentent d'arracher plus tard une partie des plants trop serrés, afin que la partie restante se trouve à distance convenable.

Beaucoup de cultivateurs, quand le colza est planté, ne font aucun cas des plants qui leur restent ; mais ceux qui cherchent à tirer parti de chaque chose laissent tous ces plants en tas pendant trois jours, après quoi, ils les donnent aux bestiaux, qui aiment singulièrement cette nourriture, surtout les vaches, dont le lait devient ainsi plus abondant et dont le beurre acquiert une meilleure qualité: mais il faut avoir soin que la quantité de ce fourrage ne soit pas aussi grande que celle des navets à laquelle le bétail est accoutumé; il faut, de plus, y mêler de bon foin, afin de tempérer ce que le suc du colza peut avoir de trop âcre, et pour modifier l'effet de l'un de ces fourrages par l'autre.

*Anciennes racines du Trèfle.*

Quand on a, au mois d'octobre ou en novembre, d'anciens trèfles dont la dernière coupe est faite, mais dont la racine forme encore des mottes où l'on veut semer de l'avoine vers le printemps et sans fumier, voici de quelle manière il faut s'y prendre, surtout dans les terres fortes.

On retourne, à la charrue, cinq tranches de terre l'une à côté de l'autre, à la profondeur de 4 à 5 pouces, de manière à fermer par ce labour les anciens sillons du champ de trèfle, et on laisse intacte, au milieu de la planche, la largeur de deux tranches. Des deux côtés de cet espace non labouré, on creuse à la bêche une rigole de 7 à 8 pouces de profondeur; on pose debout les mottes de terre qui proviennent de cette opération, et on les met en quatre rangées, comme nous l'avons dit quand nous avons parlé du labour. Quinze jours après, on enlève, par le moyen du hoyau, l'herbe ou le trèfle qui recouvre encore l'espace non labouré, et cette herbe est jetée dans les deux rigoles latérales et parallèles. C'est alors seulement que la charrue rejette sur l'herbe enlevée au hoyau la terre de cet espace qu'on n'avait pas labouré jusqu'alors. Par ce moyen, on a formé de nouvelles rigoles à la place où était le milieu des planches. Le champ reste ainsi jusqu'au mois de mars, et alors les mottes de terre posées sur le sol sont brisées et aplanies par la herse renversée; on arrose le tout d'urine de bestiaux, à raison de 30 hectolitres pour 45 ares; on y sème un bon demi-sac d'avoine (54 litres) que l'on enterre à la herse, à raies croisées. Les rigoles nouvellement creusées étant, en partie, remplies de terre par cette opération, on les vide à la bêche, et on se sert de cette terre pour mieux recouvrir la semence : tout est ainsi terminé.

Quelques fermiers laissent la motte de trèfle dans le sol jusqu'après l'hiver, et ils ne travaillent la terre que trois ou quatre semaines avant les semailles; d'autres, dans les terres légères, suivent les procédés que j'ai indiqués en parlant de la manière de semer l'avoine.

Si, après le trèfle, on ne veut pas semer d'avoine, on peut semer du froment ou de l'orge, ou bien planter du colza ou des féveroles, selon que l'exige la nature du sol. Il faut toujours espérer une bonne récolte après le trèfle, pourvu qu'on ne le retourne pas trop profondément; ce qui en détruirait le bon effet. Il faut aussi, pour que le froment ne soit pas appauvri par le trèfle enterré, faire passer le rouleau sur le terrain; enfin il est bon de se servir toujours de froment rouge, et d'en semer un quart de plus qu'il n'en faudrait à la suite de toute autre récolte.

Je trouve souvent convenable de semer dans mes bonnes terres du froment ou du seigle après de jeunes trèfles, de la manière suivante :

Je sème, comme je l'ai indiqué plus haut, du trèfle dans le lin : le lin étant enlevé, le jeune trèfle continue à pousser, et il sert de pâturage au bétail jusqu'au mois de novembre. A cette époque, au moyen de la charrue, je fais retourner ce trèfle peu profondément, et, sans autre engrais, je sème du froment ou du seigle, suivant la nature du sol. Je me suis toujours bien trouvé de cette opération.

## DÉCEMBRE.

Pendant ce mois, les cultivateurs jouissent pleinement de la récolte de leurs navets, mais non sans craindre à chaque instant de se voir privés de cette production par les fortes gelées.

Ceux qui ont une abondante provision de navets prennent toutes les précautions possibles contre la gelée; ils mettent une grande partie de cette provision dans des caves ou dans des fosses pratiquées pour cet usage. D'autres, afin de conserver une partie de leurs navets jusqu'après l'hiver, et pour les préserver de la gelée, autant que cela se peut, les font arracher et en coupent les feuilles à un pouce de distance du navet; ils donnent ces tiges au bétail. Ensuite ils ouvrent avec la charrue, à l'entrée du champ, un sillon de 8 ou 9 pouces de profondeur, selon la grosseur des navets; sept ou huit femmes suivent la charrue en portant les navets dans leurs tabliers ou dans un panier, et elles les mettent dans le sillon à 5 ou 6 pouces d'intervalle, la sommité du navet placée en dessus. Le laboureur, en revenant, jette, au moyen du soc, une tranche de terre sur les navets ainsi disposés. Ils se trouvent alors enterrés au point qu'on ne voit plus, ou du moins que l'on voit fort peu la partie verte des tiges qu'on y a laissée. L'ouvrage se continue ainsi pour la quantité de navets que l'on veut conserver de cette manière.

Quant à moi, je m'y prends autrement : quand je

veux conserver des navets jusqu'en mars ou avril, je fais faucher les feuilles aussi près que possible, et je les laisse sur le sol pour recouvrir les navets. Alors je partage mon champ en planches de 4 à 5 pieds de largeur; les divisions des planches sont creusées à la bêche, et la terre qui en provient est jetée sur les feuilles des tiges fauchées qui recouvrent déjà les navets; ils sont ainsi préservés de la gelée. Au mois de mars, dès les premiers beaux jours, ces navets repoussent avec activité, et fournissent ainsi une bonne nourriture aux bestiaux, à une époque où il y a souvent pénurie. Cela m'a toujours réussi; et j'ai eu d'autant plus d'imitateurs, qu'on a vu le sol sur lequel ces feuilles se sont consumées en devenir meilleur et très propre à être, plus tard, ensemencé de lin.

Il y a des gens qui, en toutes choses, attendent le dernier moment : aussi en voit-on, surtout dans les terres très légères, qui sèment du blé à la fin de ce mois de décembre. Je ne puis approuver cette méthode : si les grands froids arrivent quelques jours après, la graine qui commence à germer est très sujette à geler.

Lorsque, pendant ce mois, le temps est fort sec, ou bien lorsqu'il gèle, les travaux essentiels se continuent dans la grange avec plus d'activité que jamais. On fait alors battre et espader le lin, et on bat au fléau toutes les espèces de grains.

Me voilà donc, monsieur, à la fin de l'année : ici finit ma tâche, et je me trouve au bout de ma science. Je n'ai plus rien à dire, et je souhaite que vous soyez satisfait de mes explications. Comme, en ces sortes de matières, les connaissances de celui à qui on parle suppléent à ce que l'on a négligé de traiter à fond, vous m'excuserez si j'ai omis quelques points, ou s'il en est qui ne soient pas suffisamment détaillés.

*Le Propriétaire.* — Je ne puis assez vous témoigner

ma reconnaissance. Vous m'avez expliqué avec exactitude tout ce qui est relatif à votre état; vous m'avez prouvé que l'agriculture n'est pas une chose aussi simple que beaucoup de personnes l'imaginent. Vous m'avez démontré surtout qu'un cultivateur doit réunir beaucoup de bonnes qualités; il faut qu'il ait de l'intelligence et de l'activité, qu'il soit patient, observateur et économe. Je vous remercie donc beaucoup; mais nous n'avons pas fini : à présent, il faut que vous m'écoutiez à mon tour, afin que je satisfasse à ma promesse, et que je vous dise tout ce que je sais sur la culture du *houblon*, du *chanvre* et du *tabac*.

*Le Houblon.*

Les grands fermiers s'occupent rarement de la culture de cette plante, quoiqu'elle procure quelquefois de grands bénéfices. Le houblon est abandonné aux petits cultivateurs, et particulièrement à ceux des environs d'Alost, dans la Flandre orientale, et des environs d'Ypres et de Poperingue, dans la Flandre occidentale (1).

On choisit, pour planter le houblon, un sol semblable à celui que nous avons désigné sous le n°. 4, ou les bonnes terres n$^{os}$. 1 et 5, et de préférence dans des endroits abrités des vents du nord et de l'ouest, qui, au printemps, endommagent le plus les pousses de cette plante.

Souvent on ne donne aux houblonnières que 20 à

---

(1) En France, le houblon est cultivé avec succès dans le département du Nord, surtout dans le canton de Steenvoorde près de Cassel, arrondissement d'Hazebrouck; et on s'en occupe sur les bords du Rhin et de la Meuse, ainsi que dans le département de la Seine-Inférieure (Normandie). T.

25 ares d'étendue, afin que, par la libre circulation de l'air, elles soient préservées de toute humidité nuisible.

Le houblon étant, de toutes les plantes, celle dont les racines pénètrent le plus profondément dans la terre, on laboure ou l'on bêche le sol à 16 ou 18 pouces de profondeur avant ou après l'hiver; et, par l'une ou l'autre de ces opérations, il faut mêler avec soin dans la terre douze à treize voitures de fumier non consommé pour les 45 ares. On laisse le tout ainsi jusqu'en mars ou avril, et on se procure alors les plants nécessaires : ce sont des jets que l'on coupe dans les anciennes houblonnières, à 4 pouces de profondeur, afin que ces rejetons soient pourvus de quelques radicules.

Pour planter le houblon, il faut diviser le sol en carrés de 5 ou 6 pieds. (Voyez *Pl.* XVI, n°. 3.) En avril, on met sur les angles où se croisent les lignes quatre de ces tiges à 8 pouces de distance et à 4 pouces de profondeur, et en appuyant un peu de la main ou du pied pour affermir les plants qui doivent former la touffe complète ou le groupe.

Quelques jours après, au moyen de la houe, on forme autour de chaque touffe une petite fosse circulaire, dans laquelle on jette du fumier bien consommé que l'on recouvre ensuite de terre.

Dès que les plantes commencent à pousser quelques branches, on place à côté de chaque groupe une perche ou échalas en bois de pin, d'un pouce et demi de diamètre et de 10 pieds de hauteur, pour la première année. Quelquefois on met deux perches en dehors de la ligne, au midi ou à l'ouest.

Aussi long-temps que les pousses n'ont pas encore la force de s'attacher à la perche, on lie quatre de ces rejetons légèrement avec des tiges de jonc, et on les dirige en suivant le cours du soleil. On arrache les autres, excepté ceux d'en bas, qui tiennent au collet de la racine-mère, et qu'il faut couper sans jamais les arracher, afin de ne pas blesser la principale tige.

La seconde année, on emploie des perches ou des échalas de 2 pouces et demi de diamètre et de 15 à 20 pieds de haut; les années suivantes, on en prend de 3 pouces de diamètre et de 25 à 30 pieds de haut, toujours un peu plus bas que les sommités de la tige du houblon qui s'élève, et dont les pointes s'entrelacent et forment un faisceau ou dôme au dessus de la perche, où viennent les plus beaux cônes.

Le produit du houblon n'est pas considérable dans la première année; mais on s'indemnise en plantant des fèves, des navets ou des choux dans les intervalles autour des groupes.

Quand le sol commence à verdoyer, on le nettoie au sarcloir ou à la houe; la terre qui provient du sarclage est mise autour des pieds de houblon : c'est ce qu'on appelle *cercler*.

Le meilleur engrais pour le houblon est un arrosage d'urine de vache et de tourteaux d'huile délayés dans l'eau; cet engrais est versé à raison de 25 à 35 hectolitres pour 22 ares. Les petites racines l'absorbent promptement, et il donne de la force à la tige.

Jusqu'au mois d'août, on tient le terrain dans l'état le plus parfait de propreté : alors le houblon fleurit, et quand la fleur a acquis toute sa grosseur, on gratte de nouveau la terre. En septembre, aussitôt que la fleur se ferme et qu'il s'y forme une poussière jaunâtre, on arrache les perches, on coupe les branches à 4 pieds du sol, on fait la cueillette des cônes, et, s'il est possible, on les sèche encore le même soir au foyer d'un fourneau de briques, avec du bois qui brûle facilement, ou avec du charbon de terre qui ait été à moitié consumé ou désoufré auparavant (1).

Afin que le houblon conserve mieux sa force et sa couleur, il faut choisir une belle journée et un beau soleil pour le récolter.

En octobre et en novembre, on gratte la terre et on jette tout le résidu de cette opération autour des racines de la plante ; on coupe les vieilles branches à deux pouces du sol : on prend de la terre des fosses circulaires, et on forme sur chaque touffe un monticule exhaussé ou une butte de 2 pieds et demi de haut : le tout reste ainsi jusqu'à la fin de mars. Alors on répand de nouveau du fumier consommé, et on le recouvre avec la moitié de la terre des buttes ou monticules. En avril, aux premiers beaux jours, on découvre le pied entièrement ; on remet la terre à son ancienne place, et l'on coupe, de niveau avec le sol, tous les jets qui ont poussé dans la butte ; mais il faut avoir soin de ne recueillir que la partie supérieure de chaque jet : c'est un légume dont on fait grand cas, et que l'on envoie, dans sa primeur, à toutes les villes voisines (2). Enfin, on coupe aussi à 4 ou 5 pouces au dessus du sol la tige-mère de l'année précédente, et on la recouvre d'un peu de terre.

Voilà tous les soins qu'exige le houblon, et que l'on continue chaque année aussi long-temps que le pied est en bon état. D'après quelques opinions, une houblon-

---

(1) C'est ce qu'on appelle à Paris du *coke*, de l'anglais *coak;* et en Bretagne des *escarbilles*. T.

(2) Un illustre gastronome, à Paris, a continué de se faire expédier tous les jours, depuis 1815 jusqu'à sa mort, un panier de jets de houblon des environs d'Alost, pendant toute la saison de cet excellent légume, qui cependant n'est pas devenu populaire en dépit du proverbe : *Regis ad exemplar totus componitur orbis*. T.

nière peut durer douze à quatorze ans ; mais cela ne va souvent qu'à huit ou dix années. Je crois que ce dernier calcul est le plus juste ; mais la nature du sol doit déterminer la durée de la plante : car toutes les terres ne sont pas propres à la conserver long-temps. On s'aperçoit de la détérioration, quand les tiges ne se soutiennent plus aussi vigoureusement dans le sol.

Après la destruction de la houblonnière, le terrain est propre à toutes sortes de productions et surtout au froment.

Sur l'étendue d'un arpent de 45 ares, on établit ordinairement jusqu'à seize cents monticules, dont chacun produit environ une livre de houblon sec (43 grammes) ; ce qui fait 6,400 livres de houblon vert (2,772 kilogr.), puisqu'en séchant il perd un tiers de son poids.

Le prix varie singulièrement d'une année à l'autre : pour y trouver leur compte, il faut que les cultivateurs vendent le houblon 40 francs les 43 kilogrammes, quelquefois il ne se vend que 30 francs ; mais en revanche, quand la récolte n'a pas bien réussi, on en retire souvent de 100 à 160 francs. Le prix s'élève tout d'un coup, pour peu qu'il y ait d'accaparemens, ou que le mauvais temps fasse craindre pour la récolte suivante.

Pendant l'été, le houblon est sujet à une maladie que l'on nomme *moisissure* ou *rosée farineuse* : alors les feuilles se dessèchent sur la tige. Il éprouve encore une autre maladie plus dangereuse, ordinairement occasionée par les vents secs du nord. Alors il s'amasse au dessous des feuilles une quantité de lentes de pucerons blanchâtres et de mouches vertes ; le dessus de la feuille prend une teinte noire et brillante. Le remède le plus efficace paraît être un bon arrosage d'urine de vache, qui rend le plant moins sensible à la rigueur des saisons, et lui donne la force d'attendre un bon vent de sud-ouest et une pluie douce, circonstances qui diminuent le mal si elles n'y remédient pas tout à fait.

*Le Fermier.* — Quoique je ne sème ni ne plante les productions dont vous parlez, il ne m'en est pas moins agréable de savoir de quelle manière on les cultive. Ayez la complaisance de me dire maintenant, monsieur, comment on s'y prend pour le chanvre.

### *Le Chanvre.*

*Le Propriétaire.* — On ne cultive guère cette plante que dans le pays de Waes, sur un sol de la nature du n°. 4 ou bien du n°. 1, quand ce dernier n'est pas dans un site trop aride, et qu'on lui donne un peu plus de fumier consommé qu'au premier.

Le chanvre cultivé dans un sol n°. 4 est regardé comme le meilleur pour les voiles et les câbles. Il s'élève davantage, et il donne un fil plus abondant, plus long et plus fort que le fil du chanvre cultivé dans les terres légères. Ce dernier est semé plus épais : il en résulte que le fil en est plus fin et plus beau que celui du premier, et qu'il convient mieux par conséquent pour les tissus de toile, ou qu'il est propre à être mêlé avec le lin pour plusieurs espèces d'étoffes qui se fabriquent dans le pays de Waes.

Il est très avantageux de préparer le sol par un labour profond. Quelques cultivateurs font ce labour en octobre, surtout dans les terrains n°. 4, et ils le répètent en mars ou avril suivans, parce qu'ils savent que le chanvre a besoin d'un sol bien divisé à une grande profondeur. A la mi-mai, ils répandent sur cette terre quinze à dix-sept voitures de fumier bien consommé pour 45 ares, et ils l'enfouissent à la charrue, à 5 pouces de profondeur. Ceux qui n'ont pas de fumier consommé enfouissent leur fumier non consommé à la charrue, avant l'hiver, à 8 pouces de profondeur, et après l'hiver, aux approches de mai, un nouveau labour ou bien un travail de 12 à 14 pouces, à la bèche, amène ce fumier à la profondeur qu'il doit avoir : de cette manière il a été mieux réduit en putréfaction pendant l'hiver, et il est devenu meilleur pour le chanvre. D'autres, dans les terres légères, bêchent le sol en avril, à la profondeur de 13 à 15 pouces. Vers le mois de mai, ils enterrent à la charrue, et à 5 pouces de profondeur, douze à treize voitures de fumier bien consommé. A la mi-mai, soit dans ce dernier cas, soit dans le cas précédent, ils répandent sur le sol jusqu'à cinq voitures du produit des vidanges de latrines, ils passent le terrain à la herse deux fois, et vers la fin de mai ils sèment sur les 45 ares environ un sixième de sac (18 litres) de graine, laquelle est enfouie à l'instant au moyen de deux hersages.

Les cultivateurs font spécialement attention à la qualité de la graine ; ils reconnaissent la bonne à sa couleur foncée, à la dureté, au poids; ils savent que la semence ne doit pas avoir plus d'un an.

Après les semailles, si la saison est tant soit peu favorable, la plante sera sortie du sol en trois ou quatre jours; aussitôt qu'elle a 3 ou 4 pouces de long, on arrache à la main les mauvaises herbes et on éclaircit les plants : on les laisse à une distance de 3 ou 4 pouces dans les terres légères, et du double à peu près dans les terres fortes, parce qu'ils y sont plus forts et plus grands. Il faut avoir soin d'arracher toujours de préférence le chanvre qui est le plus avancé en croissance, parce que c'est ordinairement celui qui ne donne point de graine et qui a le moins de valeur.

Le chanvre mûrit à deux époques, et par conséquent on l'enlève en deux fois, savoir : au mois d'août le chanvre nommé chanvre femelle, et vers octobre celui qu'on appelle chanvre mâle : c'est ce dernier qui donne la graine (1).

On reconnaît que le premier est mûr lorsque ses fleurs ont répandu leur poussière, que le haut de la tige jaunit et qu'elle blanchit vers la racine. La parfaite maturité du second se reconnaît à la maturité de la semence et à la sécheresse de la tige.

Le chanvre mûr ayant été arraché de terre, on le pose en petits faisceaux les uns contre les autres, sur le sol, afin de les faire sécher ; il faut pour cela huit ou dix jours : alors on étend de grands draps sur lesquels on bat les tiges pour faire tomber la semence. Le rouissage a lieu de la manière que nous avons dite pour le lin. Le chanvre mâle reste dans le routoir huit à dix jours ; l'autre espèce peut y séjourner sans inconvénient, fût-ce pendant deux mois ; et si l'eau du routoir gelait, cela n'en vaudrait que mieux.

On assure que le meilleur chanvre se rouit le plus promptement : on n'en sait pas trop la raison. Pour moi, je pense que le meilleur chanvre est celui qu'on arrache de terre à l'époque la plus rapprochée de sa parfaite maturité ; celui-là doit se rouir plus vite, puisque alors la filasse tient moins à la tige et demande naturellement à se détacher. Si, au contraire, le chanvre est arraché

---

(1) On donne abusivement le nom de *chanvre mâle* aux pieds qui portent la graine, et on appelle *chanvre femelle* ceux qui n'offrent que les fleurs mâles ; mais cet abus est général en France comme dans les Pays-Bas. T.

un peu trop tôt, la filasse n'a pas pris tout son développement et la tige est encore trop verte : alors la plante a besoin de rester plus long-temps dans l'eau pour le rouissage. Quand on laisse trop long-temps les tiges sur le sol, elles deviennent dures et la filasse y demeure fixée davantage ; autre raison pour qu'on soit obligé de les faire séjourner dans l'eau plus long-temps, avant de les avoir dans l'état où elles détachent leur filasse (1). Il suit de tout cela qu'il faut saisir avec soin l'époque précise de la maturité.

Le chanvre se vend sur pied à raison de 360 ou 380 fr. les 45 ares, sur lesquels on récolte dix à douze sacs de graine ou *chenevis* (11 à 13 hectolitres), qui valent 16 à 18 fr. le sac de 107 litres.

Ces 45 ares donnent environ quarante-cinq bottes de chanvre battu et espadé, du poids de 24 livres de Gand (10 kilogrammes et demi) la botte, laquelle vaut, prix moyen, 7 à 8 fr.

La graine du chanvre se vend aux gens qui en font l'objet de leur commerce ou à ceux qui en retirent de l'huile. Le flegme ou les tourteaux qui en proviennent se vendent ordinairement à raison de 6 fr. les quarante tourteaux, qui pèsent environ 100 livres (43 kilogrammes).

Pour les terres arides, on fait un arrosage de ces tourteaux fondus dans de l'eau. Pour un sol plus humide, on les réduit en poudre bien sèche, qu'on répand sur les champs. Il en est de même de la criblure du chanvre : tout cela forme un bon engrais pour la terre, surtout quand on veut semer du froment.

Plusieurs cultivateurs, dans les pays de Waes et de Termonde, aiment à semer du chanvre, non précisé-

(1) Ces tiges s'appellent *chenevotes*, après qu'on en a ôté la filasse. T.

ment pour le produit, puisque cette plante n'est pas d'un grand rapport, en raison de la quantité d'engrais et du travail qu'elle exige, mais principalement parce qu'après le chanvre le sol se trouve en fort bon état pour donner toute espèce de récolte pendant deux ou trois ans. Après cette production, en effet, on obtient de très beau froment, moyennant trois ou quatre voitures de fumier pour un arpent. Si le sol est léger, on y sème des carottes, après lesquelles on obtient du lin superbe, en se servant seulement de quatre voitures de produit des latrines, et dans ce lin on met aussi des carottes ou des trèfles, selon que le terrain le supporte le mieux.

*Le Fermier.* — Il me semble, monsieur, que la culture du chanvre va presque de pair avec celle du lin, en faisant pourtant cette différence, que la préparation du terrain pour le chanvre donne plus de peines et nécessite plus de dépenses, et que l'on n'a point la même année une seconde récolte, soit de trêfle, soit de carottes. Cependant je conçois que l'on regarde comme un avantage l'amélioration que donne au sol la culture de cette plante : sans doute, cette amélioration est due en partie aux feuilles du chanvre qui tombent sur le sol, et par lesquelles sont étouffées les mauvaises herbes.

Veuillez parler maintenant des travaux relatifs au

### *Tabac.*

*Le Propriétaire.* — En Flandre, beaucoup de cultivateurs plantent du tabac dans leur jardin ou sur une petite portion de terrain, près de leur maison, mais seulement la quantité nécessaire pour leur propre consommation.

Il n'y a que deux cantons où le tabac se cultive en

grand et s'exploite comme objet de commerce, savoir: dans les environs de la ville de Grammont (Flandre orientale), et autour de Menin, de Geluwe, de Commines et de Wervick (Flandre occidentale), le long de la Lys.

On a, dans ce dernier canton, la meilleure espèce de terres grasses, moins compactes et moins fortes que près de Grammont.

Le tabac exige beaucoup de travail, de fumier et de frais. C'est surtout dans les environs de Wervick qu'il est supérieurement cultivé : aussi, dans le commerce, on regarde celui-ci comme le meilleur, et on le désigne sous le nom de tabac de Wervick. Je choisirai en conséquence, pour traiter cette culture, la méthode usitée en ce canton.

Je commence par la

### Préparation du sol.

On ne s'attache pas de préférence à planter le tabac plutôt après une espèce de production qu'après une autre ; cependant cela se fait d'ordinaire dans le chaume du blé.

Aussitôt qu'on a enlevé, avant l'hiver, les productions du sol destiné à la culture du tabac, on laboure légèrement le chaume et on laisse le champ dans cet état jusqu'en octobre ou novembre : alors on y répand un engrais mêlé, composé de fumier de vache et de cheval, à raison de vingt-cinq à trente voitures pour 45 ares, et on enterre ce fumier à la charrue, à la profondeur de 6 à 7 pouces, afin qu'il se consomme pendant l'hiver. Quelques uns n'enterrent leur fumier qu'après l'hiver ou en mars : alors il faut nécessairement que ce soit de l'engrais coupé très menu et bien consommé.

Plus la terre est forte, plus on emploie de fumier et mieux le tabac réussit.

Après l'hiver, à l'approche de la belle saison, il faut labourer de nouveau le sol à 6 ou 7 pouces de profondeur, pour le diviser davantage et le mêler plus parfaitement avec le fumier. Cinq à six semaines plus tard, nouveau labour, mais seulement à 4 pouces : après quoi, on répand sur le terrain de quinze cents à deux mille tourteaux de navette réduits en poudre; on les enterre à la herse et on donne encore un labour de 3 à 4 pouces.

Dans les bonnes terres légères, un peu sablonneuses, où quelques personnes cultivent également du tabac, il faut être un peu plus économe de fumier de cheval et de vache, parce qu'une trop grande quantité de cet engrais hâte quelquefois trop la maturité du tabac pendant les étés très chauds et secs. Mais, dans aucun cas et pour quelque espèce de terrain que ce soit, on ne saurait employer trop d'engrais de tourteaux. En conséquence, vers la mi-mai, on prend de nouveau quinze cents à deux mille tourteaux de navette, et on les fait fondre dans l'eau et dans l'urine de vache ( mais nullement dans l'urine de cheval); on s'en sert pour arroser le sol, qu'on fait labourer de nouveau à 3 ou 4 pouces de profondeur.

On emploie donc en tout de trois à quatre mille tourteaux de navette pour 45 ares. Mais puisque les uns en prennent une plus grande quantité que les autres, j'établirai ici le calcul à trois mille cinq cents tourteaux, chacun du poids de 2 livres et demie à peu près (108 gr.). Les cent tourteaux coûtent environ 15 fr., donc pour trois mille cinq cents tourteaux, 525 fr.; ajoutez-y 175 fr. pour la valeur du fumier mêlé: total, 700 fr. de frais pour l'engrais de 45 ares de tabac. Ceci paraît cher; cependant, il faut que je le répète, on ne peut mettre trop d'engrais de tourteaux, surtout dans les terres fortes, puisque ce sont les tourteaux qui donnent le poids au tabac ; on emploie aussi en partie les tourteaux de cameline. Je répète qu'on ne doit jamais employer l'urine de cheval pour arroser le sol, attendu qu'elle fait contracter au tabac un goût détestable; mais ceux qui peuvent employer du fumier de cochon ou de mouton récolteront du tabac du meilleur goût.

Les vidanges de latrines sont aussi d'un bon effet : ceux qui ont l'occasion de s'en approvisionner les emploient de la manière suivante.

Trois semaines avant les semailles, ils répandent deux mille tourteaux en poudre et ils les arrosent de 150 hectolitres de produits des latrines, pour 45 ares; ils enterrent le tout à la charrue, jusqu'à 3 ou 4 pouces de profondeur : trois jours avant de planter, ils labourent encore une fois, et passent la herse afin de diviser le sol.

Avant de parler de la manière de planter il faut que j'explique le

### Semis des Plantes de Tabac.

On choisit un bon terrain, dans une exposition chaude, derrière une maison ou une grange, ou dans un potager entouré de haies.

On bêche le sol, on le rompt à plusieurs reprises, aussi long-temps que cela peut être en quelque sorte nécessaire, et on lui donne un quart de plus d'engrais, soit de vidanges de latrines, soit d'urine de vache avec des tourteaux, qu'au sol destiné à la plantation du tabac.

La saison de semer le tabac est le mois de mars, plus

ou moins avancé, en raison de la température plus ou moins favorable. La quantité d'un huitième de litre, semée sur 25 à 30 verges de terre ( $3 \frac{3}{4}$ à $5 \frac{1}{2}$ centiares), suffit pour planter 45 ares.

Si le temps fait craindre quelque gelée au moment où les plantes sortent de terre, on a soin de les couvrir de branches, ou bien on les entoure de haies ou cloisons en paille. On les tient bien nettes de toute mauvaise herbe; et, si elles sont trop épaisses, on les éclaircit à une distance convenable.

Les plançons restent ainsi jusqu'au mois de juin, époque où il faut

Planter le Tabac.

Deux ou trois jours avant que l'on commence la plantation, le sol reçoit son dernier labour et on l'aplanit à la herse : plus elle y repasse et mieux il vaut, puisque le tabac demande un terrain bien rompu et divisé.

Si le sol est très sec au moment où l'on commence à planter, on y fait passer le rouleau; enfin on apporte les plantes nécessaires; on fait, au moyen d'un bâton, un trou d'un pouce de diamètre ou de telle dimension que le requiert le corps du plançon; on y dépose les jeunes plants jusqu'au premier nœud des feuilles, et on a soin de bien refouler la terre sous la plante.

Si la plantation peut se faire par un temps nébuleux ou humide, ou qu'une pluie douce survienne après l'opération, cela sera très avantageux aux plantes.

Le temps est-il très sec, on tâche de mettre quelques feuilles autour des plantes, ou bien du foin, de la paille mouillée, ou de la mousse, et, au besoin, on y répand un peu d'eau, jusqu'à ce que les plantes commencent à reprendre.

On prend de préférence dans le plant ce qu'il y a de plus fort parmi les tiges : ce sont ordinairement celles qui ont trois ou quatre feuilles.

Les plantes sont alignées de manière à se trouver à 14 pouces de distance les unes des autres; mais l'intervalle entre ces rangées est alternativement d'un pied et demi et de 2 pieds de distance. Ce dernier espace de 2 pieds sert de sentier de passage à l'ouvrier qui est obligé d'aller examiner continuellement les plantes.

Quelques personnes croient que le tabac est planté un peu dru de cette manière, d'autres pensent différemment et disent que les plantes de tabac s'étendent peu dans le sol et qu'en conséquence elles ne sont pas dans le cas de pomper le suc nourricier des plantes voisines; on ajoute que si les feuilles se croisent en quelque façon d'une rangée à l'autre, elles produisent le bon effet d'ombrager la surface du sol et d'empêcher ainsi que l'ardeur du soleil ne fasse évaporer l'humidité et le suc nécessaires à la nourriture des plantes.

Quinze à vingt jours après la plantation, on donne un léger labour au sol, par le moyen du hoyau : cela sert à dompter l'ivraie. On répand alors autour de chaque plante une petite quantité de tourteaux de navette fondus dans l'eau. Mais, quand toutes les opérations précédentes ont été bien faites, on n'a pas grand besoin de cet arrosage.

Un peu plus tard, les plançons ayant poussé à un pied au dessus du sol, on extirpe de nouveau les mauvaises herbes; on apporte une petite quantité de terre autour des plantes, qui se trouvent par là butées de 1 à 2 pouces dans le contour. Cette opération est suivie d'une autre, savoir le

### Pincement du Tabac.

Dès que les plantes sont venues au point qu'on y remarque dix à douze feuilles et que l'on commence à voir la couronne ou le bouton, il faut supprimer cette couronne avec les doigts : c'est ce qu'on nomme pincer ou étêter le tabac. L'opération doit avoir lieu de neuf heures du matin à midi, attendu qu'alors la plante est plus ouverte, et que l'ouvrage peut se faire avec plus d'exactitude. Il est essentiel que le pincement se fasse dans le temps convenable ; car si on différait trop long-temps, la plante s'éleverait trop vite, et les feuilles se trouveraient séparées à de trop grandes distances.

Vers ce temps, quand la végétation de la plante est en pleine activité, on voit naître continuellement des pousses latérales. C'est une chose à laquelle il faut bien prendre garde, afin que ces jets ou bourgeons de côté soient pincés tous les cinq à six jours, aussi long-temps qu'ils paraissent.

Quand les feuilles de tabac sont devenues assez larges pour ombrager le sol, il devient inutile de s'occuper de toute espèce de sarclage; et on attend ainsi le temps de la

### Récolte du Tabac.

Cette récolte a lieu vers la mi-septembre, à l'époque où les feuilles du tabac jaunissent, qu'elles se rident et que leurs pointes s'inclinent vers la terre : on reconnaît à ces signes que le tabac est mûr et qu'il est temps de le récolter. On fait choix d'une belle journée ; et quand le soleil a dissipé les vapeurs du matin, on arrache toutes les feuilles près de la tige, ou bien on coupe la plante entière jusque près du sol, et on la laisse quelques heures par terre, afin que les feuilles aient le temps de s'amollir et de se faner en quelque sorte. Deux heures après le coucher du soleil, le tout est mis dans la grange, les feuilles sont enfilées à des ficelles, et on les suspend à la saillie du toit des maisons et des écuries, toujours du côté du midi ou de l'est; d'autres les suspendent dans les greniers sous des toits de paille, où il y a suffisamment de lucarnes pour laisser circuler l'air; d'autres encore, surtout ceux qui ont beaucoup de tabac à faire sécher, pratiquent, du côté méridional de la grange ou des étables, un séchoir posé sur quatre bons pivots, et ils y suspendent le tabac à des perches; quand il y a des pluies violentes ou des vents un peu forts, ils serrent les perches les unes contre les autres, ils lient ensemble les feuilles de tabac par dessous, et leur séchoir est recouvert de paille aussi long-temps que durent les pluies ou les grands vents.

Maintenant il me reste à dire quelque chose concernant la

### Conservation du Tabac.

La plante étant duement séchée, on attache ensemble soixante à soixante-dix feuilles: c'est ce qu'on appelle des *manoques*. On les étend sur un grenier, et on les retourne une fois en huit ou dix jours, jusqu'à l'époque des grandes gelées : c'est ainsi qu'on prévient l'échauffement et la moisissure. Après cela, toutes ces manoques sont mises les unes sur les autres, en tas, de la hauteur et de la largeur de 2 à 3 pieds : il faut avoir soin, alors, de passer la main tous les jours dans les feuilles de tabac, pour s'assurer si elles ne sont pas en danger de s'échauffer; dans ce cas, il faudrait les ouvrir et les étendre à l'instant, sans quoi tout le tabac pourrait être gâté en un jour.

Enfin, quand il ne faut plus craindre d'échauffement, on recouvre le tabac d'une toile, et on y pose quelque poids : il acquiert par là une meilleure qualité, et il pèse davantage.

### Valeur et produit du Tabac.

Le produit et la valeur de cette plante sont sujets aux plus grandes variations, soit à raison de la qualité de la denrée, soit par une infinité d'autres circonstances qu'il est impossible de prévoir.

Une saison plus ou moins favorable, et surtout la quantité d'engrais et le travail employés à cette culture, peuvent donner, sur les 45 ares, de 2,800 à 3,800 livres de tabac (1,200 à 1,650 kilogr.), et même jusqu'à 4,000 livres (1,730 kilogr.). Afin d'établir un compte moyen, année commune, je ne prendrai ici que 3,300 livres (1,430 kilogr.). Le prix varie aussi à un point inconcevable, et même jusqu'à présenter une différence de près de moitié, d'une année à l'autre. Cependant on croit pouvoir prendre pour terme moyen 40 fr. les 100 livres (43 kilogr.) de la meilleure qualité : il faut remarquer ici que dans les 3,300 livres ou 1,430 kilogr. de tabac qui forment le produit des 45 ares, sont comprises trois classes très distinctes, qu'il faut diviser ainsi :

| | | | | | |
|---|---|---|---|---|---|
| 1°. Grandes feuilles. . | 997 k., | ou 2,300 ℔, | à 40 f. le 100. | 920 f. | » c. |
| 2°. Deuxième classe. . | 325 | 750 | 30 | 225 | » |
| 3°. Troisième classe, composée des feuilles qui poussent le plus près de la surface du sol........ | 108 | 250 | 15 | 37 | 50 |
| | 1,430 k., | ou 3,300 ℔ | | 1,182 f. | 50 c. |

| | |
|---|---|
| Les dépenses d'engrais que j'ai détaillées sont. . . . . . . . . . . . . . . . | 700 f. » c. |
| Soit pour fermages et contributions. | 42 » |
| | 742 » |
| Lesquels déduits du produit. . . . . | 1,182 50 |
| Laissent un bénéfice de. . . . . . . | 440 f. 50 c. |

pour produit net de 45 ares de tabac, c'est à dire pour indemnité du travail consacré à cette plante, pour déboursés et pour les risques des pertes que la non-réussite aurait pu causer.

Les soins et les travaux que demande un arpent de tabac sont un objet considérable, mais qu'il est difficile d'apprécier au juste : on en charge, pour la plus grande partie, les femmes et les enfans. Bien des petits cultivateurs qui ont une famille nombreuse s'arrangent avec les grands fermiers et entreprennent toute la main-d'œuvre nécessaire à la culture du tabac, moyennant le quart ou le cinquième du prix de vente que produit le tabac soigné par eux.

Sur ce pied, si l'on fait le compte exact du produit net d'un arpent de 45 ares planté de tabac, d'après un produit brut de. . . . . . . . . . . . 1,182 f. 50 c.

| | | |
|---|---|---|
| On trouve pour un cinquième de cette somme en indemnité du travail. . . . . . . . . . . . . | 236 f. 50 c. | 978 f. 50 c. |
| Qu'on y ajoute le fumier, le fermage et les contributions.. . . . . . . . . . . . | 742 » | |
| Il ne reste plus au fermier, produit net, que.. . . . . . . . . . . . . . . | | 204 f. » c. |

Et c'est tout ce qu'il a pour avoir fait les avances de deniers, pour indemnité de ses soins et de ses travaux personnels et pour avoir couru les risques de l'opération.

Sans doute ce produit serait peu satisfaisant pour le cultivateur, si son bénéfice était absolument borné à cela; mais il peut compter sur l'arrière-engrais qui reste dans le sol après le fumier employé pour le tabac : et certes cet avantage n'est pas peu considérable, puisque la première année après le tabac, il plante du colza, et la deuxième année du froment, sans employer de fumier.

Avant de terminer ce qui concerne le tabac, il faut que je vous dise un mot de la manière de récolter la

### *Semence du Tabac.*

On conserve quelques uns des plus beaux pieds de tabac sur le sol où cette plante a été semée; on les laisse à une grande distance les uns des autres. On enlève, dans les intervalles, toutes les mauvaises herbes, et on laisse croître en toute liberté ces pieds de tabac réservés, sans les dépouiller d'aucune feuille, attendu qu'en les effeuillant on nuirait à la plante et à la graine qu'elle doit produire.

Au mois de septembre, la plante sera parvenue au terme de sa croissance et la graine aura toute sa maturité. Alors on coupe les capsules, on les sèche au soleil et on les conserve jusqu'au moment où il faut employer la graine. Chaque pied de belle venue donnera communément près d'une once de semence (3 grammes).

Plusieurs cultivateurs changent la semence tous les deux ou trois ans, et ils vont chercher la nouvelle graine à deux ou trois lieues. S'ils prenaient la peine de la tirer d'Amérique, de trois ans en trois ans, je crois qu'ils y trouveraient mieux leur compte. On voit en effet que les productions de toute espèce, provenues de semences tirées de leur climat primitif, réussissent constamment mieux les premières années que les années suivantes.

Voilà tout ce que j'avais à dire sur le tabac, le chanvre et le houblon.

*Le Fermier.*— Je vous remercie, monsieur : vous avez rempli votre promesse. Vos renseignemens sur le houblon, le chanvre et le tabac sont très détaillés; je conçois que les prix de ces diverses productions sont les prix communs de 1809 jusqu'en 1819.

Mais, pourquoi avons-nous passé la garance? On dit que c'est une plante dont la culture paraît avantageuse, et que l'on commence à s'en occuper dans les environs de Gand.

*Le Propriétaire.*—Nous avons passé la garance (page 110), parce que dans les Pays-Bas cette plante est surtout cultivée par les habitans des *polders* de la province de Zélande, et que nous parlons exclusivement ici des plantes qui se cultivent en Flandre (1). La garance n'est pas connue dans l'agriculture flamande: c'est une racine dont la principale propriété est de teindre en rouge.

Au XIII^e. siècle, la culture de la garance était plus répandue dans les Pays-Bas que dans tout le reste de

---

(1) La *Flandre* proprement dite se compose des deux anciens départemens de l'Escaut et de la Lys, qui ont repris le nom de *Flandre orientale et occidentale*. C'est sous le nom de *département des Bouches-de-l'Escaut* qu'on avait réuni à la France la province actuelle de Zélande, où se trouvent les villes de Middelbourg et Flessingue. T.

l'Europe : cela tenait aux nombreuses teintureries qui existaient alors pour les fabriques des laines et des toiles, connues presque uniquement dans les Pays-Bas à cette époque.

Les habitans des Pays-Bas sont les premiers, parmi les peuples en deçà des Alpes, qui aient pratiqué l'art de tisser les toiles, de fabriquer les draps, et l'art du teinturier : on trouve même des annotations qui prouvent que, dès l'année 1182, la garance était déjà cultivée en Flandre (1).

Cette plante est encore aujourd'hui d'un grand usage en Flandre, pour teindre diverses étoffes.

Un amateur de Gand vient d'essayer à Tronchiennes (2) la culture de la garance, il en a fait planter quelques arpens au mois d'avril : son zèle est louable, et la plante réussit bien. Il faut espérer que l'entreprise aura un bon résultat : mais, comme la plante a besoin de deux années et quelquefois de trois pour arriver à son entière croissance, reste à savoir si le produit net balancera le produit des diverses récoltes que peut nous donner notre agriculture pendant ces deux ou trois années. C'est là ce dont je doute ; si la garance ne présente pas un produit égal, cette culture n'aura point de partisans parmi nous.

Nous finirons ici notre cinquième conférence et nous passerons à notre sixième et dernier entretien.

---

(1) Voyez le mémoire de M. Verhoeven, couronné par l'Académie des Sciences de Bruxelles en 1777. A.

(2) Ce village, nommé en flamand *Drongen*, est à une lieue de Gand. M. Verplancken, negociant-manufacturier, y essaie la culture de la garance dans les environs de la fabrique qu'il a érigée. T.

# DIALOGUE VI.

LES ARBRES DE HAUTE-FUTAIE AUTOUR DES TERRES LABOURABLES. — FORMATION DES VERGERS ET LEUR UTILITÉ. — L'*OROBANCHE* (1) DANS LES TRÈFLES ET LA *CARIE* DANS LE FROMENT.— LA GRANDE ET LA PETITE CULTURE.— LES PETITS CULTIVATEURS, LES FILEUSES ET LES TISSERANDS.— L'EXPORTATION DU LIN.

---

*Le Propriétaire.* — Passons à notre dernière conférence, dans l'espoir qu'en la terminant nous aurons rempli, autant que le permettaient nos faibles moyens, l'objet que nous nous étions proposé.

Je n'ai point parlé des usages suivis par les habitans de la Flandre pour la manière de planter et d'émonder les arbres, de former et d'améliorer les bois, parce que ces choses n'appartiennent pas proprement à l'agriculture, qui est l'unique sujet de nos conférences; je crois cependant nécessaire, dans la première partie de notre sixième entretien, de raisonner un peu sur l'usage d'entourer d'arbres les terres labourables, ainsi que sur la manière de disposer les vergers et sur leur utilité.

*Le Fermier.* — En vérité, monsieur, vous ne pouviez pas me proposer un sujet de conversation qui me fût plus agréable, à moi, ainsi qu'à tous les cultivateurs.

(1) Cette plante, qui porte divers noms en Flandre, est l'*Orobanche major*, de Linné. A.

L'usage de planter des arbres autour des bonnes terres labourables nous tient fort à cœur, et c'est pour nous un motif de plaintes amères et fréquentes.

Il est de fait que dans plusieurs cantons de la Flandre les terres labourables sont, pour la plupart, divisées en petits champs de 1, 2 ou 3 arpens (45, 90 ou 115 ares), entourés de fossés le long desquels sont plantées une ou deux rangées de bois taillis, et où se trouve, à chaque distance de 16 à 20 pieds, un peuplier blanc, un tremble, un peuplier noir ou bien un chêne; vient ensuite une bordure de gazon de 10 à 12 pieds de large, et le surplus du sol est cultivé en terre labourable. De cette façon, les fossés indiquent les limites et facilitent l'écoulement des eaux; le bois taillis sert à la consemmation du cultivateur, et l'herbe nourrit son bétail. Les animaux y paissent, sous la garde d'un petit vacher, qui, au moyen d'une corde, retient, à lui seul, trois vaches pour les empêcher de se jeter dans les plantes cultivées. Les arbres plantés autour de ces terres ne croissent qu'au profit du propriétaire et au détriment du fermier; il est évident que la tête de ces arbres prive des bienfaits du soleil et de l'air le sol et les plantes qui s'y trouvent, et que les racines vont puiser leur substance dans le champ bien fumé du fermier.

*Le Propriétaire.* — J'avoue que les plaintes des cultivateurs, au sujet des arbres plantés à l'entour des terres labourables, ne sont pas dénuées de fondement; d'autant plus que je sais que plusieurs propriétaires abusent en quelque sorte de cette manière de planter. Il y a cependant une grande différence dans les arbres dont on entoure les terres labourables: les peupliers blancs et les trembles causent le plus de dommage; les saules en font le moins. Si l'on se bornait à planter ces derniers à une distance de 20 à 25 pieds (6 à 7 mètres et demi), je crois que les plaintes deviendraient fort rares. La tête des saules, étant peu considérable, ne jette pas beaucoup d'ombre sur le sol; les feuilles qui tombent sont d'une nature douce et grasse, elles donnent même de la substance à la terre; les racines sont menues et ne s'étendent pas au loin; au moyen de la charrue, on peut chaque année les rogner de manière qu'elles n'épuisent pas le terrain. Il est étonnant que cette espèce d'arbres ne soit pas plantée de préférence dans quelques cantons, d'autant plus qu'elle est fort avantageuse. En vingt-cinq ou vingt-huit ans, les saules atteignent leur croissance, et se vendent fort cher aux charrons et aux sabotiers.

Chose singulière! dans le pays de Waes, où l'on prétend que tout est disposé pour le mieux, on voit cependant, bien plus que dans toute autre partie de la Flandre, planter autour des champs cultivés ces peupliers tant maudits par nos fermiers, et l'on y entend bien moins de plaintes qu'ailleurs. La raison de ceci doit être l'ancienne habitude, ainsi que la manière particulière de planter en usage dans ce pays, et que je vais vous expliquer.

Le long du fossé de séparation on enlève, au moyen de la bêche, toute la terre autour du champ sur une largeur de 4 pieds, en creusant à 3 pieds de profondeur plus bas que le niveau du sol. La terre qui provient de cette opération est répartie sur la surface; on plante dans ce creux le bois taillis et les arbres : de cette manière les racines peuvent à peine toucher à la partie du sol qui appartient à la couche supérieure; et quand un jour, à la longue, elles y parviennent, on les coupe à la bêche autant que cela est nécessaire. Pour concevoir bien cette manière de planter, voyez la *Pl.* XVI, n°. I; les lettres

A, B, C, D renferment le carré d'un champ labourable; l'espace tout autour figure la partie de terre creusée où l'on plante les arbres aux endroits marqués O; à l'entour, on a indiqué les fossés de séparation des portions de terrain adjacentes.

La figure n°. II représente la section de la surface du terrain n°. I, des arbres plantés à l'entour, et des fossés circonvoisins. Ce qui est marqué des chiffres 1, 2, 3 et 4 représente la surface du sol; les chiffres 5, 6, 7 et 8 montrent la longueur et la profondeur du terrain creusé, sur lequel sont indiqués les arbres plantés le long des fossés respectifs 9 et 10. Je ne doute pas que vous ne compreniez suffisamment cette méthode de planter.

*Le Fermier.*— Je conçois fort bien votre manière de planter, et je conçois aussi que les précautions indiquées offrent quelque avantage; mais je vois qu'elles demandent beaucoup de travail, et qu'il serait toujours mieux de ne pas planter du tout. Les cultivateurs de ce pays le pensent également; ils supportent ce mal, parce que c'est un usage général, et que les arbres sont là d'une plus grande valeur qu'ailleurs. Mais, monsieur, on m'assurait dernièrement que des savans ont beaucoup écrit sur la manière d'entourer d'arbres les terres labourables, et qu'ils ont démontré les avantages qu'en retirent les terres. Ceci me semble étrange : ne connaissez-vous pas les motifs de leur opinion?

*Le Propriétaire.* —Oui, je sais qu'en 1774 l'Académie des sciences de Bruxelles a couronné un mémoire où l'on vantait beaucoup la méthode de planter des arbres à l'entour des terres labourables, et où l'on disait que les terres plantées de cette manière sont plus fertiles que les terres non plantées d'arbres, parce qu'elles souffrent moins en hiver des vents âpres et des fortes gelées, et qu'en été elles sont moins desséchées par l'ardeur du soleil; qu'ainsi ces terres jouissent d'une température plus modérée. On trouve dans le même mémoire plusieurs autres raisonnemens qui peuvent avoir quelque chose de vrai pour certaines contrées et pour certaines terres, mais qui, en général, me semblent trop hasardés et trop abstraits. Il faut avoir égard à la situation et à la nature des terrains. Si le système de l'auteur du mémoire est soutenable, ce ne peut être, ce me semble, que lorsqu'il s'agit de terres maigres, sablonneuses et graveleuses, situées très haut, que le moindre vent réduit en poussière en découvrant jusqu'aux racines des plantes; de ces terres que le moindre froid fait geler, qui en été sont desséchées par le soleil, et ne fournissent aucune substance aux plantes. Je crois que là il peut être de quelque utilité de planter des arbres autour des champs; mais cela ne convient pas autour des terres labourables telles que les n$^{os}$. 1, 4, 5 et 6: car en Flandre elles ont besoin du vent pour sécher, du soleil pour se réchauffer, et d'une circulation libre et ouverte pour laisser jouir les plantes de tous les bienfaits de l'air nécessaire à leur parfaite croissance.

L'expérience prouve continuellement que plus les plantes jouissent d'un air libre, plus leurs fruits sont beaux et abondans. Moi-même j'ai remarqué souvent que les fruits viennent toujours mieux sur les terrains et les champs ouverts et aérés, nommés en flamand *kouter* (plateau), que dans les petits champs environnés d'arbres, et que ces derniers donnent toujours un dixième de blé de moins que les premiers. J'ai remarqué aussi que les plantes venues le long des arbres sont toujours inférieures à celles que l'on cultive dans le milieu du champ: cela se reconnaît surtout au lin, aux pommes de terre et aux navets. J'ai vu néanmoins quelquefois, dans de très bonnes terres, que les plantes situées contre les arbres venaient tout aussi bien que celles qui croissaient au centre; la seule cause en était une plus grande quantité de fumier que le cultivateur avait mise le long des arbres. Ainsi je ne puis partager l'opinion que l'on professe dans le mémoire dont j'ai parlé. Il faut que l'auteur ait eu en vue le sol d'un canton qui nous est inconnu : si dans ce canton les choses se passent ainsi, on n'en peut dire autant pour la Flandre.

*Le Fermier.* — Je vous remercie, monsieur; vous défendez une cause qui touche tous les cultivateurs : ils vous en seront reconnaissans, parce qu'ils auront l'espoir que vous déciderez quelques propriétaires à ne plus entourer d'arbres les terres labourables. Les fermiers préféreront, s'il le faut, payer quelque chose de plus; car, en vérité, les arbres font plus de dommage qu'on ne peut le croire. Comment est-il possible qu'il se trouve des auteurs qui soutiennent le contraire? Il faut qu'ils préfèrent une théorie abstraite à la conviction que donne l'expérience journalière. Passons maintenant, monsieur, à la

*Manière de disposer les Vergers et à leur utilité.*

*Le Propriétaire.* —En Flandre, les vergers sont des propriétés agréables et très productives. Les plus beaux se trouvent dans les environs des grandes villes. On ne voit pas de cultivateur qui n'ait près de son habitation un verger, grand ou petit, d'après l'importance de son exploitation, la situation et la qualité du sol. Les vergers étendus offrent une grande facilité pour l'entretien du gros bétail, qui, dans l'été, y trouve une nourriture salubre : on l'y mène paître le matin de neuf à onze heures, et après midi de quatre à sept. Ces vergers sont plantés de toutes espèces d'arbres à fruit, tels que pommiers, poiriers, cerisiers et merisiers : ces deux derniers se voient davantage à proximité des villes, parce que les fruits y ont un débit plus facile et plus avantageux.

Les merisiers et les cerisiers viennent le mieux dans le sol léger, n°. 1. Les poiriers et les pommiers prospèrent dans le sol n°. 4; ils croissent bien aussi dans le sol n°. 1 ; ils y viennent même plus vite et donnent plus tôt des fruits, parce qu'ils étendent plus facilement leurs racines dans un terrain léger : mais, en revanche, les poiriers et les pommiers grandissent mieux, vivent plus long-temps, donnent des fruits meilleurs et en plus grande abondance dans les terres fortes que dans les terres légères. Les racines des poiriers s'enfoncent plus que celles des pommiers ; on doit donc choisir pour les poiriers un sol qui ait une bonne couche végétale de 3 pieds, et il faut que jusqu'à cette profondeur la terre soit bien brisée par la bêche, sans quoi on n'aura point de beaux arbres.

Quelques amateurs ont soin de planter de noyers la partie occidentale du verger, parce que ces arbres s'élèvent très haut, et offrent ainsi un abri contre les mauvais vents d'ouest, qui souvent font tomber en octobre les pommes et les poires avant qu'elles soient en pleine maturité : je désapprouve cet usage, parce que l'herbe, sous les noyers, est tellement amère, que beaucoup de vaches ne veulent pas y paître.

Le noyer est cependant le plus productif de tous les arbres : quand il a trente ans, il peut donner un hectolitre de noix ; et en vieillissant, il finit par en donner 2 à 3 hectolitres, qui se vendent en Flandre de 5 à 7 f.

l'hectolitre. Quel est l'arbre qui donne un pareil revenu ?

Il y a quelques années, j'ai vu planter, dans les environs de Gand, un verger d'environ 3 bonniers (4 hectares), entouré d'un fossé de 25 pieds, et de belles avenues où s'élèvent des arbres de haute-futaie, qui le garantissent de la violence du vent. Ce verger me semble mériter l'attention des amateurs. Il est planté de cent cinquante poiriers, six cent cinquante pommiers, quatre cents cerisiers et merisiers, ensemble douze cents pieds d'arbres.

Sans doute, vous aussi, vous avez vu ce verger : qu'en pensez-vous ?

*Le Fermier.* — Oui, monsieur, je l'ai vu et je m'y suis promené plus d'une fois avec plaisir : le propriétaire m'a raconté, avec beaucoup de détail, tout ce qu'il a fait pour le planter et il m'a indiqué les mesures dont il s'est trouvé le mieux. Je vous ferai part de tous ces détails, car ils méritent d'être connus. Écoutez, monsieur, et figurez-vous que le propriétaire lui-même vous parle.

« D'abord, dit-il, le terrain que j'ai pris pour mon
» verger doit être considéré comme étant d'une qua-
» lité entre les n$^{os}$. 4 et 5 : c'est donc un sol plutôt fort
» que léger. Il avait été employé autrefois comme terre
» labourable : je le fis bêcher dans les rangées où de-
» vaient se planter les arbres, sur une largeur de
» 7 pieds, et à la profondeur d'environ 3 pieds. En
» quelques endroits, je trouvai souvent trois espèces de
» terres, savoir : une terre grasse légère, n°. 4 ; une
» forte terre glaise, n°. 5 ; et du sablon, n°. 2. Quelque-
» fois je trouvai aussi un mélange de terre glaise, de
» marne et de sable : mon terrain n'était donc pas des
» meilleurs pour établir un bon verger ; cependant, à

» force de soins, de patience et de travail, je suis par-
» venu à mon but.

» En travaillant le sol à la bêche, on porta dans le
» fond la terre de la couche supérieure, qui était la
» meilleure, et la terre du fond vint à la surface;
» mais, pendant ce travail, je remarquai 1°. que de cette
» manière la bonne terre était un peu trop éloignée de
» la surface pour les pommiers, les merisiers et ceri-
» siers, dont les racines s'enfoncent médiocrement;
» 2°. que la terre était bien rompue, mais que cepen-
» dant chaque pelletée de terre, bonne ou mauvaise,
» restait en son entier. Je pensai qu'aussitôt que les
» racines parviendraient à la mauvaise terre, qui sou-
» vent se trouvait à la seconde couche, dès lors elles
» cesseraient de pousser, et que par conséquent les ar-
» bres cesseraient de se développer. Je fis alors travailler
» autrement une partie du terrain, aux endroits où il
» était le plus mauvais. A chaque place destinée à un
» arbre, je fis creuser une fosse de 8 pieds dans l'ou-
» verture carrée, et de 3 pieds de profondeur; chaque
» pelletée de terre différente, provenant de cette fosse,
» fut jetée à la surface du sol en trois tas distincts: ceci
» fut fait en février: je laissai le terrain pendant trois
» à quatre semaines, afin que l'air pût mieux le péné-
» trer, le dessécher et le réchauffer; ensuite, quand le
» temps devint sec et beau, et que je voulus planter mes
» arbres, j'établis à chaque fosse trois ouvriers, un
» homme pour chaque tas: ceux-ci remplirent la fosse
» en jetant, chacun à son tour, une pelletée de terre
» bien rompue et brisée, de manière que les trois es-
» pèces différentes fussent bien mêlées ensemble. Je fis
» planter mes arbres à fruit dans cette terre mélangée,
» à peu de profondeur, chose à laquelle tout bon plan-

» teur doit bien faire attention : je pensai que les trois » espèces de terres étant amalgamées, le terrain serait » moins compacte ; qu'ainsi les racines des arbres se » fraieraient un chemin plus facile et plus libre, et » suivraient les veines de bonne terre qui se trou- » vaient dans le mélange, et que tout cela serait favo- » rable au développement des racines et des arbres. En » effet, la suite a fait voir que cette idée n'était pas » sans fondement ; car les arbres plantés de cette ma- » nière sont de beaucoup les plus forts.

» Ensuite, je plantai quelques arbres greffés depuis » deux ou trois ans, et dont plusieurs avaient déjà » porté des fruits. Je plantai d'autres arbres encore » sauvages ; j'en greffai quelques uns l'année même où » je les avais plantés, d'autres une année plus tard, » d'autres enfin après quatre ou six ans : les arbres » greffés les premiers ont été aussi les premiers à porter » des fruits ; mais les arbres qu'on a greffés les der- » niers sont devenus bien supérieurs en force et en » beauté. Il est démontré que les arbres à fruit non » greffés croissent beaucoup plus et infiniment mieux » que lorsqu'ils sont greffés ; il est donc avantageux de » planter des arbres à fruit encore sauvages, et de ne » les greffer que lorsqu'ils ont pris de la croissance » pendant quelques années, et qu'ils sont parvenus à » une épaisseur raisonnable. Si même on les laissait » croître jusqu'à ce qu'on pût greffer leurs branches » latérales, cela vaudrait encore mieux : on retarderait » bien de quelques années la récolte des fruits ; mais » cette perte se compenserait bientôt au double par » l'acquisition d'un arbre meilleur et plus robuste, en » état de produire le double de fruits.

» Lorsque tous mes arbres se trouvèrent ainsi plan-

» tés depuis quelques années, je m'aperçus que plu-
» sieurs ne montraient pas de progrès dans leur crois-
» sance; que les troncs, couverts d'une écorce rabo-
» teuse et chargée de mousse, menaçaient de périr.
» Bien des personnes me dirent que cette mousse em-
» pêchait les arbres de croître; qu'il fallait y pourvoir
» et la détruire en faisant laver et frotter le tronc de
» l'arbre avec de la chaux fondue dans de l'eau. Je
» n'en fis rien: j'avais déjà reconnu que ce remède
» n'était bon que pendant deux ou trois années. Je
» m'attachai alors à connaître les causes de la forma-
» tion de la mousse et à les prévenir.

» La mousse est une production végétale qui vit sur
» les autres plantes, et dont la semence répandue dans
» l'air par le vent s'attache et se fixe de préférence
» aux arbres qui, ne croissant pas bien, soit par ma-
» ladie, soit par toute autre cause, ont une écorce rude
» et crevassée. Je supposai donc que la mousse n'était
» pas ce qui rendait l'arbre malade; mais bien que l'état
» de souffrance ou de maladie de l'arbre était ce qui
» donnait à la semence de la mousse l'occasion de s'at-
» tacher à l'arbre et de s'y développer. Dans cette per-
» suasion, je fis raccourcir les branches des arbres cou-
» verts de mousse; je fis enlever jusqu'auprès de la
» racine des arbres la terre qui entourait le tronc, et
» je la remplaçai par de bonne terre mêlée à du fumier
» bien consommé : cette substance donna de nouvelles
» forces aux racines, et rétablit l'arbre malade, dont la
» tige, prenant plus de force et de croissance, perdit sa
» rudesse et se couvrit d'une écorce unie, qui fit tomber
» la mousse, sans qu'il en vînt de nouvelle. Cependant,
» parmi mes arbres couverts de mousse il s'en trouva
» dont le tronc présentait des taches de maladie ou qui

» avaient des défauts à l'intérieur: ces arbres-là n'é-
» taient pas susceptibles de guérison; je les fis donc
» arracher et je les remplaçai par d'autres, afin de ne
» point perdre mon temps et mes peines.

» Je remarquai aussi que certains arbres, après avoir
» fort bien poussé pendant long-temps et après avoir
» produit de bonnes branches, formaient tout à coup
» des scions contournés, dont la pointe se roulait et qui
» ne paraissaient plus faire de progrès, ou qui du moins
» en faisaient bien peu; tandis qu'à côté des pointes
» contournées ou roulées des anciens scions rabou-
» gris on voyait pousser des branches nouvelles. J'exa-
» minai les pointes de ces rejetons rabougris, et je
» reconnus que quelques uns étaient attaqués par
» la gelée, d'autres par une grande sécheresse, d'au-
» tres encore par les chenilles ou par le mauvais
» air; que ces parties si délicates étant affectées ainsi,
» la transpiration de l'arbre devenait impossible, de
» même que l'infiltration de l'air, si nécessaire à toute
» plante. Pour guérir mes arbres, je fis donc raccourcir
» les branches au mois de mars, et je fis donner à la
» racine deux bons arrosemens d'urine de vache ou
» de tourteaux de navets. Dans l'année même, l'arbre
» malade poussait tant de nouveaux rejetons bien sains,
» que souvent je me voyais forcé, l'année suivante, d'en
» élaguer plus de la moitié, afin d'obtenir un arbre
» d'une forme agréable; et peu d'années après, il ne le
» cédait en rien aux autres.

» J'ai vu aussi des arbres dont l'écorce paraît na-
» turellement trop dure et empêche ainsi le tronc
» de prendre de l'épaisseur. Je fais donner à ces arbres
» une incision de trois côtés, de haut en bas, en passant
» le couteau dans l'écorce, et en moins de deux ans

» elle se développe davantage et devient moins dure : » l'arbre ne tarde pas à prendre de la croissance.

» Quand on veut planter un verger, le choix des » jeunes arbres est une chose très importante. Les poi- » riers et les pommiers qui réussissent le mieux sont » les sauvageons venus des pepins de grosses et fortes » pommes ou poires ; ceux que l'on se procure de re- » jetons des mêmes espèces mis en terre sont très mau- » vais. Quoique beaucoup de personnes vantent ces » élèves, j'ai observé que les racines des arbres venus » ainsi poussent ordinairement de nouveaux rejetons » autour du tronc et y forment des tiges nouvelles, ce » qui empêche les racines de porter leur force et leur » substance à la tige-mère, et nuit ainsi à la croissance » de l'arbre.

» J'ai encore observé que les cerises et les guignes » greffées sur des merisiers rouges ou blancs ont un » meilleur goût ; ces arbres deviennent plus forts et » durent plus long-temps que lorsque les cerises sont » greffées sur des merisiers noirs ; mais cette dernière » espèce donne du fruit plus promptement et en plus » grande quantité : voilà pourquoi plusieurs personnes » pressées de jouir plantent de préférence les tiges » noires, qui sont en plein rapport dès la seconde ou » troisième année.

» On entend par merisiers rouges ou blancs les arbres » qui donnent la cerise sauvage à fruit doux et qui pro- » viennent de noyaux de la guigne aqueuse et sucrée, » nommée en Flandre *cerise à vin :* ces arbres crois- » sent mieux, leur écorce est plus blanche et plus unie » que celle des tiges noires qui proviennent des noyaux » de merises ou de cerises noires sauvages, plus petites » et moins sucrées que les autres.

» Il faut, en général, faire la plus grande attention
» à se procurer des plants sains et beaux, quels que
» soient les arbres que l'on veut planter; car d'un plant
» rabougri, mauvais ou malade, on ne fera jamais un
» bon arbre.

» Il ne faut pas se hâter en plantant : il faut veiller
» à ce que les racines blessées soient bien coupées; que
» celles qui restent soient étendues et déployées; que
» la terre soit bien entassée, à la main, sous le tronc
» de l'arbre, et qu'elle remplisse les intervalles des
» racines; car s'il reste une cavité sous la tige, les ra-
» cines se moisissent, les vers et les fourmis y établis-
» sent leur demeure, et cela nuit à la croissance de
» l'arbre.

» Les yeux et l'esprit de l'ouvrier doivent être oc-
» cupés avec autant de soin et d'activité que ses mains,
» quand il s'agit de conduire et d'élaguer les jeunes
» arbres fruitiers. Pour donner aux jeunes arbres une
» forme convenable, il doit avoir soin d'élaguer à temps
» les branches mauvaises et superflues, afin qu'elles ne
» se croisent pas et qu'elles ne soient pas plus rappro-
» chées à l'un des côtés de l'arbre qu'à l'autre.

» J'ai cultivé pendant cinq ans le sol de mon verger,
» et il m'a donné plusieurs espèces de récoltes. Le
» labour et les autres travaux agricoles ne peuvent que
» faire du bien aux jeunes arbres fruitiers, quand on
» cultive exclusivement des racines qui ne resserrent
» pas trop le terrain et qui ne poussent pas de tiges trop
» élevées: telle est la culture des pommes de terre, des
» carottes ou des navets; mais il ne faut songer ni
» aux céréales, comme le froment, l'avoine et l'orge,
» ni au colza ou aux féveroles, parce que ces plantes cou-
» vrent trop le sol pendant les meilleurs mois de l'année

» ( du 15 mai au 15 juillet ), et qu'elles empêchent
» ainsi l'air et le soleil d'apporter leurs bienfaits aux
» racines des arbres.

» Après mes cinq années de culture, je fis semer sur
» le terrain divers herbages, pour servir de pâture au
» gros bétail ; mais les arbres étant encore trop jeunes
» pour les exposer au danger d'avoir leurs tiges endom-
» magées par les vaches, qui seraient venues se frotter
» contre l'écorce, je laissai croître l'herbe pour la fau-
» cher et en faire du foin ; ce qui me valut un bénéfice
» double, après défalcation de la valeur de deux cent
» cinquante cuves de cendres hollandaises répandues sur
» le terrain, de deux années l'une ; l'autre année, je me
» contentai de répandre de l'urine de vache pour une
» partie du verger, et un mélange de tourteaux de navette
» délayés dans de l'eau pour l'autre partie, et cela se
» trouva suffisant. Mais comme cette herbe à faucher
» était haute et très serrée, et qu'ainsi la terre à
» l'entour des arbres serait restée dans un état de refroi-
» dissement pendant les deux meilleurs mois de l'année,
» mai et juin, je fis, au pied de chaque arbre, sur une
» largeur de 2 pieds, bêcher les mottes de gazon, et
» j'eus soin que cet espace fût toujours libre d'herbe et
» de toute espèce de plantes, afin que l'air et le soleil
» pussent pénétrer jusqu'aux racines : c'est à ces pré-
» cautions que je dois un beau verger, qui me donne
» autant d'agrément que de profit.

» J'avoue que j'ai souvent entendu dire par des ama-
» teurs que mes arbres sont plantés à trop peu d'inter-
» valle ; mais on ne connaît pas mes motifs : entre deux
» pommiers, j'ai placé un cerisier ; tous ces arbres sont
» à des distances de 17 pieds (5 mètres). Je n'ignore pas
» que cette distance est insuffisante pour élever de grands

» arbres : mais il faut remarquer aussi qu'en général, en » Flandre, les cerisiers ne restent en bon état que pendant vingt-cinq ans ; au contraire, les pommiers ont » besoin de cet espace de temps pour s'élever à un degré de croissance qui exige une distance plus considérable. Ceci m'avait donné l'idée de supprimer les cerisiers aussitôt que la force des pommiers l'exigerait. » Quand cette opération sera faite, les mêmes pommiers » se trouveront à 34 pieds de distance (10 mètres), ce » qui est plus que suffisant pour l'entier et libre développement de très beaux arbres. Sans nuire à la croissance de mes pommiers, j'aurai joui ainsi, pendant » vingt-cinq ans, des fruits des cerisiers, sans compter » le bois de ces arbres. »

*Le Propriétaire.* — Les explications du propriétaire de ce verger me font voir que ses travaux sont bien raisonnés ; mais, dites-moi, le verger n'a-t-il pas déjà coûté trop de peines et d'argent, eu égard aux bénéfices ?

*Le Fermier.* — Pas du tout, monsieur : quoique l'on n'ait épargné ni travail ni dépenses pour établir un beau verger, je puis vous démontrer que ces peines et ces dépenses sont déjà dès à présent richement compensées, et que le résultat doit devenir encore meilleur un peu plus tard. L'herbe qui pousse dans le verger a produit jusqu'à présent, chaque année, un quart de plus que le revenu ordinaire d'un champ de la même étendue et de la même qualité, affermé comme terre labourable ; restent en sus, au propriétaire, la récolte des arbres fruitiers, la valeur du bois et l'agrément que donnent à sa maison de campagne les fleurs et les fruits d'un pareil verger (1).

(1) Les huit à neuf pages qu'on vient de lire et celle qui suit, dans le dialogue, donnent une idée précise des travaux exécutés par l'auteur de cet ouvrage, M. *van Aelbroeck*, et des résultats qu'il a

Je vais calculer à quelle somme montera bientôt le revenu annuel de ce verger. Après vingt-cinq à trente ans, chaque pommier peut donner un sac de pommes; il y a six cent cinquante arbres de cette espèce; les six cent cinquante sacs (697 hectolitres) évalués seulement à 5 francs le sac, font 3,250 francs: mais, pour compter le tout au plus bas, je réduirai cette somme de plus de moitié, et je ne la porterai qu'à 1,600 francs, par la considération qu'il y a toujours des espèces de pommes qui ne réussissent pas, quelques pommiers fleurissant plus tôt que les autres, de sorte que le temps favorable à une espèce est souvent nuisible à une autre. On peut fort bien ajouter à ces 1,600 francs 225 francs pour l'herbe sous les arbres, qui sert de pâturage au gros bétail; ensemble 1,825 francs. Cette somme, encore diminuée de 425 francs pour frais de la cueillette des pommes et du transport au marché, il reste net 1,400 francs par an que le verger rapportera bientôt, sans compter les cent cinquante poiriers et les quatre cents cerisiers : les derniers, comme nous l'avons vu, doivent être supprimés au bout de vingt-cinq ans. Croyez, monsieur, que ce calcul est loin d'être exagéré : plus on ira, plus le bénéfice doit s'accroître; car je puis indiquer des pommiers âgés de vingt-cinq ans, qui, en certaines années, rapportent deux sacs de pommes.

---

obtenus, en établissant un verger de 4 hectares sur une partie de terre appartenant à sa maison de campagne de *Gendbrugge*, village situé à une demi-lieue de Gand, rive droite de l'Escaut, près de la grande route de Bruxelles. Il paraît que le soin de présenter ces détails a été laissé au personnage désigné sous le titre de *Fermier* dans les entretiens, afin d'éviter que le public ne regardât l'autre interlocuteur, nommé le *Propriétaire*, comme représentant toujours l'auteur du livre, dans chaque circonstance où il pouvait y avoir quelque chose d'individuel. T.

*Le Propriétaire.* — Si les vergers sont d'un si bon rapport, pourquoi donc chaque cultivateur ne se donne-t-il pas un grand verger?

*Le Fermier.* — Les cultivateurs planteraient sans doute bien plus de pommiers si cette opération n'exigeait pas tant d'argent comptant, de travail et de soins, et s'ils n'étaient pas obligés d'attendre si long-temps la jouissance des fruits.

Pour établir un verger semblable à celui dont nous venons de parler, on débourse 3,500 francs; l'achat des arbres et la dépense de bêcher, de planter et de greffer ne vont pas à moins. Nous ne sommes pas en état de supporter des frais si considérables, et encore moins d'attendre si long-temps le salaire de notre travail et la rentrée de nos avances. Nous avons besoin de recevoir chaque année la valeur des fruits de notre culture, pour faire face à notre fermage, aux impositions et à d'autres charges indispensables.

Pour en revenir aux fruits, les pommes et les poires sont d'une grande utilité en Flandre; on porte les pommes fines aux marchés des villes pour la table des habitans, celles d'une qualité inférieure servent à la cuisine; on les fait cuire, et de cette manière elles sont utiles, principalement aux pauvres, qui les mangent sur le pain pour épargner le beurre. D'autres espèces servent à faire du vinaigre dans les campagnes; et d'autres encore, en certains cantons, se convertissent en cidre, boisson que bien des personnes préfèrent à la bière.

Si les propriétaires de grandes fermes, en Flandre, connaissaient mieux les avantages des vergers, ils supporteraient eux-mêmes les frais nécessaires: ils en retireraient bientôt un double intérêt en augmentant le fermage, augmentation que le fermier paierait très volontiers; car rien ne lui donne autant d'aisance et de profit qu'un beau verger, même pour le bétail.

Voilà, monsieur, tout ce que je désirais vous dire sur les vergers : à présent je voudrais vous parler de la

*Destruction de l'Orobanche dans le Trèfle.*

Vous rappelez-vous encore, monsieur, que, dans notre cinquième entretien, vous me promîtes de me mettre sur la voie pour parvenir à détruire l'*Orobanche* (1) dans les champs de trèfle? J'espère que vous allez remplir votre promesse.

*Le Propriétaire.* — Oui, sans doute.

L'*Orobanche* est une plante parasite, en ce sens que ses racines s'attachent à celles des autres plantes, au lieu d'être fixées dans la terre : la radicule qui s'y enfonce d'abord, quand la graine lève, se dessèche bientôt, et l'*Orobanche* périrait si elle ne rencontrait pas d'autres plantes, pour y grimper et sucer leur substance : elle vit surtout aux dépens des racines du trèfle, du chanvre et du genêt; toujours plutôt dans les terrains maigres, secs et sablonneux, et plus aussi dans la seconde coupe de trèfle que dans la première. Les terres fortes y sont moins sujettes; le trèfle fort et bien serré étouffe souvent l'orobanche lors de la première coupe, ou il en paralyse les effets : mais cela n'empêche pas que la plante parasite ne revienne à la seconde coupe. Les saisons sèches lui sont les plus favorables. Il paraît qu'elle est indigène, quoiqu'on en eût à peine entendu parler il y a quarante ou cinquante ans. Depuis cette époque, elle s'est toujours multipliée de plus en plus; de sorte qu'elle

---

(1) C'est l'*Orobanche major* et souvent l'*Orobanche vulgaris* de Linné. T.

exerce déjà, en plusieurs cantons de la Flandre, les plus grands ravages dans les champs de trèfle.

Depuis quelques années, on a fait beaucoup de recherches et on a écrit bien des mémoires sur cet objet. Je ne parlerai pas de ce que ces mémoires contiennent de relatif aux dénominations et aux variétés de l'*orobanche*, puisque cela n'appartient qu'à la botanique; mais je rapporterai succinctement tout ce qui a été dit sur la destruction de cette plante, parce qu'il me paraît utile de réfuter la théorie des auteurs et leurs doctrines peu satisfaisantes : les moyens que je hasarderai de proposer pour parvenir au but désiré en seront d'autant plus faciles à comprendre.

Le dernier mémoire écrit sur cette matière est celui que feu M. van Hoorebeke, membre de la Société d'agriculture de Gand, présenta, en 1818, à M. le baron de Keverberg, alors gouverneur de la Flandre orientale (1). On y dit 1°. que, selon M. Bosc (2), l'*orobanche* ne se

(1) M. Charles van Hoorebeke, membre de l'Institut des Pays-Bas, fut un des meilleurs élèves de l'École centrale du département de l'Escaut, qui s'est distinguée surtout par le grand nombre d'hommes de mérite qu'elle a fournis aux sciences physiques et mathématiques. Botaniste zélé, il s'occupa sans relâche de la rédaction d'une *Flore belge*, pour laquelle il avait réuni plus de trois mille plantes spontanées, dans un herbier que possède aujourd'hui la Société d'Agriculture de Gand, sa ville natale. M. van Hoorebeke est mort en 1821 : il était né en 1790. Ses compatriotes lui ont dédié, sous le nom de *Hoorebekia Chiloensis*, une plante originaire des Cordilières du Chili, qui a fleuri pour la première fois en Europe au mois d'août 1816. T.

(2) Voyez un article de M. Bosc, membre de l'Institut de France (né en 1759, mort en 1829), *Encyclopédie méthodique*, Agriculture, T.V, deuxième partie, page 491. — L'auteur désigne plus spécialement l'*Orobanche ramosa* de Linné comme nuisible aux cultures, surtout en Italie, pour les fèves et pour le chanvre; et il pense que c'est la même qui cause de grands dommages dans les trèfles de la Flandre.

M. Bosc a donné des articles un peu plus détaillés, mais également multiplie que par les graines, et que le moyen de la détruire consiste uniquement à l'arracher à la main, avant que la semence ne soit parvenue à sa maturité, pour empêcher ainsi la propagation; 2°. que M. Michelli, du grand-duché de Toscane, ayant vu les agriculteurs de son pays excessivement tourmentés par cette plante, avait écrit une dissertation sur cet objet; que les remèdes indiqués dans l'ouvrage de M. Michelli consistent en six ou sept mesures de précaution que doit prendre un agriculteur pour qu'il ne se trouve aucune graine d'orobanche dans sa maison, dans sa grange, dans ses écuries ou étables, dans sa paille, dans son fumier même, enfin dans aucun endroit dépendant de son exploitation; et si, après tous les soins que prescrit M. Michelli, on voit encore des orobanches dans le trèfle, on n'a qu'à les extirper et à les brûler. M. van Hoorebeke avoue que ces moyens, dont l'emploi pourrait avoir quelque utilité, sont impraticables, à cause des grands frais que nécessiterait l'extirpation de la plante. Je trouve qu'il y avait beaucoup d'autres objections à faire. Il me semble 1°. que toutes ces précautions pour s'assurer qu'il n'y a aucune graine d'orobanche dans l'enclos de l'agriculteur paraîtront tellement impossibles à tout le monde, que ce n'est pas la peine d'en parler; 2°. que l'extirpation des orobanches est également inutile; car je sais que l'expé-

---

incomplets, sur l'*Orobanche* dans le *Nouveau Dictionnaire d'Histoire naturelle*, Paris, Déterville, 1818 (36 vol. in-8°.), T. XXIV, page 152, et dans le *Nouveau Cours d'Agriculture* (dernière édition en 16 vol. in-8°., Paris, Deterville, 1822), T. XI, page 84.

L'*Encyclopédie méthodique*, Botanique, T. IV, page 620, par feu M. Lamarck, membre de l'Institut de France (né en 1745, mort en 1830), contient un article de M. Poiret sur l'*Orobanche*.

Ces divers ouvrages ne donnent aucun renseignement précis et positif sur l'objet des questions traitées ici avec étendue par l'auteur de l'*Agriculture pratique de la Flandre*. T.

rience a démontré à beaucoup d'agriculteurs que l'extirpation de quelques milliers de plantes d'orobanche ne produisait guère d'effet, puisque très peu de jours après il reparaissait beaucoup de plantes semblables : une plante se montre bien plus tôt que l'autre, en proportion du temps que mettent les racines du trèfle à rencontrer dans leur développement la radicule de l'orobanche. Il faut remarquer encore que hors du cercle où peuvent s'étendre les racines actuellement existantes du trèfle, une grande quantité de graines d'orobanche déposées dans le sein de la terre y restent intactes sans gonfler ou lever, puisque, d'après l'opinion des botanistes, la graine d'orobanche reste quelquefois en terre sept à huit ans, et même jusqu'à dix ans. Cette graine, qui n'a pas encore germé, a tout le temps de se développer, pour devenir nuisible par ses progrès une autre année. En outre, combien n'est-il pas facile, dans l'extirpation, de négliger une seule plante, qui seule donne assez de graine pour infecter mille livres de graine de trèfle ! et cette graine de trèfle étant vendue à divers agriculteurs, le mal se propage toujours sans que l'acheteur et le vendeur s'en doutent.

On rapporte aussi les observations faites par quelques agriculteurs aux environs de Gand et ce qu'ils ont expérimenté plus ou moins une année que l'autre, en ce qui concerne les orobanches dans le trèfle; mais ceci ne mérite aucune attention, puisque ces remarques ne sont fondées que sur des rencontres fortuites dont on ne peut pas donner de bonnes raisons. Est-il croyable, en effet, qu'un de ces agriculteurs ose dire qu'il a vu l'orobanche manifester une telle aversion pour les pommes de terre, qu'elle périt dès qu'elle paraît sur le sol, à proximité de ces tubercules ?

Quelques personnes prétendent que les orobanches meurent en automne, aux premières gelées. Il me semble que cela ne peut contribuer en rien à la destruction de l'espèce ; car, quelque prématurées que soient les gelées, la graine est déjà mûre : elle se répand dans le sol, où elle se conserve pendant des années, jusqu'à ce qu'elle se développe et que ses radicules rencontrent les racines nécessaires à sa propagation. D'ailleurs, la destruction de la tige et de la racine par la gelée ne fait rien, puisqu'elles sont également détruites, la seconde année, quand on passe la charrue dans le champ de trèfle, et que l'on n'a jamais vu après cette opération la même plante reparaître encore, l'orobanche, comme on l'a déjà dit, ne se multipliant point par ses racines, mais uniquement par sa graine. L'orobanche gèle en même temps que le trèfle ; mais cela n'empêche pas qu'elle n'ait répandu d'abord sa graine dans la terre.

On dit encore qu'il n'y a pas de raison de supposer que la semence d'orobanche soit mêlée à celle du trèfle, puisque beaucoup d'agriculteurs se partagent la graine de trèfle, qu'ils la sèment dans un terrain de même nature, et que les uns rencontrent beaucoup d'orobanche dans leurs trèfles, tandis que les autres n'en trouvent pas. Cette objection n'est d'aucune importance ; il n'est pas nécessaire de se partager la semence, ni de semer sur deux terrains différens, pour observer une grande différence dans les productions du sol : ne voit-on pas chaque jour, sur la même pièce de terre, d'un côté, de beaux trèfles que l'orobanche a respectés, tandis que de l'autre côté, dans la même pièce de terre, il y a tout autant d'orobanche que de trèfle? La raison en est simple : la graine de l'orobanche ne peut pas être mêlée à celle du trèfle dans une proportion arithmétique. Si l'on divise en deux ou trois parties cent livres de graine de trèfle, il est très possible qu'il se trouve dans une des parts beaucoup de graine d'orobanche, et rien dans l'autre. Quand l'agriculteur brise avec son battoir les capsules de ses graines de trèfle, et que les membranes qui renferment la semence des orobanches s'y trouvent mêlées, ces dernières sont alors brisées en même temps; et comme leur graine est menue et gluante, elle s'attache aux graines de trèfle les plus voisines, de même qu'une poussière fine se colle à tout autre objet.

Dans ce mémoire, on désapprouve le système de semer le trèfle dans le lin, parce que, dit-on, le lin favorise la croissance de l'orobanche : rien ne vient à l'appui de cette allégation. L'expérience prouve qu'il n'y a pas plus d'orobanches dans les trèfles semés après le lin que dans ceux que l'on sème après toute autre plante. Mais comme le lin est moins serré et qu'il reste moins long-temps sur le sol que les autres plantes après lesquelles on sème les trèfles, cette circonstance peut donner lieu à une plus prompte apparition des orobanches après le lin qu'après les autres plantes.

Enfin, remarquez bien ceci, on recommande, par dessus tout, de semer le trèfle dans le blé-sarrasin, et l'on assure que l'orobanche ne s'y trouvera point, surtout si la charrue y passe à une grande profondeur, et que le sol soit bien fumé avec du fumier de cheval et de mouton. L'expérience, dit-on, a été faite deux fois, et elle a confirmé l'assertion; de plus, on a semé, de cette manière, en mars 1815 et 1816, et le même jour, du blé-sarrasin et des trèfles dans une terre infestée de graine d'orobanche, et l'on a recueilli de très beau trèfle, tout à fait exempt de ce mélange.

*Le Fermier.* — Excusez-moi, monsieur, si je ne

puis me taire plus long-temps. Laissez-moi, je vous prie, l'honneur de faire apprécier au juste cette belle découverte. L'écrivain a été certainement induit en erreur : s'il avait eu la moindre notion de l'agriculture flamande, il aurait senti sur-le-champ l'impossibilité absolue du fait que l'on a avancé. D'abord, on ne sème jamais en Flandre et on n'y peut même semer de blé-sarrasin que dans les derniers jours de mai, et point du tout au mois de mars : car si l'on semait au mois de mars, le blé-sarrasin gèlerait sans aucun doute, puisqu'il n'y a point de plante plus sensible au froid, comme je vous l'ai déjà dit dans notre cinquième entretien (1). En second lieu, le sol destiné au blé-sarrasin n'a pas besoin de fumier, mais seulement d'être bien passé et repassé à la charrue, à une bonne profondeur : c'est pour cela que l'on dit vulgairement : « La sueur des chevaux de labour est l'engrais du blé-sarrasin. » Ajoutez que si l'on donnait du fumier de cheval et de mouton à cette céréale, elle pousserait certainement trop vite et trop fort ; sa tige tomberait infailliblement à terre, et le tuyau serait pourri avant que la plante ne fût en graine. Enfin, il faut savoir que les terres sèches et légères conviennent beaucoup au blé-sarrasin, mais pas du tout au trèfle : ainsi le moyen que l'on indique est d'une exécution tout à fait impossible dans toutes ses circonstances et dans tous ses détails, et il n'offre aucun avantage qui ait quelque apparence. Ce qu'il y a d'inexécutable dans toutes ces épreuves frappe tellement les yeux des cultivateurs, qu'ils regardent les opérations de cette espèce comme des tentatives insensées. Faut-il donc s'étonner de voir quelquefois les habitans des campagnes

---

(1) Voyez page 195.

sourire de pitié quand les faiseurs de théorie s'avisent de leur donner des leçons d'agriculture?

Je crois, monsieur, que nous avons eu raison de nous attacher à démontrer que tout ce que l'on a proposé jusqu'à présent pour la destruction de l'orobanche est absolument impraticable : ceci encouragera les amateurs de l'agriculture à chercher de nouveaux moyens par une autre voie; mais, en attendant, si vous nous indiquez ceux que vous avez promis, nous vous en aurons beaucoup de reconnaissance.

*Le Propriétaire.* — Non seulement je veux vous dire quelles sont mes idées sur la destruction de l'orobanche, mais encore je vous communiquerai les expériences que j'ai faites à ce sujet avec le plus grand succès : elles sont fort simples, faciles à exécuter et peu coûteuses. Bien souvent une pensée rapide amène de grands résultats : on est trop porté à chercher très loin quelque moyen compliqué, profondément raisonné, quand à côté de soi on pourrait voir les élémens d'un procédé raisonnable et sûr, qui se présentent d'eux-mêmes pour peu qu'on y réfléchisse. Rien n'est parfait dans la nature; la Providence offre aux recherches de l'homme les remèdes pour alléger, à force de travail et de sollicitude, les maux qu'il ne nous est pas donné de prévenir et d'éviter entièrement. Je suis persuadé que mon procédé pour combattre l'orobanche appartient à la classe de ces remèdes partiels: je vous prie de m'en dire franchement votre opinion; nous n'avons d'autre but que de rechercher ce qu'il y a de mieux à pratiquer.

Pour en venir au fait, je vous dirai d'abord que le point essentiel est de s'assurer qu'il n'y a de graine d'orobanche ni dans la graine de trèfle, ni dans le champ où l'on veut la semer; alors il ne viendra point d'orobanche dans vos trèfles : cela tombe sous le sens ; car rien ne vient de rien. Mais comment obtenir cette certitude ? C'est là le grand point, et je crois y être parvenu de la manière suivante :

J'avais choisi quelques verges de terre sur lesquelles il n'y avait eu, depuis dix ans, ni trèfle ni orobanche ; mais comme je craignais que, par les vents ou par le fumier, quelque graine d'orobanche ne se trouvât transportée sur le sol et déposée dans la couche végétale de la superficie, je fis bêcher le sol à une profondeur de 14 à 15 pouces (1) : ainsi, quand même il y aurait eu quelque graine, elle se trouvait refoulée, par cette opération, à une profondeur bien plus forte que celle où pouvaient atteindre les racines de trèfle ; elle ne pouvait donc pas s'y attacher, et par conséquent elle devait rester sans effet. J'étais fondé alors à considérer mon terrain comme entièrement purgé de toute graine d'orobanche. Le second point était de m'assurer également que la graine de trèfle destinée à être semée fût purgée de la graine d'orobanche ; pour y parvenir, voici le moyen que j'employai. Au mois de septembre de l'année précédente, je m'étais pourvu de quelque semence d'orobanche ; je la mêlai avec une partie de graines de trèfle ; je soumis au microscope quelques unes de ces dernières, parce que la graine d'orobanche est trop menue pour qu'on puisse, après le mélange, la découvrir à l'œil nu. Je vis que les graines d'orobanche s'étaient collées à celles du trèfle, je divisai alors en deux parties égales cette graine mélangée : à l'une des deux parties je mêlai un quart de cendres ; je remuai et j'amalgamai bien le tout avec les mains, en les frottant l'une contre l'autre

(1) Ceci peut aussi se faire en grand au moyen de la charrue. A.

pour détacher ainsi la graine d'orobanche de celle du trèfle; je jetai les graines dans un seau d'eau, je les y remuai avec la main pendant quelques minutes, et je laissai ensuite un moment de repos à ce mélange, pour donner à la graine de trèfle le temps de descendre au fond : la graine d'orobanche, étant aussi légère que la poussière la plus fine, se mêla aux cendres fondues; je laissai écouler tout doucement l'eau du seau, et j'y fis verser de nouveau de l'eau claire; je la remuai encore, puis je la laissai écouler; je répétai cela une troisième fois, et enfin ayant versé toute la semence sur un gros tamis, je fis jeter par dessus encore quelques seaux d'eau, remuant toujours la graine de trèfle avec la main. Persuadé alors que toute la graine d'orobanche, mêlée aux cendres fondues, s'était écoulée en même temps que l'eau, et que par ce lavage ma semence de trèfle était purgée de toute graine d'orobanche, je fis répandre sur une nappe de toile la graine de trèfle ainsi purifiée; je l'étendis bien; je la saupoudrai d'un peu de cendres, pour la sécher et la rendre propre au semis. Je semai cette partie le jour même sur la portion de terre que j'avais préparée comme je viens de le dire; je fis ensuite semer, sur l'autre portion de terrain, tout à côté, l'autre partie de graine de trèfle qui n'était pas purifiée. Si maintenant, me dis-je, il se trouve des orobanches sur les deux portions du sol ensemencé, il est clair que je me suis trompé en me figurant que par les moyens employés la semence de trèfle a été purgée de la graine d'orobanche; mais si les orobanches viennent dans les trèfles de l'endroit où la graine non purifiée a été semée, et qu'il ne vienne pas d'orobanches dans la portion où j'ai semé la graine de trèfle purifiée, je pourrai croire alors que j'ai bien raisonné. Les résultats ont parfaitement répondu à mon attente : dans les trèfles semés sans précaution il est venu beaucoup d'orobanche, et il n'en est point venu du tout dans les trèfles dont la graine avait subi la préparation que je viens de décrire.

Il ne reste alors qu'une seule crainte : après que le terrain a été bêché, quelques graines d'orobanche peuvent y être apportées des terres voisines, soit par le fumier, soit par les vents : c'est là un de ces cas imprévus contre lesquels il n'y a ni remède ni expédient.

Quoi qu'il en soit, pour être plus sûr de mon fait, je répéterai encore deux fois, et en grand, cette première épreuve ; elle n'a eu lieu jusqu'à présent qu'une seule fois et en petit. De votre côté, voyez également, je vous prie, si un pareil essai vous réussit, et communiquez-moi ce que vous aurez observé (1).

Après tout, je vous dirai que la précaution de recueillir la graine de trèfle sur la plante même, comme nous l'avons dit dans notre cinquième entretien (p. 165), sera toujours très louable, surtout si l'on voit dans les trèfles la moindre plante d'orobanche.

*Le Fermier.* — En vérité, monsieur, je suis très content des remèdes que vous proposez ; ils me paraissent clairs et conformes au bon sens. J'essaierai sans doute plus d'une fois votre épreuve en grand, j'en espère le meilleur résultat ; car le sol et ma graine de trèfle étant purgés l'un et l'autre de toute semence d'orobanche, il est naturel que mes trèfles soient délivrés aussi de cette plante pernicieuse. Quant à votre crainte que le fumier ou les vents n'apportent quelque graine d'orobanche sur le sol, c'est un malheur qui ne peut arriver souvent,

---

(1) Depuis la publication du texte original de l'ouvrage, ces expériences de l'auteur ont été renouvelées plusieurs fois, et toujours avec succès. A.

et la chose n'aurait que peu d'importance et de durée : si, par votre procédé, la quantité des plantes d'orobanche diminue bientôt, il y aura aussi moins de graine qui puisse être transportée par le vent d'un endroit à un autre. Il me semble qu'à l'avenir tout cela dépendra beaucoup du soin et des précautions qu'on prendra pour exécuter les opérations nécessaires. Cela ne se fera peut-être que lentement : bien des cultivateurs mettent beaucoup de mauvaise volonté à essayer ce qui leur est proposé par d'autres personnes; ils commenceront par tout rejeter, mais ils finiront par adopter notre méthode quand ils verront les heureux résultats de vos travaux et des miens. En attendant, monsieur, je vous remercie beaucoup de la peine que vous vous donnez pour l'avantage de notre agriculture.

*Le Propriétaire.* — Je ne demande point de remercîmens; mon seul désir est de pouvoir dire quelque chose qui soit utile à l'agriculture flamande : il m'est fort agréable de vous avoir mis sur la voie, selon ma promesse, pour opérer la destruction des orobanches; prêtez-moi seulement votre aide, et j'espère que nous aurons bientôt convaincu tout le monde que nous avons trouvé enfin, pour autant que cela se pouvait, le moyen si long-temps désiré.

En attendant, je vous recommanderai encore un point, c'est que les productions quelconques dans lesquelles vous avez l'intention de semer des trèfles soient fumées, autant que vous pourrez, avec du fumier de vache, avec des immondices de la rue, ou avec de la terre mêlée à du fumier de cochon, et que vous ayez soin de répandre, la seconde année, sur le trèfle, une bonne quantité de cendres; car plus la plante de vos trèfles sera saine et serrée, moins les orobanches pourront s'y frayer un passage. Il est peut-être vrai aussi que les racines malades des mauvais trèfles favorisent d'abord en partie la propagation des orobanches, tout comme les arbres mauvais et malades servent d'asile et de nourriture à la mousse, qui est également une plante *parasite* et dont nous avons parlé en détail dans notre conférence sur les vergers (page 267).

Encore un mot pour terminer : les pluies fréquentes et prolongées, dans les mois de mai et de juin, empêchent la croissance des orobanches. J'ai bien examiné le fait, et j'ai vu que le petit nombre de ces plantes qui sortent alors de terre meurent, pour la plupart, avant d'être parvenues à leur entier développement : j'en ai extrait plusieurs de terre, et j'ai vu que les tubercules au moyen desquels l'orobanche s'attache aux racines des trèfles étaient entièrement pourris par l'humidité ; il est donc toujours mieux de semer les trèfles dans des terrains humides que dans des terres sèches et sablonneuses.

Disons maintenant un mot sur la

*Carie ou le Charbon dans le froment.*

*Le Fermier.* — La *carie* ou le charbon est une maladie qui cause souvent de grands dommages à notre froment. Puisque vous voulez que nous en parlions, je vous dirai d'abord, monsieur, que presque tous les cultivateurs de la Flandre donnent au grain destiné à être semé une préparation d'urine de vache et de chaux, pour garantir le froment du charbon et de la carie. La préparation consiste à répandre sur la semence une partie de forte urine de vache jusqu'à ce que toute cette graine, continuellement remuée, en soit bien humectée : alors il faut la saupoudrer d'une quantité de chaux tamisée; on remue jusqu'à ce que la graine soit toute blanchie par la chaux, ce qui fait aussitôt sécher l'urine de vache, et met la graine en état d'être semée à la main. Cette préparation se fait à peu près dans toute la Flandre; mais elle n'est cependant pas toujours d'un résultat satisfaisant. D'autres cultivateurs prennent encore des précautions différentes, dont je ne parlerai pas, attendu qu'elles paraissent un peu entachées de superstition.

La carie dans le froment est une maladie fort singulière : quoique je prépare de la même façon tout le froment destiné à être semé, souvent j'ai de la carie dans un champ et je n'en ai pas dans un autre. Je puis même rapporter à ce sujet un cas bien extraordinaire: j'avais moi-même préparé un jour ma graine pour ensemencer un champ de froment; j'ensemençai avant midi environ les trois quarts de ce champ, et mon frère fit le semis pour l'autre quart, après midi. Ce champ était partout également fumé, labouré de même; le grain avait été préparé par moi d'une manière uniforme, et cependant la partie de terrain que j'avais ensemencée était exempte de carie, et la partie ensemencée par mon frère en était criblée. Nos voisins et nous-mêmes, nous en fûmes stupéfaits; on ne manqua pas de dire qu'il y avait là quelque sortilége. Mon bonhomme de frère n'en douta pas, et depuis ce temps-là il n'a plus voulu semer de froment.

Pouvez-vous, monsieur, m'expliquer cet étrange événement et me donner quelque raison de la maladie dont il s'agit? Je voudrais connaître votre opinion à cet égard. J'ai appris depuis long-temps que certains cultivateurs se vantent d'avoir trouvé un remède infaillible contre la carie; mais jusqu'ici ce ne sont que des paroles, et je ne vois pas de faits.

*Le Propriétaire.* — Des hommes instruits nous ont expliqué tout au long et minutieusement ce que c'est que la carie, le charbon ou la nielle; cependant ils ne sont d'accord sur rien : beaucoup d'entre eux conseillent l'usage du salpêtre et de l'alun ; d'autres nous recommandent le sel ordinaire, les cendres et la chaux; d'autres encore disent : Ne faites rien à la graine destinée au semis; passez la charrue dans votre champ, fumez-le bien et semez en toute confiance, vous n'aurez ni plus ni moins de carie que ceux qui se seront donné beaucoup de peine pour leur grain; car tout dépend de la bonne disposition du terrain et de l'air, du temps favorable ou contraire, soit pendant les semailles, soit pendant la poussée du froment. Ce dernier point me paraît assez vrai, dans les principes rigoureux de l'agriculture; mais il me semble qu'il y a un peu de négligence : car il faut toujours tâcher de diminuer les maux par les remèdes. Puisque cette matière est de la plus grande importance, nous allons en raisonner à fond.

D'après ce que j'ai entendu dire et ce que j'ai observé relativement aux maladies ou défauts du froment, je trouve qu'on leur a donné des noms bien différens, tels que *blé roussi*, *retiré* ou *avorté*, *rouille*, *chancre*, *carie*, *charbon*, *nielle* ou *miélat*. Ces maladies sont différentes par leur nature; cependant les cinq premières semblent provenir des mauvaises saisons, de l'âpreté des vents, de vapeurs malfaisantes, d'une trop grande sécheresse ou d'excessive humidité. La carie, la nielle ou le charbon paraît provenir soit du défaut de maturité des graines semées, soit d'un vice qu'elles avaient au cœur ou en quelque autre endroit, soit du tort que les insectes ont fait au froment sur pied ou engrangé : enfin, la graine semée peut avoir été attaquée par des mites, des fourmis, ou des vers rongeurs, dans la terre même ; ce qui arrive en tel endroit plus que dans tel autre, et plus souvent dans l'une que dans l'autre saison. L'air et la terre sont remplis d'une quantité innombrable d'insectes, cela passe l'imagination. La graine du froment souffre quelquefois aussi de l'excessive humidité, au moment des semailles, surtout au commencement du mois de juin, quand les épis sont en fleur : la rosée les ayant affectés, ils se trouvent exposés, immédiatement après cette humidité, à l'ardeur des rayons du soleil, alors la floraison est arrêtée par ce passage subit à une chaleur brûlante. Quoique tour à tour chacune de ces circonstances ait pu faire plus ou moins de mal, soit à la graine, soit à l'épi sans les détruire entièrement, le froment continue de pousser et de s'élever; mais la plante parvenue à son dernier période, c'est à dire à l'époque importante de la formation du grain et du développement des tuyaux, n'a plus la force ni les qualités nécessaires; et l'état de souffrance de la partie lésée paralyse la faculté de donner aux épis la substance dont ils ont besoin. La paille et le grain sont alors plus ou moins malades et commencent à dépérir; je dis *plus ou moins*, parce que cela dépend de l'intensité du mal qu'ont éprouvé la tige attaquée par la rosée ou les graines piquées par les insectes : car on voit souvent sur le même plant des épis fort beaux et d'autres qui sont chargés de nielle en tout ou en partie (1).

---

(1) On voit que *le Propriétaire*, un des interlocuteurs dans ce dialogue, n'admet pas la théorie de quelques écrivains distingués qui ont parlé du *charbon*, et dont l'auteur de ce livre connaissait bien certainement les observations, puisqu'il cite plusieurs fois les ouvrages où elles sont consignées. Ce qui l'aura décidé à ne pas entrer dans un

Vous me direz peut-être que si la nielle ou d'autres maladies peuvent provenir de ce que la graine était trop peu mûre, ou de ce qu'elle a manqué sa croissance,

---

examen plus approfondi, à cet égard, c'est peut-être l'aveu échappé au savant qui, après avoir transcrit l'interminable catalogue des noms différens donnés à la *carie* des grains et après avoir indiqué les divers systèmes qu'elle a fait naître, n'ose pas se flatter de débrouiller ce qu'il appelle *ce chaos d'idées* ( M. Bosc ).

Voici le résumé d'un grand nombre d'articles remarquables sur le *charbon*, la *nielle*, la *carie*, etc., soit de l'*Encyclopédie méthodique* ( parties de la *Botanique* et de l'*Économie rurale* ), soit du *Cours complet d'agriculture* et du *Dictionnaire d'histoire naturelle* ( éditions de Déterville ).

« L'altération à laquelle sont sujettes les plantes graminées em- » ployées à la nourriture de l'homme et des animaux domestiques » est produite par des plantes parasites internes : les brouillards, la » nature du sol et l'espèce des engrais ne contribuent en rien au mal. » Le *charbon*, est une de ces altérations.

» Les mots *charbon* et *nielle* expriment la même idée ; mais on pré- » fère le nom de *charbon* parce que celui de *nielle* s'applique aussi à » une plante qui nuit aux récoltes.

» La *nielle* n'a rien de commun avec le *miélat* : celui-ci est une ma- » tière sucrée qui transsude des feuilles, des tiges, des fleurs et des » fruits de la plupart des plantes, et dont l'écoulement leur est nui- » sible quand il y a excès dans la sécrétion : le blé surtout est sujet » à cette maladie, provoquée souvent par les insectes.

» Il ne faut pas confondre le *charbon* avec la *carie*. Le premier » exerce principalement ses ravages sur l'orge, l'avoine et le maïs : » la seconde attaque le froment, surtout celui du nord.

» Le *charbon* est un véritable champignon ; la poussière noire » qu'il produit n'est autre chose que le bourgeon séminiforme qui » multiplie l'espèce. Les globules qui forment la poussière de la *carie* » sont aussi des champignons ; mais le *charbon* n'a point d'odeur, la » *carie* en a une très sensible. Au reste, les moyens qu'on oppose à » la *carie* empêchent aussi la reproduction du *charbon* ; et le meilleur » de ces moyens est le *chaulage*.

» On donne à la *carie* les noms de *charbon*, de *nielle*, de *noir*, de » *carboucle*, de *carboncle*, de *moucheron*, et vingt ou trente autres.

» Par *nielle*, on entend le *charbon*, la *carie*, l'*ergot*, la *rouille*, le » *blanc*, la *brûlure*, le *chancre*.

» Cependant l'*ergot* est une altération des graines du seigle excluou de ce qu'elle a souffert d'un insecte, soit quand le froment se trouvait sur pied, soit quand on l'avait engrangé, soit quand on venait de le semer, dans tous ces cas le chaulage de la graine avant les semailles ne sert à rien. Je réponds que la préparation par la chaux est un usage trop ancien et trop général pour qu'on puisse le regarder comme superflu. La chaux sera du moins toujours un préservatif contre les vers et les autres causes de dommage que le grain peut trouver dans la terre; je vous recommanderai même d'être un peu plus attentif en chaulant votre graine, afin qu'elle reçoive la chaux d'une manière bien égale. Il ne faut pas, comme je l'ai vu faire, jeter un demi-sac de graine à la fois dans la cuve, et y répandre au hasard l'urine de vache et la chaux, il faut faire cette opération par petites portions; par exemple, en prenant chaque fois le quart d'un demi-sac ( 13 à 14 litres ) ou moins encore: vous verrez alors avec plus de certitude quelle quantité d'urine et de chaux vous est nécessaire pour préparer le semis de telle manière que chaque graine soit bien et également couverte de chaux sans être ni trop sèche ni trop mouillée: trop sèche, elle ne retiendrait pas la chaux; trop mouillée, vos graines se colleraient l'une

---

» sivement, laquelle paraît due à des insectes. La *rouille* est une tache
» qui se développe sur les feuilles et les tiges du blé; elle diminue la
» quantité du grain: on l'attribue à un champignon parasite. Le *blanc*,
» maladie de plusieurs végétaux, a sa cause dans une réunion de petites
» plantes parasites. *Brûlure* ne se dit que des arbres. Le *chancre*,
» maladie corrosive, détruit l'organisation des arbres à fruit. »

Après cet exposé analytique des diverses opinions sur la *carie* et le *charbon*, il ne reste plus qu'à dire: Fiat Lux! Mais ce qui console, c'est de voir les médecins des végétaux ne disputer que sur le nom du mal et sur son origine: d'accord, à l'unanimité, sur le remède, qui est le *chaulage*, ils guérissent ordinairement leurs malades. T.

contre l'autre, et l'on ne pourrait les semer avec égalité. Il faut faire attention aussi à étendre le fumier sur la terre, afin qu'il s'amalgame avec le sol dans une égale proportion.

Quant aux défauts qui pourraient naître de ce que la graine aurait été trop peu mûre ou qu'elle eût été endommagée, je vous conseille de les prévenir par les précautions que voici :

1°. Qu'une partie de votre meilleur froment reste sur pied quelques jours de plus qu'à l'ordinaire, afin que, destiné à être semé, rien ne manque à sa parfaite maturité.

Si vous pouvez recueillir ces graines sur un champ vaste et ouvert, cela n'en sera que mieux : on y trouve moins que dans de petits champs entourés de bois et d'arbres les insectes qui rongent le froment sur pied et y déposent leurs œufs et leur venin. Après avoir mis votre blé en grange, laissez-le reposer jusqu'aux semailles, car le grain se conserve mieux dans son enveloppe; faites alors mettre votre blé sur l'aire de la grange et faites-le battre légèrement, de manière qu'on ne fasse sortir que la moitié des grains : je dis battre légèrement et seulement à demi, parce que les graines qui sortent ainsi les premières sont les plus grosses et les plus mûres, et par conséquent les meilleures pour le semis (1). Faites-les nettoyer alors de toute poussière et criblure. Passez ensuite votre grain à la chaux avec beaucoup de soin et de la manière que je viens de dire; ajoutez à la chaux

(1) Ceux qui se procurent ainsi le meilleur grain pour semer jouissent de deux avantages à la fois, non seulement ils ont moins à redouter le *charbon* ou la *carie*, mais ils récoltent de plus beau froment. Il en est du blé comme de toutes les autres plantes : à travail égal, la meilleure graine donne toujours le meilleur fruit. A.

une partie égale de cendres et autant de suie, c'est à dire le noir de votre cheminée; car la chaux, les cendres et la suie contribuent à détruire les semences ou les œufs que quelques insectes ailés ou rampans déposent sur le grain, ainsi qu'à éloigner les vers qui se trouvent dans la terre au moment des semailles, et qui rongent le grain et ses racines, ou plutôt les radicules: c'est pour tuer ces vers que la suie a le plus d'efficacité.

J'ai encore une précaution à vous recommander: quand vous êtes occupé à semer votre froment, ne laissez jamais ouvert dans le champ le sac ou le cuvier qui contient votre grain; car, tandis que vous allez et venez continuellement pour faire le semis, un essaim d'insectes ailés, presque invisibles, peut tomber sur la graine, la ronger, l'infecter plus que vous ne voudrez le croire. Je l'ai éprouvé moi-même; et cette expérience nous apprend qu'il faut recouvrir de terre, sans perdre une minute, le grain répandu et divisé sur le sol. Au reste, il est inutile que je vous dise de ne jamais semer quand la terre est humide; vous savez mieux que moi combien un temps sec est avantageux aux semailles. C'est ainsi que vous aurez pris toutes les précautions que je suis en état de vous conseiller. Si par là on ne parvient pas à prévenir le mal entièrement, on l'aura du moins empêché en majeure partie; et cela doit suffire, puisqu'il n'est pas au pouvoir de l'homme d'apporter remède à la maladie que le froment aurait contractée à la suite d'accidens causés par la rosée de mai, encore moins d'aller au devant d'une pareille mésaventure. D'ailleurs, pour les plantes comme pour les hommes, quel est le médecin qui connaisse toutes les maladies et qui les guérisse toujours? Tout en prodiguant les soins et les attentions que l'art indique au cultivateur intelligent et actif, comment peut-on répondre d'une bonne récolte si l'on n'est pas favorisé par les saisons, que la Providence gouverne à son gré?

Avant d'abandonner ce sujet, réfléchissez encore mûrement sur l'étonnante différence du semis fait par vous, et de celui que fit en même temps votre frère : ne pourrait-elle pas venir d'abord de la rosée, dont nous avons parlé, ou de ce que la partie semée par vous aura été préservée de tout dommage, tandis qu'au contraire la partie semée par votre frère avait souffert des accidens que je viens d'énumérer; ensuite, de ce que la graine qu'employait votre frère, étant semée plus tard que la vôtre, s'est peut-être desséchée, et qu'elle a trop perdu de la chaux dont elle avait été aspergée? Il se pourrait que la portion de terrain ensemencée par votre frère fût seule infectée d'une quantité de ces vers qui blessent le grain dans la terre; car bien certainement il se trouve de ces vers dans une portion d'un champ, tandis qu'il n'y en a pas dans une autre partie.

*Le Fermier*. — En effet, monsieur, votre conseil me paraît bon; mais le procédé donne beaucoup d'occupation : n'importe, je le suivrai et je vous ferai part du résultat. En attendant, je vous dirai que le froment n'est pas la seule céréale en Flandre qui soit attaquée par la nielle ou le charbon, ou la carie; l'orge, l'avoine, le seigle et l'épeautre y sont également sujets; mais le mal est si faible, qu'on ne s'en occupe pas. Ce n'est pas non plus la graine du froment seule qui est attaquée des vers dans la terre, celle de bien d'autres plantes éprouve le même inconvénient, les navets et les pommes de terre n'en sont pas exempts. J'ai vu des années où mes pommes de terre ont été rongées des vers à tel point que je n'en ai pu faire une demi-récolte.

A présent, monsieur, vous allez sans doute parler de

*La grande et de la petite Culture; de l'état des petits Agriculteurs; des Fileuses et des Tisserands; et de l'Exportation du Lin.*

*Le Propriétaire.* — Nous ne devons pas négliger ces matières, elles touchent de trop près à l'agriculture flamande.

Depuis long-temps, on n'est pas d'accord dans les divers pays sur la question de savoir si la grande culture est plus ou moins avantageuse à l'État, ou si la petite culture contribue à la prospérité générale. En France, en Allemagne, et surtout chez les Anglais, on soutient que la grande culture seule est avantageuse et que la petite culture n'est d'aucune utilité. La Flandre est presque le seul pays où l'on pense tout autrement sur ce point. En Angleterre, il y a des fermes de 600 et même de 800 à 900 de nos arpens (286 et 360 à 400 hectares) : on en trouve aussi, quoique bien rarement, de 60 et même de 10 à 12 de nos arpens (de 27 à 4 ou 5 hectares); mais celles de ces deux dernières classes n'y sont pas estimées : tous les jours, on réunit plusieurs petites fermes pour en faire une grande. En Flandre, on fait tout le contraire; on détruit une grande ferme pour en établir plusieurs petites. On démolit en tout ou en partie les bâtimens des grandes fermes, et on loue les terres à plusieurs petits agriculteurs qui veulent agrandir un peu leur exploitation : cela se fait surtout dans les cantons très populeux, où le rouet et le métier de tisserand sont le plus en activité. De cette manière, le propriétaire a moins de dépense à supporter pour l'entretien des bâtimens, et il retire un revenu plus fort de ses terres.

Dans quelques parties de la Flandre on voit encore des fermes de 100 arpens (45 hectares), mais elles se trouvent en petit nombre : celles de 25 à 50 arpens (11 à 22 hectares) sont les plus estimées; mais rien n'est plus fréquent ni plus avantageux, surtout pour la fabrication de la toile, que les exploitations de 6 à 7 arpens, et même de 3 à 4 (2 ½ à 3 hectares, et 1 ⅓ à 2 hectares). Les cultivateurs qui les prennent à loyer sont désignés sous le nom de *petits fermiers* ou de petits exploiteurs. Plusieurs d'entre eux sont en même temps tisserands, et on les compte parmi les citoyens les plus utiles de l'État, parce qu'ils forment la classe qui contribue plus que toute autre à l'accroissement de la population, qu'ils soutiennent les arts mécaniques et le commerce, et qu'ils entendent aussi le mieux l'agriculture. On dit en Allemagne : *Paysan pauvre, pauvre culture* : ce proverbe n'est pas exact. En Flandre, on dit : *Fermier pauvre et grande ferme, mauvaise culture :* cela signifie que l'étendue de la ferme doit être proportionnée aux moyens pécuniaires et aux connaissances du cultivateur. C'est d'après ce principe qu'agissent les petits fermiers de la Flandre. Ils savent quelle étendue de terrain leur est nécessaire pour occuper les bras de leur propre ménage, et tout s'y exécute avec la plus grande activité. Tout le monde sait que l'on travaille mieux pour soi que pour les autres. Si un petit fermier tient à loyer un mauvais champ, il le rendra bientôt passable, à force de bêcher et de rompre sans cesse la terre; il se tourmentera plusieurs années, jusqu'à ce qu'il ait mis le sol dans le meilleur état possible; mais ce même mauvais champ, laissé à l'exploitation d'un grand fermier, restera toujours également mauvais. Le grand fermier se dit : J'aurai plus de profit à travailler aux bonnes terres de mon exploitation qu'aux mauvaises; d'ailleurs, si j'améliore un mauvais champ, le propriétaire augmentera en proportion le fermage, et je paierai ainsi l'intérêt de mon propre travail.

En Angleterre, les grands fermiers n'ont qu'un petit nombre fixe de domestiques : un seul valet de ferme suffit souvent dans une exploitation de vingt chevaux. Les travaux y sont, pour la plupart, exécutés par des journaliers ou bien à l'entreprise, c'est à dire moyennant un prix convenu d'avance pour une certaine portion de travail confiée à des hommes qui n'ont aucune propriété, et qui ne peuvent prendre à loyer qu'une chaumière ou la moitié d'une chaumière, sans aucune portion de terre attenante. Il paraît qu'on veut que ces hommes ne sachent rien faire et ne connaissent rien que ce qui est nécessaire pour exécuter le travail qu'on leur prescrit : d'où l'on pourrait conclure qu'il n'y a là que deux classes parmi les cultivateurs, de grands et riches fermiers, et des esclaves qu'on appelle en Angleterre *cottagers* (habitans de chaumières). Pour exister et pour faire vivre leurs femmes et leurs enfans, ces hommes n'ont d'autre ressource que de chercher du travail moyennant un salaire modique, chez les grands fermiers, auxquels il faut qu'ils conviennent, sans quoi ils restent sans ouvrage et sans pain. Le mauvais temps ou un hiver prolongé les prive souvent de travail, ils sont alors obligés de dépenser le peu qu'ils ont épargné en d'autres saisons; et il en résulte nécessairement que, réduits à un véritable esclavage, ils sont pauvres et restent pauvres à jamais. A la vérité, la classe riche promet à ces hommes une sorte d'existence quand ils tombent dans la misère ou qu'ils deviennent malades, et quand le travail les a usés, engourdis ou bien estropiés; mais quelle triste perspective à la fin d'une vie de privations et de fatigue !

*Le Fermier.* — Il n'en est pas de même en Flandre. Si l'on disait à nos jeunes paysans, même de la classe inférieure : Allez, vous serez employés toute votre vie, avec votre femme et vos enfans, au service des grands fermiers, et quand l'âge ou le travail vous aura usés, on ne manquera pas de venir à votre secours : quelque simples qu'ils soient, ils se tiendraient pour offensés. Il suffirait d'avoir tenté de les humilier ainsi pour éteindre en eux l'amour du travail, qui semble inné dans cette population ; on les verrait bientôt irrités au dernier point. Il n'est pas facile de leur faire exécuter des travaux imposés d'autorité. On rencontre bien aussi en Flandre quelques personnes qui n'ont pas d'autre existence pendant toute l'année que de chercher de l'ouvrage; mais comme il y a peu de ces hommes malheureux, ils trouvent du travail quand ils ont une bonne conduite, de l'activité et quelque connaissance de leur état. Cependant, c'est parmi ces hommes que l'on voit le plus de mendians pendant l'hiver : aussi voudrait-on qu'il n'y eût en Flandre, dans les campagnes, d'autres journaliers que parmi les enfans des petits exploiteurs.

En Flandre, les grands fermiers ont des domestiques à demeure, qui sont des fils non mariés de la classe des petits exploiteurs. S'ils peuvent faire des économies et trouver une petite ferme, après quelques années, ils se marient, ils exercent la même profession que leurs pères, ils vivent avec la même simplicité, ils s'estiment heureux, et aucune peine ne les rebute. Cette classe d'hommes est singulièrement attachée à ses foyers; ils ont le sentiment de l'indépendance : rois dans leur humble maison et maîtres suprêmes d'une exploitation médiocre, ils sont satisfaits de leur sort : l'affection qu'ils portent à leurs femmes et à leurs enfans, l'amour du travail, dont la nature les a doués, leur font paraître légères toutes les fatigues et les privations qu'ils s'imposent pour la prospérité de leur famille : sous le poids d'un lourd travail, ils se contentent d'une nourriture frugale. Aucun sacrifice ne leur semble pénible, pourvu qu'il soit libre et volontaire : ils regarderaient comme une honte que leur nom se trouvât sur la liste des indigens ; ils rougiraient de dépendre d'autrui. Cette crainte les rend économes et prévoyans ; ils pensent à leurs vieux jours : s'ils ont des enfans en état de travailler, ils agrandissent leur exploitation ; et leur bien-être augmente : ils peuvent compter, s'il le faut, sur l'assistance de ces enfans, dont plusieurs parviennent à une situation plus aisée par des mariages avec les filles d'un grand fermier, par quelque industrie productive, par le commerce des toiles ou du bétail : l'exemple de cette honnête prospérité excite une louable émulation ; la classe ouvrière y voit un motif d'encouragement pour la bonne conduite et l'activité.

*Le Propriétaire.* — Les Anglais et les autres partisans des grandes fermes pourraient nous opposer des raisonnemens qui, selon moi, ne seraient que dans l'intérêt des grands fermiers, mais nullement dans l'intérêt de l'État et de la prospérité publique, ni dans celui de l'agriculture. Un grand et riche fermier, surtout en Angleterre, où des hommes qui possèdent 400,000 à 500,000 fr. exercent l'agriculture au sein du luxe, ne pourra ni ne voudra travailler avec autant d'économie et d'activité qu'un habitant de la Flandre, où l'existence de l'agriculteur dépend uniquement de son assiduité, de ses connaissances et de son économie. Les Anglais ne cessent d'étudier nos opérations et nos usages agricoles, c'est fort bien; mais cette étude ne leur servira pas à grand'chose : ils ne pourront, ou bien ils ne voudront jamais suivre ces leçons; leur manière de penser, leur sol, et surtout leurs mœurs, diffèrent trop des nôtres pour qu'un cultivateur anglais prenne exemple sur nous.

Il reste bien des choses à dire sur les grandes et les petites exploitations; et quoique cela ne tienne proprement à notre sujet que pour autant que nous voulons prouver combien les petits fermiers sont utiles en Flandre, et à quel point il importe de prendre en considération le sort de cette classe, menacée dans son bien-être, je crois devoir ajouter encore quelques remarques sur les petits cultivateurs, particulièrement sur ceux qui exercent en même temps une profession mécanique, comme celle de tisserand.

Il résulte évidemment de ce que nous venons de dire que plus les fermes sont divisées, plus la population s'accroît. Pour démontrer ce fait d'une manière incontestable, nous n'avons pas besoin de chercher des exemples en d'autres pays. Dans le Brabant, le Hainaut et en Flandre, on voit que les paroisses les moins populeuses sont toujours celles où se trouvent les grandes fermes; on remarque aussi que la culture y est moins belle. S'il est vrai qu'une population nombreuse présente un avantage réel à l'État, il est hors de doute que, sous ce rapport, les petits fermiers et les tisserands, dont nous allons parler tout à l'heure, sont de la plus grande utilité. C'est également cette classe qui fournit au pays les meilleurs soldats.

Les petits fermiers en Flandre, comme vous venez de le dire, sont, par nature, économes et laborieux;

ils travaillent du matin au soir : le peu d'étendue de leur exploitation leur permet, à certaines époques de l'année, d'aider les grands fermiers, dont à leur tour ils reçoivent aussi des services, comme nous l'avons vu dans notre cinquième entretien. S'ils ont de grands enfans, ceux-ci trouvent de l'emploi, dans l'intervalle, aux maisons de campagne des riches propriétaires, à l'entretien des bois et des prairies; et tout cela est pour eux utile et lucratif.

Enfin, ces petits cultivateurs-tisserands ont l'avantage de ne jamais perdre une heure. La femme, hors du temps destiné à soigner le bétail et aux travaux du ménage, fait tourner continuellement son rouet; le mari, hors des heures employées à cultiver son champ, ou quand le temps est mauvais, ou bien pendant l'hiver, ne quitte pas son métier de tisserand; les enfans sont mis à quelque ouvrage proportionné à leur âge et à leurs forces; et, ainsi, dans toute la famille, on ne perd jamais un instant. Plus il y a d'enfans en état de travailler dans un semblable ménage, plus il y a de bonheur et d'aisance.

Dieu veuille que les travaux des fileuses et des tisserands ne finissent point par tomber dans un état de stagnation complète! Le sort de plusieurs milliers de familles, dans notre province, dépend des mesures qui seront prises pour nous préserver de ce malheur : on ne saurait jamais trop insister sur ce point. Une grande partie de notre population ne vit que de salaires et de bénéfices, qui cessent à l'instant où le commerce du lin et des toiles tombe en décadence. Préparer la terre pour la culture du lin, semer, sarcler, arracher, teiller, rouir, sécher, battre, sérancer la plante; filer au rouet; tisser, blanchir et teindre la toile : voilà une longue suite de divers travaux qui tiennent dans une utile activité un nombre infini de bras. Les objets manufacturés passent enfin dans les mains des négocians, qui nous procurent en échange les richesses des pays étrangers. Puissent les soins de l'Administration publique ne pas laisser tarir cette source de prospérité!

Après avoir parlé des familles de petits cultivateurs qui améliorent leur situation par les produits du rouet et du métier de tisserand, disons un mot de la classe peu aisée, qui, en Flandre, n'a d'autres moyens d'existence que de filer et de tisser.

*Le Fermier.* — C'est une chose incroyable que le grand nombre de ces personnes dans quelques parties de la Flandre, et l'exiguité de leurs ressources. Ils ont une petite habitation sans la moindre portion de terre labourable : heureux quand ils peuvent prendre à loyer en même temps un coin de champ, pour y planter des pommes de terre! Tout le capital de ces gens-là consiste d'ordinaire en une somme de 100 fr., avec laquelle ils achètent du lin au marché pour le sérancer, le filer et le tisser. Leurs travaux terminés, ils vont vendre la toile au marché, ils rachètent le même jour de nouveau lin, et ils se remettent à filer et à tisser; et ainsi de suite, depuis le premier jour de l'année jusqu'à la fin. Quelques uns, parmi eux, achètent sur pied, chez les grands fermiers, autant de lin qu'ils en peuvent travailler. Cet achat se fait à neuf mois de crédit; pendant ce temps, le lin subit toutes les opérations nécessaires, jusqu'à ce que tout soit filé, tissé et vendu : de cette manière, ils ne paient que lorsqu'ils sont rentrés dans le prix du lin et de la main-d'œuvre, augmenté du bénéfice.

Il faut remarquer encore que dans les familles de

ces deux dernières classes, ainsi que parmi les petits exploiteurs dont nous venons de parler, il y a souvent des femmes pour filer et point d'hommes pour tisser; souvent aussi on voit des familles où se trouvent des tisserands et peu ou point de fileuses. Il en résulte que beaucoup de fileuses vont chaque semaine aux marchés des villes vendre leur fil à des tisserands. C'est ainsi qu'une main procure continuellement de l'ouvrage à une autre main. Plusieurs de ces personnes vont aussi en journée chez les grands et les petits fermiers, pour tisser, filer et sérancer, ou pour aider à quelques travaux d'agriculture. Ces gens sont laborieux et fort économes; quand tout va bien, ils gagnent leur vie. Du pain, du lait battu, et des pommes de terre, les jours ouvrables, et un morceau de lard le dimanche, voilà tout ce qu'ils désirent: s'il reste alors encore quelque chose de leur mince salaire, ils le mettent au tronc d'épargnes.

*Le Propriétaire.* — Le bénéfice de ces pauvres gens doit sans doute être bien peu considérable, puisque la moindre contrariété occasionée par une maladie, par la cherté du lin ou le bon marché des toiles, en réduit beaucoup à une gêne cruelle, et même à la besace, ainsi qu'on ne l'a que trop éprouvé dans les années 1816 et 1817.

L'art de filer et de tisser est singulièrement répandu en Flandre, surtout dans les cantons de Thielt et d'Audenarde, dans le pays d'Alost et dans les environs de la ville de Gand : on y trouve des paroisses où plus de mille métiers sont en activité. On calcule qu'il y a eu des époques où il s'est vendu en une année près de cent dix mille pièces de toile dans la seule ville de Gand.

On compte qu'un tisserand peut donner constamment de l'occupation à cinq fileuses.

Les travaux infinis qu'entraîne la manipulation du lin ne sont pas seulement avantageux aux ouvriers des campagnes; toutes les villes de la Flandre y trouvent également leur compte. Que de familles y sont employées sans cesse à filer, blanchir et préparer le fil fin pour les dentelles, dont la fabrication occupe une quantité considérable de femmes, soit dans les écoles de charité, soit dans les communautés religieuses, soit enfin dans la moyenne classe de la bourgeoisie, mais plus encore dans la classe la moins aisée du peuple !

Comme toute femme peut exercer aisément cet état en tenant sur ses genoux un carreau qu'elle quitte et reprend chaque fois que bon lui semble, pour vaquer dans les intervalles aux soins de son ménage, ce travail est un de ceux qui conviennent le mieux aux habitantes des villes, surtout dans une famille où se trouvent réunies la mère et les filles; et il n'est pas moins favorable au maintien des bonnes mœurs, puisque de cette manière la mère exerce une surveillance continuelle sur ses enfans.

Il n'y a point de ville en Flandre, qu'elle soit petite ou grande, où l'on ne fabrique des dentelles; mais on en faisait beaucoup plus autrefois qu'à présent. Les fabriques de Gand donnaient le plus de dentelles; Ypres et Courtray fournissaient les plus belles.

La Flandre s'est distinguée de tout temps par le commerce des dentelles et des toiles, qui a été pour elle, depuis des siècles, une source de richesses. On trouve dans chaque ville d'opulentes familles bourgeoises et des maisons nobles qui ont acquis ainsi toute leur fortune. Ce pays fournissait à la Hollande, la France et l'Angleterre. L'Espagne et l'Amérique faisaient fleurir ce commerce presqu'à elles seules, il y a quarante ans,

Quand on considère tous les avantages dont nous avons joui, faut-il s'étonner que la moindre interruption de cet état de prospérité nous inquiète? Les nuages ne se forment pas en un seul instant : un mal léger, auquel on ne fait pas attention dans le principe, peut s'invétérer et devenir, après quelques années, une plaie incurable. Prenons donc en bonne part les plaintes qu'excitent chez tous les vrais patriotes l'exportation du lin et les mesures du gouvernement français relativement à la branche la plus importante de notre commerce.

*Le Fermier.* — Monsieur, l'existence et la manière de vivre des petits exploiteurs, des fileuses et des tisserands, ainsi que la situation des fabriques et du commerce, me semblent être telles que vous dites; je suis tout à fait d'accord avec vous sur ce point : mais quant à ce qui concerne l'exportation du lin, je ne puis pas encore me prononcer; je trouve du pour et du contre dans cette affaire. Quelles que soient mes craintes pour les classes peu aisées de la Flandre, je n'ai pas moins d'inquiétude pour les grands fermiers; car, en vérité, leurs affaires ne sont pas non plus sur le meilleur pied. Ainsi, permettez-moi de vous proposer quelques questions : ayez la bonté d'y répondre, parce que je ne puis pas bien apprécier et juger par moi-même ce que l'on allègue pour ou contre l'exportation du lin.

En premier lieu, n'est-il pas vrai que la permission d'exporter le lin a élevé cette production à une valeur plus considérable, au profit des agriculteurs de la Flandre?

2°. L'agriculteur ne perdra-t-il pas beaucoup à une défense d'exporter, et cela n'aura-t-il point pour résultat qu'on finira par semer bien moins de lin?

3°. L'exportation n'était-elle pas permise, comme aujourd'hui, à l'époque où nous étions réunis à la France, et s'en est-on plaint alors?

*Le Propriétaire.* — Je répondrai à votre première question, que bien certainement le lin continuera d'être cher aussi long-temps que l'exportation sera permise : mais cette cherté, si elle est avantageuse aux grands fermiers ou bien aux propriétaires, devient fatale à nos pauvres fileuses et à nos tisserands; elle nuit à cette classe innombrable qui trouve sa subsistance dans les travaux qu'exigent les diverses préparations du lin : la cherté nuira par conséquent aussi aux fabriques et aux manufactures. Le dommage qu'éprouvera la majorité de la population surpassera de beaucoup le bénéfice que peut procurer l'exportation à un petit nombre d'individus. Ce dommage sera surtout sensible dans les années où le lin aura manqué jusqu'à certain point; car l'étranger vient alors avec bien plus d'empressement accaparer tout ce que nous avons de meilleur en lin, et il en fait tellement monter les prix, que nos fileuses et nos tisserands, forcés de travailler presque pour rien, sont réduits à l'aumône : nous ne l'avons que trop vu en 1816 et 1817.

*Le Fermier.* — Sans doute que le lin devient plus cher quand il n'a pas réussi, et qu'alors la misère peut régner au plus haut point chez les fileuses et chez les tisserands; mais cette cherté arrive également dans tous les cas de mauvaises récoltes. Voyez le froment : quand il a manqué, on le paie fort cher; mais le boulanger élève alors le taux du pain dans la même proportion. Pourquoi les tisserands ne font-ils pas de même? Car, enfin, on assure que les étrangers ne peuvent pas se passer de nos toiles.

*Le Propriétaire.* — L'exemple du froment et du boulanger n'est pas applicable ici. Dans les années où le lin est mauvais ou rare, et quand l'étranger accapare encore ce que nous avons de meilleur, il ne nous reste plus que du lin très mauvais et fort cher: c'est alors, selon vous, que le tisserand devrait hausser le prix de ses toiles. Cela est impossible; car dans ces cas, le négociant n'achète pas de toiles, parce que les étrangers ne font pas de demandes; ils attendent des toiles meilleures et des prix plus modérés, ou bien ils s'approvisionnent en d'autres pays. Les toiles et le fil baissent à l'instant même; et nos tisserands et nos pauvres fileuses, qui ne peuvent pas attendre, sont forcés de vendre leurs toiles malgré le bas prix, afin de pouvoir continuer leur commerce.

L'Irlande, la Bretagne et la Silésie, les environs de Hambourg et d'Osnabruck ont aussi leurs fabriques de toiles, qui tâchent autant que possible de placer leurs produits dans tous les pays.

Il n'y a que la bonne qualité et le prix modique de nos toiles qui puissent leur assurer la préférence chez l'étranger. La valeur commerciale du lin ne doit donc pas déterminer le prix de la toile; mais il faut que cette valeur du lin soit toujours en rapport avec le prix raisonnable des toiles. Il est évident qu'il doit y avoir stagnation dans les fabriques et dans le commerce, dès que le prix proportionnel du lin n'est pas tellement au dessous de celui de la toile, que le fabricant et le négociant trouvent leur bénéfice dans la différence de ces deux prix.

On dit que *le besoin est père de la ruse*. Les fileuses et les tisserands, pour avoir quelque bénéfice et pour se mettre en état de livrer la toile à un prix modique, ne pourraient-ils pas un jour prendre le parti d'acheter de préférence le plus mauvais lin, de travailler moins solidement qu'autrefois et de tromper le marchand par quelque fraude dans la manière de tisser? Ne serait-il pas à craindre alors de voir nos toiles perdre peu à peu la bonne réputation qu'elles ont méritée et conservée depuis des siècles? Ce fut une crainte semblable qui jadis donna lieu, en Flandre, aux *placards* (1) du 2 mai 1619 et du 30 juillet 1753, par lesquels on défend, sous des peines sévères, la fabrication de mauvais peignes de tisserands et celle de mauvaises toiles. A cette fin, les magistrats de chaque paroisse furent chargés, sous leur propre responsabilité personnelle, de veiller à ce que la manière de tisser les toiles dans toute l'étendue de leur juridiction fût exempte de fraude, « afin, di- » sent les ordonnances, que les toiles étant bien soli- » dement tissées puissent garder leur bonne renommée » à l'étranger, et gagner encore en débit. »

Le 6 juillet 1768, on prescrivit de publier ces décrets chaque année dans toutes les paroisses de Flandre où se fabriquent les toiles. De temps en temps, on visitait les maisons des fabricans de peignes de tisserands et les métiers à tisser, afin de reconnaître les infractions et de les réprimer.

Les placards que je viens de citer défendaient, pour la même raison, de soufrer le fil, tant on prenait soin de conserver la bonne qualité et la bonne réputation de nos toiles, afin d'engager l'étranger à multiplier ses relations de commerce avec nous. Il paraît que ces précautions ne sont plus si exactes, et que la fraude aug-

(1) C'est le nom que l'on donnait autrefois en Belgique aux réglemens émanés des Autorités administratives supérieures, ou, par extension, aux actes législatifs du Souverain; publiés et affichés, proprement nommés *édits*: le mot *placard* a toujours l'une de ces deux significations dans le texte français des anciens ouvrages de droit et recueils officiels des Pays-Bas. T.

mente; car on commence à rencontrer de temps en temps des toiles tissées au moyen de peignes moins serrés au milieu qu'aux deux extrémités : on a même vu déjà des toiles dont la trame était de fil de coton. Il est temps, ce me semble, de ne pas négliger les moyens de parer au mal.

Pour être juste, il faut reconnaître que l'Administration municipale de Gand prend tous les soins nécessaires non seulement pour empêcher la fraude, mais encore, en distribuant des prix annuels, pour encourager les tisserands à faire de bonnes toiles. Il paraît cependant impossible de découvrir partout les opérations frauduleuses ; les moyens de tromper l'acheteur se multiplient avec les pertes qu'éprouve le fabricant nécessiteux.

Quant à votre seconde question, si, par la défense d'exporter le lin, notre agriculture ne souffrira pas infiniment et si le résultat de ces pertes ne sera pas que l'on sèmera dorénavant moins de lin, il me semble que cette prohibition doit nécessairement occasioner une baisse dans le prix des lins, et qu'alors plusieurs grands fermiers et propriétaires en souffriront un peu ; mais que l'agriculture, en général, n'en sera que légèrement affectée, ou même qu'elle ne s'en ressentira point du tout. L'expérience a prouvé que dans tous les temps, lorsque l'exportation était défendue, les cultivateurs ne laissaient pas pour cela de semer du lin, autant que l'exigeait l'ordre de leurs assolemens, parce que cette plante était toujours regardée comme d'un très bon produit en agriculture.

Si, par la défense d'exporter le lin, il diminuait d'un quart ou d'un cinquième en valeur, j'avoue que dans ce moment cette diminution serait très pénible pour le cultivateur, le lin étant à peu près l'unique produit qui lui rapporte encore quelque bénéfice. Mais si en continuant de permettre l'exportation du lin on met une foule de pauvres gens hors d'état de gagner leur subsistance, quel parti faut-il prendre? De deux maux ne faut-il pas choisir le moindre? La balance ne penche-t-elle pas trop d'un côté quand on voit que, par l'exportation du lin, on ôte les moyens d'existence à cent ouvriers malheureux, pour donner un peu plus de superflu à dix grands fermiers et propriétaires? Ces pauvres gens ne font-ils point partie de la société civile? N'ont-ils pas autant de droits que nous à la protection des lois, et ne sommes-nous pas obligés de recommander leurs intérêts au Gouvernement?

Enfin, pour répondre à votre troisième question, je reconnais qu'à l'époque où notre pays faisait partie de la France, l'exportation du lin était permise comme aujourd'hui, et qu'on ne s'en plaignait pas.

Mais pourquoi? La guerre, qui alors agitait l'Europe, donnait lieu nécessairement à une plus grande consommation de nos toiles et à de plus fortes demandes. En temps de guerre, on consomme toujours plus; il y a même profusion, et l'on paie mieux qu'en temps de paix. Le lin était bien cher alors; mais, en proportion, les toiles étaient encore plus chères. Entre les prix de cette époque et ceux d'aujourd'hui, on trouve sur quelques qualités jusqu'à un quart et même un tiers de différence. L'Empire français et ses innombrables armées suffisaient alors pour occuper nos fabriques. Aujourd'hui, au contraire, que les droits prélevés par les douanes de France vont à 15 pour 100 sur les toiles brutes, et à 40 pour 100 sur les toiles blanchies, et qu'on nous menace d'un tarif encore plus élevé, ne faut-il pas regarder comme anéantie cette branche de notre commerce avec ce royaume?

N'est-il pas probable que la France impose des droits si forts et qu'elle accapare de plus en plus nos lins pour attirer sur son territoire nos meilleurs ouvriers? Ne sait-on pas combien déjà le nombre de nos blanchisseries et de nos teintureries a diminué, au profit de la France? combien il en a été transporté à Lille et aux environs par des Belges, qui ont établi dans le département du Nord le siége de leur commerce et de leur industrie? Ne sait-on pas qu'un grand nombre de nos ouvriers, sans émigrer absolument, vont travailler de l'autre côté des frontières? N'est-il pas à craindre que nos fileuses et nos tisserands n'aillent aussi faire du fil et de la toile chez nos voisins, pour profiter ainsi des énormes droits qu'ils auraient à payer en restant sur notre territoire (1)? La France, après nous avoir enlevé nos meilleurs ouvriers, afin de s'approprier l'art de filer et de tisser, ne finira-t-elle pas un jour par la prohibition absolue de notre fil et de nos toiles? Faut-il, en attendant, que nous soyons assez bons pour continuer à lui envoyer notre meilleur lin?

*Le Fermier.* — Tout ce que vous dites est à craindre, monsieur; mais si nous cessions de vendre du lin aux Français, ne serait-il pas possible qu'ils prissent le parti de semer eux-mêmes du lin, et qu'alors nous ne leur fournissions plus ni lin ni toile?

*Le Propriétaire.* — Il n'est pas encore prouvé que les Français puissent cultiver sur leur sol cette qualité de lin qu'ils prennent chez nous. Soyez bien sûr que s'ils peuvent le faire, ils n'y manqueront pas, soit que

---

(1) On évalue à quatre cent mille ames la population dont les départemens français du Nord, du Pas-de-Calais, de la Somme, de l'Aisne, de la Meuse et des Ardennes se sont enrichis, aux dépens de la Belgique, depuis la création du nouveau royaume des Pays-Bas en 1814. T.

nous leur donnions du lin, soit que l'exportation cesse (1). Jusqu'à présent, ils s'occupent d'alimenter leurs manufactures et de favoriser leur main-d'œuvre au moyen de notre lin. Remarquez bien qu'ils ne mettent sur le lin brut qu'un droit d'entrée d'un fr. 30 c. par 100 kil., tandis que pour le lin espadé ils font payer 11 fr. les 100 kilogr.

Il paraît que la majeure partie de nos lins ne passe que de trois à quatre lieues les frontières de France; le reste est pour la Picardie, et la haute et basse Normandie: là, ils sont battus, sérancés, filés, tissés, employés à la fabrication des toiles et rubans, et à diverses espèces d'étoffes. Je pense que le lin cultivé en France est moins bon et revient plus cher que le nôtre : sans cela, on n'y serait pas si empressé d'accaparer celui de la Flandre (2). Il en résulte que nous pouvons toujours garder le premier rang pour notre fil et nos toiles en Espagne et aux Iles, si nous dirigeons notre commerce en conséquence. Cette direction consiste uniquement à encourager la culture du lin, à surveiller nos tisserands, à donner de l'activité aux fabriques, et à favoriser l'exportation des toiles; en un mot, il faut faire ce que l'on

(1) L'épreuve en est faite et elle réussit en divers endroits, surtout dans le département de la Sarthe, ancienne province du Maine, et plus particulièrement dans la commune de Rouessé-Vassé, arrondissement du Mans, où l'on a introduit également, depuis peu, l'emploi des engrais liquides, qu'on y désigne sous le nom d'*engrais flamand*. Le département de la Vendée ne profite pas moins des procédés agricoles de la Belgique : une ferme flamande, établie par un propriétaire qui a quitté les Pays-Bas et qui a fait venir de sa province de bons ouvriers et des instrumens aratoires, est en pleine activité à Triaize arrondissement de Fonténay (Vendée): M. *Beaussire* père cultive aujourd'hui d'après le même système et d'une manière complète son domaine de Malvoisine, arrondissement de Fontenay-le-Comte (Vendée). T.

(2) La devise de l'industrie française est : *tout vient à point à qui sait attendre*. T.

fait en France et dans tous les pays où se trouvent des fabriques, c'est de défendre l'exportation du lin et du fil brut.

Toutes les nations, et principalement la nation anglaise, qui, de son côté, accapare nos meilleurs lins, se conduisent d'après des principes fixes : elles punissent de fortes amendes non seulement l'exportation du lin, mais encore l'exportation de toutes les autres matières premières qui servent au maintien de leurs fabriques. On ne peut assez répéter que, dans l'opinion de tous les peuples et de tous les vrais patriotes, l'agriculture, le commerce et les fabriques doivent se prêter un appui mutuel, pour le bien-être général de la société civile, et que parmi les diverses branches de commerce et de manufactures, celles qui tirent les matières premières du pays même sont les plus avantageuses. Pourquoi faut-il que chez nous seuls on agisse d'après un autre système? Quel motif avons-nous de penser autrement que nos ancêtres et de nous croire plus sages qu'eux? Certes, ils n'ont manqué ni de sollicitude ni de lumières en ce qui concerne l'art de gouverner. Les *placards* du 14 septembre 1591, 15 juin 1600, 21 janvier 1610, 28 novembre 1719, 28 octobre 1724 et 1er. décembre 1725 nous prouvent qu'à ces diverses époques on a renouvelé expressément la défense d'exporter le lin; les contraventions étaient punies d'une amende de 100 florins, et le lin se trouvait confisqué : ceux qui ne pouvaient payer l'amende se voyaient menacés de peines afflictives et infamantes. La rigueur de ces peines fait voir assez à quel point l'ancien Gouvernement de notre pays était convaincu du mal que pouvait nous faire l'exportation du lin; aujourd'hui, on paraît n'y attacher aucune importance, et on affecte même de regarder cette exportation comme un avantage.

Si, comme on l'assure, quelques riches propriétaires et grands fermiers des environs de Courtray et du pays de Waes ont réclamé en faveur de l'exportation du lin, je ferai observer que ces cantons produisent du lin en abondance et que l'on y fabrique peu de toiles : il se trouve plus de métiers de tisserands dans les seules communes de Waerschoot et d'Everghem, près de Gand, que dans tout le pays de Waes. N'en peut-on pas conclure que ces grands fermiers et ces riches propriétaires n'ont vu dans la question que le moyen de vendre du lin à un prix plus élevé, ou de donner une plus grande valeur aux propriétés territoriales?

Quand vous y aurez mûrement réfléchi, vous avouerez avec franchise que ceux qui attaquent le système de la libre exportation du lin ne parlent que pour la prospérité générale et sans aucune vue personnelle, tandis que nos adversaires plaident leur propre cause. J'avoue cependant que l'opinion de ces derniers peut s'appuyer sur quelques raisonnemens plausibles; mais toute leur argumentation n'a d'autre base que l'intérêt privé : on n'y trouve rien qui se rattache à l'intérêt général de la Flandre.

En 1765, on discuta longuement cette même question. Les habitans du pays de Waes et de Termonde rédigèrent des mémoires détaillés en faveur de l'exportation; les échevins de Gand se mirent en devoir d'écrire contre la mesure. Jamais affaire si importante ne fut traitée en Flandre avec plus de zèle et de vivacité. Tout ce que l'on peut imaginer pour et contre fut allégué avec soin. Le décret du 8 février 1766 nous montre de quel côté pencha la balance : on y fait de nouveau défense expresse non seulement d'exporter du lin, mais encore d'exporter le chanvre, la filasse et le fil brut, sous peine d'une amende de 500 florins et de la confiscation des marchandises ainsi que des chariots, voitures et vaisseaux dont les contrevenans se serviraient comme moyens de transport.

Ces mémoires, imprimés en partie et en partie manuscrits, se trouvent entre les mains de plusieurs personnes, et sans doute ils sont aussi déposés aux archives de la commune de Gand. En lisant ces mémoires avec attention, ainsi que celui de feu M. le baron Pycke, gouverneur de la province d'Anvers à une époque plus récente (1), on pourra juger si les motifs en faveur de l'exportation ont plus de poids que les raisons contraires.

*Le Fermier.* — Vraiment, monsieur, je crois que je finirai par être de votre avis; car, enfin, quand les fileuses et les tisserands ne peuvent plus travailler, ils viennent tôt ou tard mendier à nos portes, et nous sommes obligés de leur donner continuellement, si nous voulons dormir tranquilles.

Mon père m'a dit souvent que, dans sa jeunesse, l'agriculture et les fabriques étaient établies sur des bases solides, d'après lesquelles chacun pouvait se régler en toute sûreté. Mais, à présent, tous les produits de notre agriculture sont menacés à chaque instant de subir les plus grandes variations dans les prix; nos lins, par

---

(1) Dans les Pays-Bas, depuis 1815, on donne le titre de *Gouverneur* aux fonctionnaires qui remplacent les anciens préfets. M. Pycke, né à Gand, était maire de sa ville natale en 1807: il devint préfet des Bouches-de-l'Escaut (Zélande), vers la fin du règne de l'empereur Napoléon. Membre de la seconde Chambre des États-Généraux en 1815, il y prit la défense des intérêts manufacturiers et agricoles de la Belgique, souvent froissés par les intérêts du commerce hollandais. M. Pycke est mort gouverneur de la province d'Anvers, ou (comme on l'aurait dit quelques années plus tôt) préfet des Deux-Nèthes. T.

l'exportation, et nos grains, par l'importation : de sorte que l'on ne sait plus ce qu'il faut cultiver. On cherche aussi continuellement à inventer de nouvelles machines pour faire aller toutes les fabriques sans le secours du bras de l'ouvrier, comme si les bras manquaient, ou si les ouvriers qui existent n'avaient besoin ni de travailler ni de manger.

Trois ou quatre paroisses des environs de Gand réunissent à elles seules plus de deux mille métiers où l'on fabrique sans cesse des étoffes de coton, et qui sont mis en mouvement par de pauvres ouvriers forcés de quitter l'état de tisserands de toiles. On s'occupe maintenant à construire des machines à vapeur, pour tisser les étoffes de coton, et peut-être finiront-elles par filer du lin et fabriquer de la toile. Si l'on en vient là, tout est perdu: et Dieu sait où cela peut nous mener! Nos fileuses et nos tisserands se verraient sans ouvrage, et notre commerce de toiles serait anéanti. Mais ce danger ne présenterait-il pas un motif de plus pour maintenir l'exportation du lin, et pour compenser en quelque sorte par ce commerce la perte de nos fabriques et de notre commerce de toiles?

*Le Propriétaire.* — Je tâcherai de répondre à cette question d'une manière satisfaisante; mais je vous dirai d'abord que ce sont les Anglais, qui, par leurs nouveaux procédés mécaniques, introduisent de si tristes usages; et, ces machines une fois adoptées, on ne peut plus guère les changer sans que le remède ne soit quelquefois pire que le mal. Si nos fabricans veulent soutenir la concurrence et rivaliser avec une nation qui s'efforce constamment de s'emparer du commerce des autres pays et d'écraser toute industrie étrangère, ils ne peuvent se dispenser d'employer ces mêmes machines inventées pour tout envahir. Si nous renoncions à l'usage de ce moyen, notre pays serait bientôt encombré de tous les produits des manufactures anglaises, nos propres fabriques s'arrêteraient, et nos ouvriers se trouveraient sans occupation. Ces motifs pressans nous engagent à imiter promptement ces appareils mécaniques, si funestes, ou bien à les faire venir d'Angleterre.

Il y a déjà long-temps que les machines à filer le coton sont en usage, celles qui confectionnent les toiles de coton se répandent à leur tour. On dit maintenant qu'en Angleterre il y a des mécaniques en activité pour filer du lin et pour tenir lieu de nos métiers de tisserands. S'il en est ainsi, nous n'avons plus qu'à prendre patience et à chercher sans délai de nouvelles occupations : il faut que nos fabricans et nos négocians se hâtent de mettre tout en œuvre pour se procurer des machines semblables. C'est un nouvel aiguillon pour notre industrie; notre activité, la bonne qualité de nos produits et la modicité de nos prix pourront seules désormais nous maintenir en possession de voir accorder la préférence à nos toiles dans les pays étrangers. Il me semble que cette préférence nous est assurée, pour quelques espèces de toiles dont la matière première est de meilleure qualité en Flandre et à moindre prix que dans les autres pays. Ce dernier point est démontré par cela seul, que l'étranger vient acheter chez nous ces matières premières (1).

Pour nous assurer d'autant mieux cette préférence, il faut cependant que les fabricans puissent acheter le

---

(1) En attendant que l'agriculture de ces étrangers, grace aux recherches de leurs intelligens voyageurs et aux travaux de quelques Belges, forcés à l'émigration par des causes toujours subsistantes et multipliées chaque jour, se perfectionne au point de ne plus présenter de lacune. T.

lin à un prix raisonnable; et voilà pourquoi, dans le cas prévu, plus encore qu'en tout autre, il est nécessaire d'en prohiber l'exportation, ou bien de la frapper d'un droit très élevé, et d'accorder une forte prime à l'exportation des toiles fabriquées en Flandre. De cette manière, les manufactures de l'étranger ne pourront pas s'approvisionner de nos matières premières pour travailler en concurrence avec nos propres fabriques.

Si les Flamands se conduisent ainsi, personne au monde ne leur enlèvera la culture du lin, ni les fabriques et le commerce des toiles, qui sont les véritables sources de notre prospérité. En conservant ces fabriques et ce commerce, nous pourrons toujours assurer à la classe indigente, dans les campagnes, les travaux préparatoires, tels que le rouissage et tant d'autres opérations : elle continuera de battre, de teiller, de sérancer le lin. Faute de précautions suffisantes et promptes, notre perte est imminente.

Je m'aperçois que vous prévoyez bien la chute de nos fabriques, mais que vous en êtes consolé d'avance par l'espoir de vendre d'autant plus de lin que l'on vendra moins de toiles. Je conçois fort bien que vous penchiez pour les mesures favorables au débit du lin, où vous trouvez un avantage personnel. Quant à moi, vous voyez que je ne prends le parti de personne exclusivement, et que je suis animé du seul désir de contribuer au bien-être général, autant que me le permettent mes faibles moyens.

Je reconnais que l'Angleterre, aussitôt qu'elle sera parvenue à mettre en pleine activité l'art de filer et de tisser le lin par les mécaniques, nous achètera tout notre lin au plus haut prix. Mais ne s'ensuit-il pas que les Anglais, après avoir filé et tissé notre lin au moyen de leurs mécaniques, le renverront en Flandre, manufacturé; qu'alors non seulement nous aurons à leur rembourser le prix qu'ils avaient avancé pour le lin, mais aussi que nous paierons le travail du fabricant et les bénéfices du négociant?

Les Flamands se trouveraient ainsi, à l'égard des Anglais, pour le commerce du lin, dans la même situation où ces derniers se sont trouvés jadis envers nous, relativement au commerce des laines.

La Flandre, dans les dernières années du XIIIe. siècle, était déjà un des pays les plus riches de l'Europe, grace à ses nombreuses fabriques et à l'étendue de son commerce. Les Anglais envoyaient la laine de leurs moutons aux Flamands, qui, après en avoir fabriqué des draps et les avoir teints, les expédiaient, soit en Angleterre, soit dans les autres pays. Les Anglais, voyant que la balance du commerce penchait en faveur de la Flandre, commencèrent, en 1335, à mettre des entraves à l'exportation de leur laine. La guerre qui existait à cette époque entre la France et l'Angleterre donna lieu aux premières mesures prohibitives. Le roi Edouard défendit à ses sujets d'envoyer de la laine en Flaudre, et il annonça aux Flamands qu'ils n'obtiendraient plus de laines anglaises, à moins qu'ils n'unissent leurs armes aux siennes contre la France. Le manque total de cette matière première avait ruiné les manufacturiers de notre pays à tel point, que pour la ravoir ils conclurent une alliance avec les Anglais contre la France. Alors les fabriques se ranimèrent et elles purent continuer à travailler aussi long-temps que subsista l'alliance des Anglais et des Flamands. Plus tard, l'exportation des laines anglaises fut défendue sous peine de mort.

Les cultivateurs de l'Angleterre ont présenté souvent, mais toujours en vain, des pétitions pour obtenir la faculté d'exporter la laine. En vain, ont-ils répété que la prospérité de l'agriculture exigeait cette mesure : que, par la permission d'exporter, la valeur de la laine serait doublée bientôt : que le nombre des moutons et la quantité du fumier augmenteraient dans la même proportion au profit de l'agriculture ; enfin, que les propriétaires tireraient un plus grand revenu de leurs pâturages : on a toujours pensé que ces avantages pour l'agriculture ne pouvaient pas entrer en balance avec ceux que donnerait la manipulation de la laine, qui occupe un si grand nombre de bras aussi long-temps que les fabricans ne seraient pas forcés d'acheter la laine à un prix exorbitant.

Ne sont-ce pas là des exemples frappans, qui nous indiquent la marche à suivre ? Avons-nous de bonnes raisons de ne pas adopter le système des peuples qui nous environnent ?

*Le Fermier.* — Peut-être bien, monsieur. Les révolutions survenues dans le Gouvernement amènent des changemens dans les usages et les lois, et même les hommes changent alors d'opinions et de conduite ; ce qui était bon autrefois ne peut souvent plus avoir lieu aujourd'hui ; tout prend un autre cours : et, pour citer un argument nouveau, ne nous dit-on pas qu'après déduction du lin que nous voyons aller à l'étranger, il en reste encore assez en Flandre pour alimenter les fabriques de l'intérieur ?

*Le Propriétaire.* — Je connais fort bien le proverbe : *les temps changent, et les hommes changent avec les temps* (1); mais de pareils proverbes ne sont ici que des paroles en l'air et qui ne prouvent rien. Il ne suffit pas de dire : les temps ou les circonstances ne sont plus les mêmes, il faudrait montrer en quoi consistent ces changemens, et si aujourd'hui plus qu'alors ils doivent exercer quelque influence sur l'état des fileuses et des tisserands, sur l'état des fabriques et du commerce des toiles. L'homme qui nous enseignera sur cette matière quelque chose de positif et d'utile à la nation aura bien mérité de ses concitoyens.

Quant à l'argument nouveau, plus les étrangers trouvent de facilité à se procurer notre lin, plus ils imposeront de droits sur l'importation de nos toiles, et mieux aussi ils pourront nous disputer la prééminence dans l'expédition de ces toiles pour d'autres pays, surtout, si, comme on le dit, les Anglais parviennent, au moyen de leurs nouvelles mécaniques, à filer et à tisser convenablement nos lins (2).

Selon toute probabilité, on peut supposer que les métiers de tisserand fournissent en Flandre chaque année au moins trois cent mille pièces de toile (3), et qu'en

---

(1) *Tempora mutantur, nos et mutamur in illis.*

(2) Beaucoup de personnes prétendent qu'avec les mécaniques on ne parviendra jamais à imiter le gros fil et les grosses toiles. A.

(3) A une époque encore assez récente, on vendait chaque année au marché de Gand cent dix mille pièces de toile. En y ajoutant un nombre double pour Bruges, Courtray, Ypres, Thielt, Audenarde, Alost, Ath, Grammont, Termonde, Saint-Nicolas, Lokeren, et quelques autres petits marchés, on trouve un total de trois cent trente mille pièces de toile; le chiffre de trois cent mille pièces pour la Flandre n'a donc rien d'exagéré. Je dois dire cependant qu'il résulte des registres de l'administration municipale de Gand qu'en 1807, il ne s'est vendu au marché de cette ville que quatre-vingt-treize mille

comptant les qualités fines et grosses, les unes dans les autres, cette fabrication demande à peu près vingt millions de livres de lin teillé (8,665,000 kil.). Supposons aussi, comme on le croit communément, que l'étranger achète en Flandre de 4,000,000 à 5,000,000 de livres de lin (1,733,000 à 2,166,250 kilogr.), il s'ensuit que si l'on défend l'exportation, l'agriculteur perdra le débit de ces 4,000,000 ou 5,000,000 de livres de lin ; mais si l'on ne défend pas cette exportation et que les fabriques se perdent soit par la cherté du lin, soit par d'autres causes, ne voyez-vous pas alors clairement que l'agriculture, au lieu de 4,000,000 à 5,000,000 de livres, perdra chaque année les 20,000,000 de livres de lin nécessaires pour alimenter nos fabriques ; du moins, si l'on veut déduire de ces 20,000,000 de livres les 5,000,000 de livres de lin nécessaires pour notre propre consommation, la perte serait toujours de 15,000,000 au lieu de 4,000,000 à 5,000,000 de livres ; il faudrait y ajouter encore l'incalculable perte de la manipulation que ces 15,000,000 de livres de lin exigeraient pour être converties en toile. Je répète que nous parlons toujours ici dans la supposition que nos fabriques, par les raisons déjà données, se trouveraient éteintes. Mais ces 4,000,000 à 5,000,000 de livres, que par suite de la défense d'exporter nous n'enverrions plus à l'étranger, ne seraient pas une perte pour le cultivateur, puisque ce superflu de lin resterait dans le commerce et servirait à combler le déficit d'une mauvaise année. Il est même nécessaire d'avoir une telle

---

cent cinquante-sept pièces de toile, et que ce nombre a diminué chaque année jusqu'aujourd'hui, de manière que les quinze années suivantes jusqu'en 1822, ne donnent que soixante milles pièces, année commune. A.

provision en réserve; car lorsque le lin manque et que cette matière première est fort rare, nous ne pouvons trouver de lin en aucun pays pour remédier à ce mal. Enfin, si nos fabriques prenaient de l'accroissement, la culture du lin n'augmenterait-elle pas aussi, comme cette culture doit diminuer lorsque les fabriques décroissent?

*Le Fermier*. — Monsieur, vous me répondez d'une manière si concluante, que je n'ose plus rien vous demander; cependant, tout simple cultivateur que je suis, je vais hasarder une proposition qui conciliera peut-être les deux partis, relativement à l'exportation du lin.

Remarquez-le bien, monsieur: le mot *exportation* a plus de force qu'on ne croit. Si nous avons quelque fruit de la terre qui soit demandé par l'étranger, et dont l'exportation se trouve permise, aussitôt le négociant s'empresse de venir nous l'acheter; mais le vendeur n'est pas disposé à vendre, à moins d'en obtenir un prix élevé qui, par le débat, se trouve bientôt fixé et qui reste sur ce pied aussi long-temps que dure la libre exportation. L'étranger a des associés, qui, toute l'année, suivent les marchés du lin, et dès que les prix baissent ils achètent une double provision; ce qui fait remonter aussitôt le lin à des prix très élevés.

Puisqu'il en est ainsi, que l'on ne permette que l'exportation du lin teillé et sérancé, exclusivement, et que cette exportation même ne soit libre que pendant deux mois, chaque année. L'étranger qui ne peut se passer de notre lin se hâtera d'acheter dans ce délai telle quantité qui lui est nécessaire; et l'agriculteur, en conséquence, en recevra un bon prix; l'ouvrier de notre pays pourra continuer à teiller et sérancer le lin ; et, après ces deux mois, les fileuses et les tisserands achèteront le lin à meilleur marché. Si l'on voulait essayer cette mesure, et qu'en outre on défendît l'importation de grains étrangers aussi long-temps que le prix de nos propres grains ne s'élèverait pas à un *maximum* fixé par le Gouvernement, ne croyez-vous pas, monsieur, que cela dût améliorer la situation languissante de notre agriculture, de nos manufactures et de notre commerce ?

*Le Propriétaire.* — Votre proposition a du bon, mais elle n'est pas satisfaisante ; car un demi-remède ne suffit point, quand il s'agit de guérir un grand mal. Cependant une défense d'exportation dans le genre de celle que vous proposez vaudrait toujours mieux que rien, en attendant les leçons que donnerait le temps. Mais dans tous les cas, on ferait beaucoup mieux de frapper d'un droit très élevé l'exportation du lin : l'étranger ne laisserait point pour cela d'acheter une partie de nos lins fins ; et cette mesure serait ainsi doublement utile, puisqu'elle produirait d'abord un revenu à l'État, et qu'elle procurerait la certitude que l'étranger ne pourrait travailler assez pour soutenir la concurrence avec nos fabriques.

Je pense qu'en voilà bien assez, et même en avons-nous dit trop, peut-être, sur cet important sujet. Espérons que cette affaire prendra une bonne tournure. Le Gouvernement a mis déjà quelques obstacles au mal que l'on faisait à notre commerce du côté des frontières de France ; on songera bientôt sans doute à des précautions semblables sur nos côtes, pour nous protéger contre d'autres voisins, qui nous envoient tous leurs produits et qui ne prennent rien d'important chez nous.

*Le Fermier.* — Monsieur, je suis très porté pour la liberté du commerce; mais je voudrais la voir établie partout, de sorte qu'il y eût réciprocité parfaite : alors on ne pourrait se plaindre avec raison ni chez nos voisins ni chez nous.

Ici, monsieur, nous sommes arrivés à la fin de nos entretiens : puisse le temps dissiper nos craintes et nous prouver qu'elles n'étaient pas fondées!

# EXPLICATION DES PLANCHES.

*Pl.* I. Coupe d'un champ dont la surface présente une première couche de bonne terre végétale, et qui, ayant de la terre glaise à la seconde couche et un lit de sable, est amélioré par un travail à la bèche. (*Voyez* page 22.)

*Pl.* II. Manière de répandre l'engrais liquide sur les terres. (*Voyez* page 65.)

*Pl.* III. Réservoirs en maçonnerie où l'on conserve les produits des vidanges. (*Voyez* page 66.)

*Pl.* IV. 1°. Au bas de la planche, échelle de proportion d'après laquelle on peut mesurer tous les instrumens et outils qui se trouvent dans ce livre, de la Pl. IV à la Pl. XIV inclusivement; 2°. la charrue légère, dite *charrue à pied*. (*Voyez* page 87.)

*Pl.* V. La grande charrue *Wallonne*, ou charrue *à coutre*. (*Voyez* page 87.)

*Pl.* VI. La herse ordinaire. (*Voyez* page 87.)

*Pl.* VII. Autre herse. (*Voyez* page 88.)

*Pl.* VIII. *Traîneau* en planches. (*Voyez* page 88.)

*Pl.* IX. *Traîneau* en perches. (*Voyez* page 88.)

*Pl.* X. *Traîneau* à branchages. (*Voyez* page 88.)

*Pl.* XI. A. Grand *rouleau*, ou brise-mottes. (*Voyez* page 88.)
B. Petit *rouleau*. (*Voyez* page 89.)
C. Rouleau hexagone à pointes de fer. (*Voyez* page 91.)

*Pl.* XII. A. Bèche ordinaire. (*Voyez* page 89.)
B. Hoyau. (*Voyez* page 89.)

C. et D. Sarcloirs. (*Voyez* page 90.)

E. Bèche moitié en fer, moitié en bois. (*Voyez* page 96.)

F. Bèche étroite en fer. (*Voyez* page 96.)

*Pl.* XIII. A. Fourche-trident ordinaire. (*Voyez* page 90.)

B. Fourche-trident crochue. (*Voyez* page 90.)

C. Fourche longue à deux dents. (*Voyez* page 90.)

D. Plantoir pour le colza. (*Voyez* page 97.)

*Pl.* XIV. A. A. Faucilles. (*Voyez* page 90.)

B. Faux. (*Voyez* page 90.)

C. Râteau. (*Voyez* page 90.)

D. E. Manière de bêcher les champs dans le pays de Waes, pour leur donner une forme bombée. (*Voyez* page 97.)

F. Autre manière de bècher un champ quand il forme un carré long. (*Voyez* page 97.)

*Pl.* XV. Instrument nommé en Flandre *mollebart*, *mollebert* ou *mouldebart*, employé comme *étaupinoir* et pour niveler ou aplanir le sol. (*Voyez* page 104.)

*Pl.* XVI. N°. 1. Manière de planter les arbres autour des champs cultivés, adoptée dans le pays de Waes. (*Voyez* page 259.)

N°. 2. Coupe de la surface du terrain n°. 1. (*Voyez* page 260.)

N°. 3. Division du sol pour la disposition d'une houblonnière. (*Voyez* page 236.)

# LISTE ALPHABÉTIQUE

DES CÉRÉALES, ARBRES FRUITIERS ET DE HAUTE-FUTAIE, FOURRAGES-RACINES, FOURRAGES-GRAMINÉES OU LÉGUMINEUX, PLANTES POTAGÈRES ET AUTRES VÉGÉTAUX DONT IL EST FAIT MENTION DANS CET OUVRAGE.

---

L'abréviation *fl.* indique le nom flamand des végétaux ; *holl.* le nom hollandais ; le nom botanique placé entre deux parenthèses ( ) est toujours celui de Linné, quand on ne cite pas d'autre botaniste.

---

AUNE, ou Aulne ; fl. et holl. *Els* ou *Elzeboom;* Bois-taillis d'aune, *Elshout.* (Alnus *et* betula glutinosa.)

AVOINE ; fl. et holl., *Haver.* (Avena sativa.)

BETTERAVE ; fl., *Betteraven ;* holl., *Beetwortels.* (Beta vulgaris.)

BOULEAU ; fl. et holl., *Berken-boom.* (Betula alba.)

CAMELINE ; fl., *Doorezaad ;* holl., *Kamille.* (Myagrum sativum.) On cultive cette plante en Flandre, pour en retirer, par l'expression, l'huile des graines.

CAROTTES ; fl., *Wortelen* ou *Wortels* au pluriel, *Wortel* au singulier ; holl., *Peen.* Le mot *Peen*, en flamand, signifie la mauvaise herbe qu'on appelle en français *Chiendent ;* et le mot *Wortel,* en hollandais, est le nom générique employé pour désigner toutes les racines. La *Carotte* est le *Daucus carota* de Linné, et la *Dauca vulgaris* de Tournefort.

CERISIER ; dans la plus grande partie de la Flandre, on nomme *Kricken-boom* le véritable *Cerisier* (Prunus-cerasus) ; en

Hollande, on l'appelle *Kersen-boom* : tandis que ce dernier mot est employé en Flandre pour désigner le *Merisier* (Prunus avium), qui s'appelle *Krieken-boom* en Hollande. Il en est de même des noms divers donnés aux fruits de ces arbres. La *Krieke* de La Haye se trouve être la *Kerse* de Gand (*Bigarreau* ou *Guigne* de Paris); la *Griote* ou la *Cerise* des Français porte le nom de *Krieke* à Gand, et celui de *Kerse* à La Haye. Quoi qu'il en soit, l'auteur de cet ouvrage, et par conséquent le traducteur, ont toujours nommé *Cerisier* le *Prunus-cerasus* et *Merisier* le *Prunus avium*.

CHANVRE; fl., *Kemp* ou *Kimp*; holl., *Hennep* ou *Hennip*. (Cannabis sativa.)

CHARDON; fl. et holl., *Distel*. (Carduus lanceolatus, Linn., *ou* Carduus sylvestris.)

CHENEVIS, graine du Chanvre; fl., *Kemp-zaed* ou *Kimp-zaed*; holl., *Hennep-zaad* ou *Hennip-zaad*.

CHÊNE; fl., *Eek*; holl., *Eik*. (Quercus. Le *Chêne commun*, ou *Chêne à grappes*, est la *Quercus racemosa*; le *Chêne-roure* est la *Quercus-robur*.

CHICORÉE; fl., *Chicorei*, et par corruption, *Suikery*; holl., *Suikerei*. (Cichorium Intybus.) Le *Cichorium-endivea* est l'*Endive* ou *Scarole*, vulgairement dite *Escarole*.

CHIENDENT; fl., *Penen* ou *Pëen*, ou *Honds-Tanden*, substantifs pluriels, dont le dernier est la traduction littérale de *dents de chien*; holl., *Gras-Wortel* ou *Honds-Gras*, substantifs singuliers, dont le premier signifie littéralement *herbe* ou *gazon à racines*, et le second *herbe à chien*. (Triticum repens *et* Gramen caninum arvense.)

Le mot *Peën*, lequel en flamand signifie *Chiendent*, graminée qui infeste les lieux cultivés et que l'on a beaucoup de peine à extirper, est employé en hollandais pour exprimer *Carottes* (Daucus carota, de Linné). *Voyez* CAROTTES.

COCRÈTE; Cocrète des prés, ou Crète-de-coq; fl., *Ratels* ou *Ratelen*, subst. plur. Le mot hollandais *Ratel* n'a pas d'autre signification que *crecelle* et *grelot*; ou, au figuré, *voix claire et forte*. (Rhinantus crista galli); ainsi nommée de ses bractées, dont les dentelures, ou les feuilles dentées en scie, ressemblent aux dentelures d'une crête de coq. Les agronomes allemands désignent cette plante malfaisante sous le nom de *Radeln*: voyez, entre autres, M. le baron de Voght, *Flotbeck's hohe Kultur*, ouvrage dont la traduction paraît chez M^me^. Huzard, Paris, 1830. — La Rhinantus rouge, violet ou noiratre est la *Rhinantus alpina*.

COLSA ou COLZAT ; Chou-colzat ; fl. et holl., *Koolzaad*. Brassica oleracea arvensis.)

EPEAUTRE ; fl. et holl., *Spelt*. (Triticum-spelta.)

ESCOURGEON ; fl., *Schockelioen*; holl. *Vroege garst* (littéralement *Orge précoce*). (Hordeum hexasticum.)

FÉVEROLE ; fl., *Péerde-boonen* ; holl., *Paarden-boonen*, substantifs pluriels, littéralement *Fèves de chevaux*. Vicia-faba minor, *et* Faba equina.) La *Fève de marais* est la vicia Faba major.

FLÉAU, *voyez* PHLÉOLE.

FLÉOLE, *voyez* PHLÉOLE.

FOIN ; fl. et holl., *Hooi* et *Hooi-gras*. (Lolium arvense et Lolium temulentum.) Le *Ray-grass* des Anglais est le *Lolium perenne*.

FRÊNE ; fl. et holl., *Eschen-boom*. (Fraxinus.)

FROMENT ; fl. et holl., *Tarwe*. (Triticum sativum.)

GARANCE ; fl. et holl., *Meekrap*. (Rubia tinctorum sativa.)

GAUDE, Réséda des teinturiers ; fl. et holl., *Wouw*. (Reseda luteola.)

GENÊT ; fl., *Ginst* ou *Genst*; holl., *Brem*. (Genista tinctoria). Le *Genêt à balais* est la *Genista scoparia*.

GRISAILLE. *Voyez* PEUPLIER BLANC.

HÊTRE ; fl. et holl., *Beuke-boom*. (Fagus.)

HOUBLON ; fl. et holl., *Hop*. (Humulus lupulus.)

IVRAIE ; on n'a pas employé le nom d'*Ivraie* dans cet ouvrage, pour désigner la plante qui appartient au *Lolium* ; on l'a mis comme synonyme de *mauvaise herbe*, et afin d'éviter la répétition trop fréquente de ces deux derniers mots : en botanique, l'Ivraie (*Lolium*) n'est pas une *mauvaise herbe*; mais cette dénomination impropre, consacrée par l'usage et tout à fait proverbiale, ne peut induire en erreur aucun lecteur français.

JONCS; fl. et holl., *Biezen*, substantif pluriel; plante ayant les tiges pleines de moelle et dont on fait des liens, des paniers, des corbeilles: avec la moelle des tiges on fait des mèches pour les lampes. (Juncus effusus.)

LENTILLES, fl. et holl., *Linzen*. (Ervum-Lens, Linn.)

LIN; fl. et holl, *Vlas*. (Linum usitatissimum.)

LUZERNE; fl., *Rups-klaver*; holl. (mal à propos) *Spurrie*: *voyez* le mot SPERGULE. (Medicago sativa.) La *Luzerne Lupuline*, Minette dorée, ou Trèfle jaune, est la *Medicago-lupulina*, nommé aussi *Trifolium pratense luteum*, Linn.

MAIS, ou *Blé de Turquie*; fl. et holl, *Turksch Koren*, ou *Turksche Tarwe*, *Frumentum indicum*, *Triticum indicum*, *Frumentum turcicum*.

MERISIER, *voyez* CERISIER.

MÉTEIL; mélange de froment et de seigle semés ensemble; fl., *Mestelein*; holl., *Masteluin*.

MOUSSE; fl. et holl., *Mos*. (Musci, subst. pl.)

NAVETS; fl., *Rapen*, au pluriel, et *Raep* ou *Rape* au singulier; holl., *Raap* ou *Knol* au singulier. Ce dernier mot en Hollande, signifie aussi un *mauvais cheval*, une *rosse*; et il est usité pour désigner un *benêt*, un *imbécille*: on y dit vulgairement *knollen* voor citroenen verkoopen (vendre des *navets* pour des citrons) et jamais «*Rapen* voor citroenen» dans le sens de «faire prendre des vessies pour des lanternes.» Le *Navet* ou *Chou-navet* (*Brassica-napus sativa*, et *Brassica oleracea napo-brassica* de Linné), qui donne la *navette*, graine dont on fait de l'huile, n'est pas la même chose que le *Colzat* ou *Chou-colzat* (*Brassica oleracea arvensis*). Les cultivateurs allemands les distinguent avec soin, dans la nomenclature en langue vulgaire; ils disent *Rüben* en parlant des *navets* destinés à la nourriture des bestiaux, et *Raapsaat* pour la plante et la graine du *Colzat*. Le *Navet sauvage* est la *Brassica-napus sylvestris* de Linné. Les *Turneps* des Anglais sont une variété de la *Brassica oleracea gongyloïdes* de Linné. De toutes les variétés de la

Rave ou Navet, le *Rutabaga* ou *Navet de Suède* est celle que l'on préfère aujourd'hui en France.

NIELLE ; on n'a pas employé ce mot, dans cet ouvrage, pour désigner la plante nommée vulgairement *Barbe-de-capucin* ou *Barbiche* (*Agrostemma githago* ou *Nigella arvensis* et *Nigella sativa*) : *Nielle* ici ne signifie que la maladie des blés, dite *charbon* et confondue souvent avec la *carie*.

NOYER commun ; fl. et holl. *note-boom* ou *neute-boom* ; quelquefois en fl. *Neutelaer* et *Notelaer*, tandis que *Neutelaar*, en holl., signifie *lambin*, *lanternier*. (*Juglans regia* et *Nux juglans regia*.) Les fruits du Noyer s'appellent, en fl. et en holl., *Okker-noten*. Les fruits du Coudrier ou Noisetier (*Corylus avellana*) nommé, en fl. et en holl., *Hazelaar*, se nomment *Hazelnoten*. On n'a point parlé de *noisettes* dans cet ouvrage.

ORGE ; fl., *Gerst* ; holl., *Garst* ou *Gerst*. (Hordeum vulgare.)

ORME ; fl. et holl., *Olm*. (Ulmus.)

OROBANCHE ; fl., *Honger*, *Longer*, *Keirssen*, *Hondspriemen*, et plus ordinairement *Priemen* ; ces trois derniers mots, substantifs pluriels ; holl., *Brem-raap*, *Karssen* ou *Smeer-kruid*. (Orobanche major, et souvent Orobanche vulgaris de Linné.)

ORTIE ; fl., *Tingel* ou *Tengel* ; holl., *Netel* ou *Brand-Netel*. (Urtica, Linn.)

PANAIS ; fl., *Pastinakels* ; holl., *Pinksternakelen*, littéralement *Panais de Pentecôte*. (Pastinaca sativa de Linné ; *et* Pastinaca sativa latifolia de Tournefort.)

PAVOT ; fl. et holl., *Heul-Zaad* ; mais dans ce dernier dialecte aussi *Mankop* et *Slaapkruid*, littéralement *tête d'homme* et *herbe somnifère*. (Papaver somniferum.) L'huile qu'on en tire est connue sous le nom d'*œillette*.

PEUPLIER ou *Tremble*, fl. et holl., *Populier* ou *Popel*, dont les feuilles ne sont pas cotonneuses ; angl., *Asp*, ou *Trembling Poplar* ; allem., *Zitter-Espe*. (Populus tremula, Linn.)

PEUPLIER BLANC, ou *Peuplier blanc* de Hollande, ou *Grisaille* ; fl. et holl., *Abeel* ; dont les feuilles sont couvertes de coton, en dessous ; angl., *White Poplar* ; allem., *Weisse Espe*.

(Populus alba, Linn.) Ce nom d'*Abeel* pourrait induire en erreur par sa ressemblance avec le mot latin *Abies,* qui indique les *Sapins*, tels que le *Cèdre du Liban*, le Larix, le Mélèze.

PHLÉOLE, fléau ou fléole; fl., *Lammer-steert,* littéralement *queue d'agneau ;* en holl., confondu avec plusieurs autres graminées. (Phleum pratense.)

PIN; fl. *Sperre-boom;* holl., *Sparren-boom.* (Pinus sylvestris.) C'est le Pin commun ou *Pineastre.* Pinus rubra, ou Pinus sylvestris rubra; *Pin d'Écosse* ou *de Riga.*

POIRIER; fl. et holl., *Peereboom.* (Pyrus.)

POIS; fl., *Erweten ;* holl., *Erwten.* (Pisum sativum.) Les *pois de pigeon* ou la *bisaille* en sont une variété : Pisum arvense.

POMMES DE TERRE; fl. et holl., *Aard-appelen* ou *Aard-appels* au pluriel, *Aard-appel* au singulier. (Solanum tuberosum.)

POMMIER; fl. et holl., *Appel-boom.* (Malus.)

SAINFOIN ou Esparcette; fl. *Hanen-kammen,* littéralement *Crête-de-coq;* holl., *Spaansche klaver,* littéralement *Trèfle d'Espagne.* (Hedysarum onobrychis.)

SARRASIN, Blé-noir, Blé-sarrasin ou renouée sarrasine; fl. et holl., *Bock-weit.* (Polygonum fagopyrum.)

SAULE; fl., *Wulg* ou *Wilg;* holl., *Wilg.* (Salix.) L'*Osier* est une espèce de Saule; *Salix vitellina.*

SEIGLE; fl. et holl., *Rogge.* (Secale cereale.)

SPERGULE, Espargoule, Spargoule, Spergoute ou Sporrée; fl., *Spurrie.* (Spergula arvensis.)

C'est de la *Spergula arvensis* de Linné que parle toujours l'auteur de ce livre, quand il emploie dans le texte original le mot *Spurrie ;* et le traducteur a constamment rendu ce mot par *Spergule.*

En hollandais, *Spurrie* signifie tantôt la *Luzerne* (Medicago sativa), tantôt l'*Epurge* (Euphorbia Lathyris.)

La Spergule (*Spergula arvensis,* décandrie-pentagynie, de la famille des caryophyllées) est un excellent fourrage pour les vaches; il augmente la quantité de leur lait en lui donnant une qualité meilleure : le beurre que l'on fait de ce lait est très recherché en Brabant ; on l'appelle *Spurrie-boter*. La *Luzerne* (Medicago sativa), que le texte désigne sous le nom flamand de *Rups-Klaver*, littéralement *Trèfle des chenilles*, est véritablement une espèce de Trèfle, tandis que l'*Euphorbe* ou *Épurge* (Euphorbia-lathyris, décandrie-trigynie, de la famille des tithymaloïdes) a une racine émétique et purgative. On voit à quelles méprises fâcheuses pourrait donner lieu un traducteur qui confondrait les deux dialectes de l'ancienne langue des Pays-Bas.

Les Anglais disent *Spergula*, *Spurrey* ou *Spurry*, pour *Spergula arvensis*; ils appellent *Medic*, ou *Medic-Clover*, ou *Snail-Trefoil* la Luzerne ou *Medicago sativa* ; l'Epurge (*Euphorbia lathyris*), dans leur langue, se nomme *Spurge*.

En Allemagne, dans les livres sur l'agriculture, la *Spergula arvensis* est nommée *Spörgel;* mais dans quelques provinces on l'appelle Hüner-biss ou *Hühner-biss*, littéralement *morsure de poulet*, nom qui s'applique souvent à la *Morgeline* et au *Mouron*, lequel Mouron s'appelle ailleurs *Gauchheil*. La *Luzerne*, en allemand, se dit *Schnecken-Klee*, littéralement *Trèfle des limaçons*, comme le mot anglais *Snail-Trefoil*, nom tout aussi mal approprié à l'objet que le mot flamand *Rups-Klaver*, *Trèfle des chenilles*. Enfin, l'*Epurge*, Euphorbia-lathyris, s'appelle, en allemand, *Purgier-Körner* ou *Spring-Körner :* ce dernier mot indique des propriétés aphrodisiaques, et il se rapporte au nom hollandais *Spring-Kruid*, qui se donne aussi à l'Euphorbe.

On pourrait faire un article à peu près de la même étendue chaque fois que l'on voudrait donner les noms vulgaires des plantes dans les diverses langues ; on s'en est abstenu. Cet exemple suffira pour montrer à quel point il serait essentiel d'indiquer toujours dans les ouvrages d'agriculture les noms botaniques, les seuls qui ne puissent laisser aucun doute.

TABAC ; fl., *Toebak ;* holl., *Tabak*. (Nicotiana-tabacum.)

TRÈFLE ; fl. et holl., *Klaver*. (Trifolium.)

Le Trèfle blanc, ou Trèfle à fleurs blanches, ou Trèfle rampant, est le *Trifolium repens* de Linné et le *Trifolium pratense album* de Tournefort, vulgairement dit le *Triolet,* qu'il ne faut pas confondre avec le *Trifolium saxatile* (Trèfle des pierres) quoiqu'en flamand le *Trifolium repens* porte quelquefois aussi le nom de *Trèfle des pierres*. (Steen-Klaver.)

Le Trèfle rouge est le *Trifolium pratense purpureum,* ou *Trifolium purpureum vulgare*, qu'il ne faut pas confondre avec le Trèfle incarnat, *Trifolium incarnatum* de Linné, dit vulgairement *Farouche* ou *Faronche*, cultivé dans quelques départemens de la France, et en particulier dans celui de l'Ariége.

TREMBLE. *Voyez* PEUPLIER.

VESCE ; fl., *Vitse ;* holl., *Vitse* et *Wikke*. (Vicia sativa.)

T.

# TABLE DES MATIÈRES.



## DIALOGUE PREMIER.

## DIALOGUE II.



## DIALOGUE III.

## DIALOGUE IV.

## DIALOGUE V.

## DIALOGUE VI.

# ERRATA.

Page 91, ligne 6. Au moyen de la forme hexagone; *lisez :* au moyen du rouleau de forme octogone.

105, 32. Dans l'ouvrage de Loudon, *Encyclopedie der Landwirthschaft*, Weimar, 1827; *lisez :* dans l'ouvrage de Loudon, intitulé *an Encyclopædia of Agriculture*, London, 1825; traduit en allemand sous le titre d'*Encyclopedie der Landwirthschaft;* Weimar, 1827. (Et voyez, au surplus, l'*Introduction*, pag. XLIV, l. 27, ainsi que la Table des matières, p. 340, l. 30.)

122, 15. Donneront; *lisez :* donnera.

161, 13. J'enterre du fumier non consommé; *lisez :* j'enterre, en octobre, du fumier non consommé.

181, 6. Le semence; *lisez* : la semence.

221, 11. J'ai quitté le terrain labouré et nettoyé mon champ de froment; *lisez* : j'ai quitté mon champ de froment dont le terrain était labouré et nettoyé.

# EXTRAIT

## DU CATALOGUE GÉNÉRAL

DE LA

# LIBRAIRIE

## DE MADAME HUZARD (NÉE VALLAT LA CHAPELLE),

Rue de l'Éperon, n°. 7.

AGRICULTURE (l') PRATIQUE ET RAISONNÉE, par sir *John Sinclair*, fondateur du bureau d'agriculture de Londres, etc.; traduit de l'anglais par *C.-J.-A. Mathieu de Dombasle*. Paris, 1825, 2 vol. in-8, fig. 15 f. et 19 f. franc de port.

Ami (l') des cultivateurs, ou moyens simples et mis à la portée de tous les propriétaires, de tirer le meilleur parti des biens de campagne de toute espèce, et de faire valoir avantageusement un domaine en BÉTAIL, VOLAILLE, GRAINS, VINS, etc.; par *Poinsot*. Paris, 1806, 2 vol. in-8, fig. 10 f. et 13 f.

Calendrier du bon cultivateur, ou MANUEL DE L'AGRICULTEUR-PRATICIEN; par *C.-J.-A. Mathieu de Dombasle*, 3e. édition, revue et augmentée. Paris, 1830, in-12. 4 f. 50 c. et 5 f. 75 c.

CHIMIE appliquée à l'agriculture, par M. le comte *Chaptal*, pair de France, membre de l'Institut, etc. 2e. édition, augmentée. Paris, 1829, 2 vol., in-8. 13 et 16 f.

Description des nouveaux INSTRUMENS D'AGRICULTURE les plus utiles; par *A Thaer*. Trad. de l'all. par *C.-J.-A. Mathieu de Dombasle*; avec 26 pl. gravées par *Leblanc*. Paris, 1821, in-4. 13 f. 50 c. et 15 f.

MANUEL PRATIQUE DU LABOUREUR; par *Chabouillé-Dupetitmont*, cultivateur, 2e. édition. Paris, 1826, 2 vol. in-12, fig. 8 f. et 10 f.

Mémoires et expériences sur l'agriculture, et particulièrement sur la culture des terres, le desséchement et la culture des ÉTANGS et des MARAIS, etc., par *Varennes-Fenille*. Paris, 1808, in-8. 3 f. et 3 f. 75 c.

Méthode pour recueillir les grains dans les années pluvieuses et les empêcher de germer; par *Ducarne-de-Blangy*. 1771, in-8, fig. 1 f. 25 c. et 1 f. 50 c.

Moniteur rural, ou TRAITÉ ÉLÉMENTAIRE de l'agriculture en France; par *Deschartres*. Paris, 1811, in-8 avec tableaux. 6 f. et 7 f. 75 c.

Moyens d'AMÉLIORER l'agriculture en France, particulièrement dans les provinces les moins riches et notamment en SOLOGNE; par M. le baron *Bigot de Morogues*. Orléans, 1822, 2 vol. in-8. 12 f. et 15 f.

OBSERVATIONS et AMÉLIORATIONS sur quelques parties de l'agriculture dans les sols sablonneux; par M. le comte *d'Ourches*. Paris, 1818, in-8. 3 f. et 3 f. 50 c.

Pratique des DÉFRICHEMENS; par *de Turbilly*, 4e. édit. Paris, 1811, in-8. 2 f. 50 c. et 3 f.

PRINCIPES D'AGRICULTURE et d'économie, appliqués, mois par mois, à toutes les opérations du cultivateur dans les pays de grande culture; par un cultivateur-pratique du dép. de l'Oise. Paris, 1804, in-8. 3 f. 50 c. et 4 f. 50 c.

THÉATRE D'AGRICULTURE ET MESNAGE des champs, d'*Olivier de Serres*, seigneur du Pradel, dans lequel est représenté tout ce qui est requis et nécessaire pour bien dresser, gouverner, enrichir et embellir la maison rustique. Nouv. édit. conforme au texte, augmentée de notes et d'un vocabulaire, publiée par la Société d'Agriculture du département de la Seine. Paris, 1804 et 1806, 2 vol. in-4, avec 15 pl. grav. 36 f. et 46 f.

Traité de la GRANDE CULTURE des terres, ouvrage utile à tous les cultivateurs et aux personnes qui voudraient faire valoir de grandes exploitations; par *Isoré*, cultivateur-propriétaire. 1802, 2 vol. in-12. 3 f. et 4 f.

Trésor (le) du cultivateur, ou le Moyen d'augmenter les RICHESSES du laboureur en améliorant la culture des terres et plusieurs branches d'économie rurale, etc.; par *Lemercier*. Paris, 1819, in-12. 1 f. 25 c. et 1 f. 50 c.

Voyage agronomique, précédé du parfait fermier; ouvrage traduit de l'anglais, de *Young*, par *de Fréville*. Paris, 1774, 2 vol. in-8, fig. 7 f. et 10 f.

EAU (de l') relativement à l'économie rustique, ou Traité de l'IRRIGATION des prés; par *J. Bertrand*. 1 vol. in-12, fig. 1 f. 80 c. et 2 f.

Essai sur la culture des PRÉS; par M. l'abbé *Payla*. Trad. de l'it. sur la 4e. édit., suivi d'un procédé pour faire un bon ENGRAIS, 1801, in-8. 1 f. et 1 f. 25 c.

Essai sur la MARNE; par M. *A. Puvis*. Bourg, 1826, in-8. 2 f. 50 c. et 3 f. 25 c.

Essai sur les ENGRAIS et les autres substances dont on fait usage en Italie pour améliorer les terres, et sur la manière de les employer, par M. le chevalier *Philippe Ré*; trad. de l'it. par M. *Dupont*. Paris, 1813, in-8, fig. 3 f. 50 c. et 4 f. 25 c.

Pratique raisonnée de la culture du TRÈFLE et du SAINFOIN; par *A. Bornot*. Paris, 1817, in-8. 2 f. et 2 f. 50 c.

Rapport sur l'emploi du PLATRE en agriculture, fait au Conseil royal d'agriculture par M. *Bosc*. Paris, 1823, in-8. 2 f. 50 c. et 3 f.

RICHESSE (la) des cultivateurs, ou Dialogues entre *Benjamin Jachère* et *Richard Trèfle*, laboureurs, sur la culture du TRÈFLE, de la LUZERNE et du SAINFOIN (trad. de l'allem., etc.). Paris, 1805, in-8. 2 f. et 2 f. 50 c.

Traité des PRAIRIES ARTIFICIELLES, des enclos et de l'éducation des MOUTONS de race anglaise; par *de Mante*. Paris, 1778, in-4, fig. 7 f. 50 c. et 9 f.

Traité des PRAIRIES ARTIFICIELLES, ou Recherches sur les espèces de plantes qu'on peut cultiver avec le plus d'avantage en prairies artificielles, et sur la culture qui leur convient le mieux ; par *H.-F. Gilbert.* 6e. édit. augmentée de notes par M. A. *Yvart,* et précédée d'une notice historique sur *Gilbert,* par M. *Cuvier.* Paris, 1826, in-8. 5 f. et 6 f. 50 c.

Art (l') de cultiver les POMMIERS, les POIRIERS, et de faire des CIDRES selon l'usage de la Normandie ; par le marquis *de Chambray.* Paris, 1765, in-12. 75 c. et 1 f.

Art de faire le VIN et de distiller les EAUX-DE-VIE ; par *A. B***.* Paris, 1820, in-8, fig. 2 f. et 2 f. 50 c.

Art de faire le VIN, par *Fabroni;* ouvrage couronné par l'Académie royale de Florence. Trad. de l'italien par *F.-R. Baud.* Paris, 1801, in-8. 3 f. et 4 f.

Faits et observations sur la fabrication du SUCRE DE BETTERAVES, et sur la distillation des mélasses ; par *C.-J.-A. Mathieu de Dombasle.* 2e. édit., 1822, in-8, fig. 4 f. et 4 f. 75 c.

Instruction théorique et pratique sur la fabrication des EAUX-DE-VIE de grains et de pommes de terre ; par M. *Mathieu de Dombasle.* Paris. 1820, in-8, fig. 2 f. et 2 f. 35 c.

Mémoire sur le SUCRE DE BETTERAVES ; par M. le comte *Chaptal.* 3e. édition corrigée et augmentée. Paris, 1821, in-8. 1 f. 50 c. et 1 f. 75 c.

Mémoire sur le cerclage des CUVES A VIN. Paris, in-8. 60 c. et 75 c.

Notice sur la nature et la culture du POMMIER, la qualité des pommes et leur vraie combinaison pour faire un CIDRE délicat et bienfaisant ; par M. *Renault.* Paris, 1817, in-8. 2 f. et 2 f. 50 c.

OEnologie française, ou Statistique de tous les VIGNOBLES et de toutes les BOISSONS VINEUSES et SPIRITUEUSES de la France, suivie de considérations générales sur la culture de la VIGNE ; par M. *Cavoleau.* Ouvrage qui a obtenu le prix de statistique à l'Institut, en 1827. Paris, 1827, in-8. 6 f. 50 c. et 8 f.

POMMIER (du), du POIRIER et du cormier, considérés dans leur histoire, leur physiologie, et les divers usages de leurs fruits, de leurs CIDRES, de leurs EAUX-DE-VIE, de leurs VINAIGRES, etc.; par *L. Dubois*. Paris, 1804, 2 v. in-12, fig. 3 f. 50 c. et 4 f. 75 c.

Gouvernement (le) admirable, ou la République des ABEILLES, et le moyen d'en tirer une grande utilité; par *J. Simon*. Paris, 1758, in-12, fig. 3 f. et 4 f.

Instruction sur la manière de gouverner les ABEILLES; par *Serain*. Paris, 1802, in-8. 2 f. 50 c. et 3 f.

Lettre sur l'éducation des VERS-A-SOIE et la culture des mûriers blancs; par *A.-R. Angeliny*. Paris, 1806, in-12. 2 f. et 2 f. 50 c.

Mémoire sur la manière d'élever les VERS-A-SOIE, et sur la culture du MURIER BLANC; par *Thomé*. Paris, 1767, in-12, fig. 2 f. 50 c. et 3 f. 50 c.

Traité complet, théorique et pratique sur les ABEILLES; par M. *Féburier*. 1810, in-8, fig. 5 f. et 6 f. 50 c.

Traité de l'éducation économique des ABEILLES; par *Ducarne-de-Blangy*. Paris, 1771, 2 vol. in-12, fig. 3 f. et 4 f.

ÉCUYER (L') DES DAMES, ou Lettres sur l'équitation, contenant des principes et des exemples sur l'art de monter à cheval; orné de figures, d'après les dessins d'*H. Vernet*; par *L.-H. Pons d'Hostun*. 2e édition, augmentée. Paris, 1817, in-8. 3 f. 50 c. et 4 f.

Nouveau régime pour les HARAS, ou Exposé des moyens propres à propager et à améliorer les races de chevaux, avec la notice de tous les ouvrages écrits ou traduits en français, relatifs à cet objet; par *Lafont-Pouloti*. Paris, 1787, in-8, fig. 5 f. et 6 f.

Recherches sur l'époque de l'ÉQUITATION et l'usage des chars équestres chez les anciens; par *Fabrici*. Rome, 1764, 2 v. in-8. 5 f. et 6 f. 50.

Traité d'ÉQUITATION, par *de Montfaucon de Rogles*, Paris, Imp. royale, in-4. 9 f. et 10 f. 50 c.

— Nouv. édit. d'après celle du Louvre. Paris, 1810, in-8, fig. 5 f. et 6 f.

Esquisse de NOSOGRAPHIE vétérinaire; par *J.-B. Huzard* fils. 2e. édit. Paris, 1820, in-8. (*Cet ouvrage est un abrégé de médecine vétérinaire.*) 5 f. et 6 f. 25 c.

GARANTIE (de la) et des vices redhibitoires dans le commerce des animaux domestiques; par *J.-B. Huzard* fils. Paris, 1825, in-12. 3 f. 50 c. et 4 f. 25 c.

Art de faire le BEURRE et les meilleurs FROMAGES, d'après les agronomes qui s'en sont le plus occupés, tels que *Anderson*, *Twamley*, *Desmarets*, *Chaptal*, *Villeneuve*, *Huzard* fils, etc.; avec 5 planches. Paris, 1828, in-8. 4 f. 50 c. et 5 f. 50 c.

Extrait de l'Instruction pour les BERGERS et les propriétaires de troupeaux, ou Catéchisme des bergers; par *Daubenton*. 5e. édition, augmentée d'une 15e. leçon sur les MÉRINOS, d'une planche indiquant l'âge des bêtes à laine et de notes; par *J.-B. Huzard* fils. Paris, 1822, petit in-12, 1 f. 50 c. et 2 f.

Instruction pour les BERGERS et pour les propriétaires de troupeaux, avec d'autres ouvrages sur les MOUTONS et sur les LAINES; par *Daubenton*, avec des notes par *J.-B. Huzard*; 5e. édition. Paris, in-8, avec 23 planches. 7 f. et 9 f.

Instruction sur la manière de conduire et gouverner les VACHES LAITIÈRES; par *Chabert* et *Huzard*. 3e. édition, augmentée. Paris, 1807, in-8. 1 f. 25 c. et 1 f. 50 c.

Instruction sur les BÊTES A LAINE, et particulièrement sur la race des MÉRINOS, contenant la manière de former de bons troupeaux, de les multiplier et soigner convenablement en santé et en maladie; par M. *Tessier*. Nouv. éd. Paris, 1811; in-8, avec fig. 5 f. 50 c. et 6 f. 75 c.

Lettre sur la NOURRITURE des bestiaux à l'étable; par M. *Tschiffeli*. Nouvelle édition, in-8. Paris, 1817. 1 f. 50 c. et 1 f. 75 c.

---

Imprimerie de Madame HUZARD (née Vallat la Chapelle), rue de l'Éperon, n°. 7.

Pl. I.

*N. L. Rousseau père Sculp.*

Pl. II.

*Pl. III.*

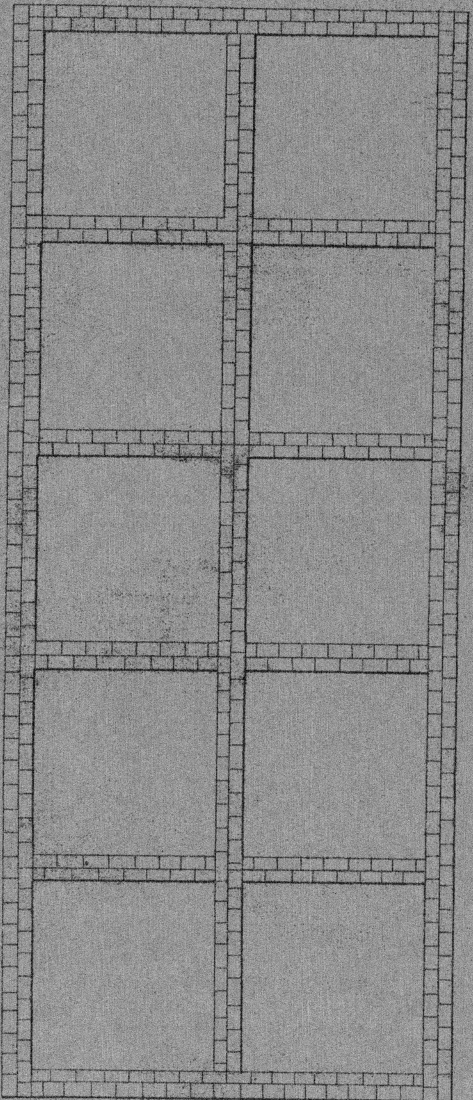

Pl. IV.

1 2 3 4 5
Pieds de France.
10 20 30 40 50 60 70 80 90 100 110 120 130 140 150
Centimètres.

Pl. V.

N. L. Rousseau père Sculp.

Pl. VI.

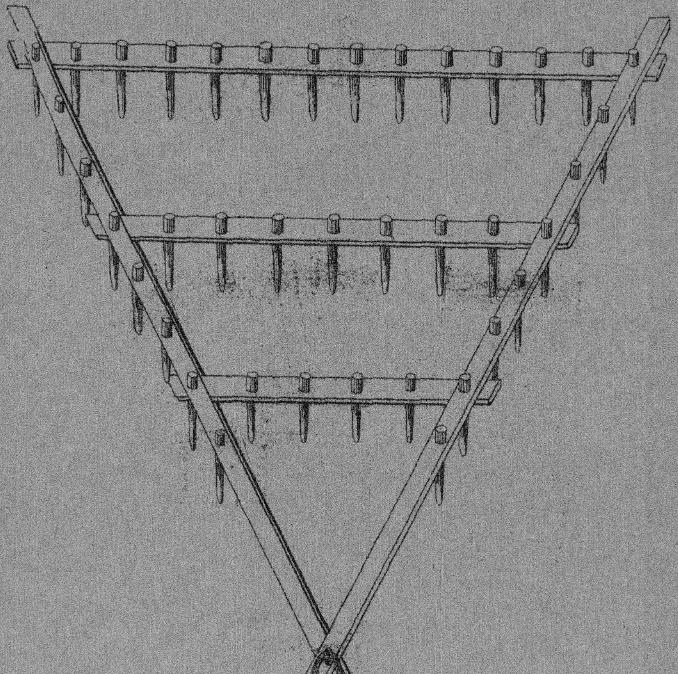

Pl. VII.

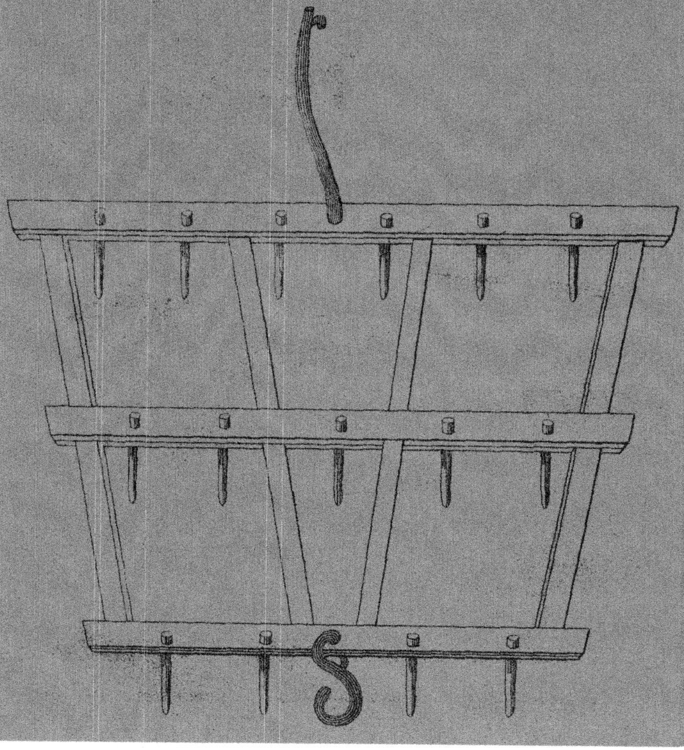

Pl. VIII.

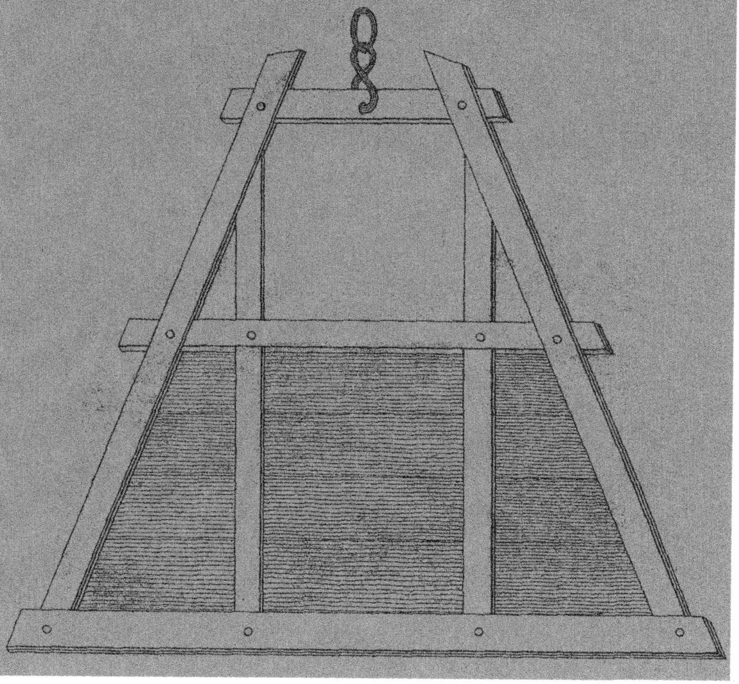

Pl. IX.

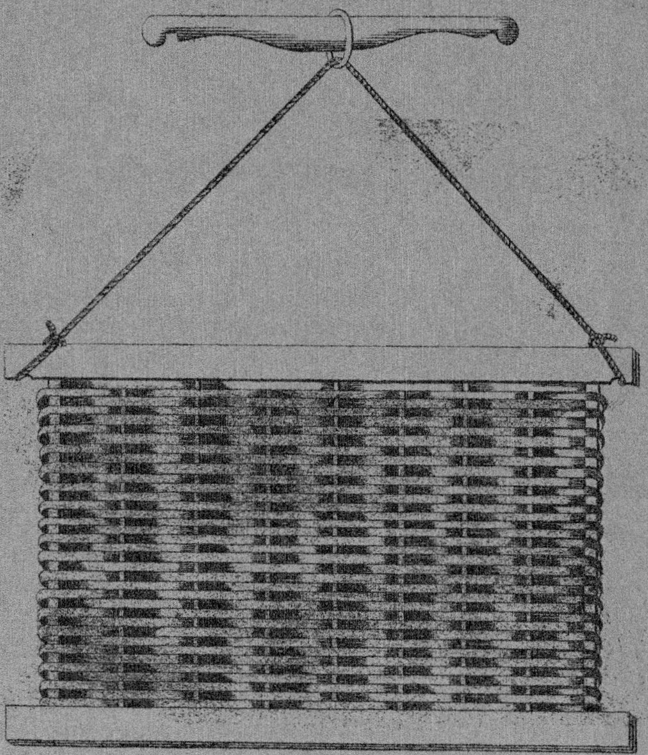

Pl. X.

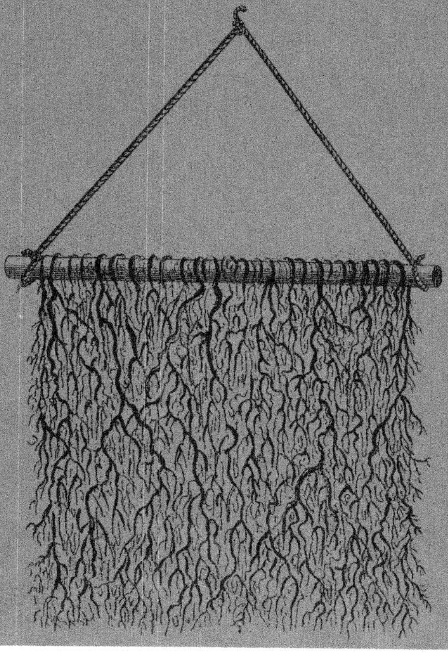

Pl. XI.

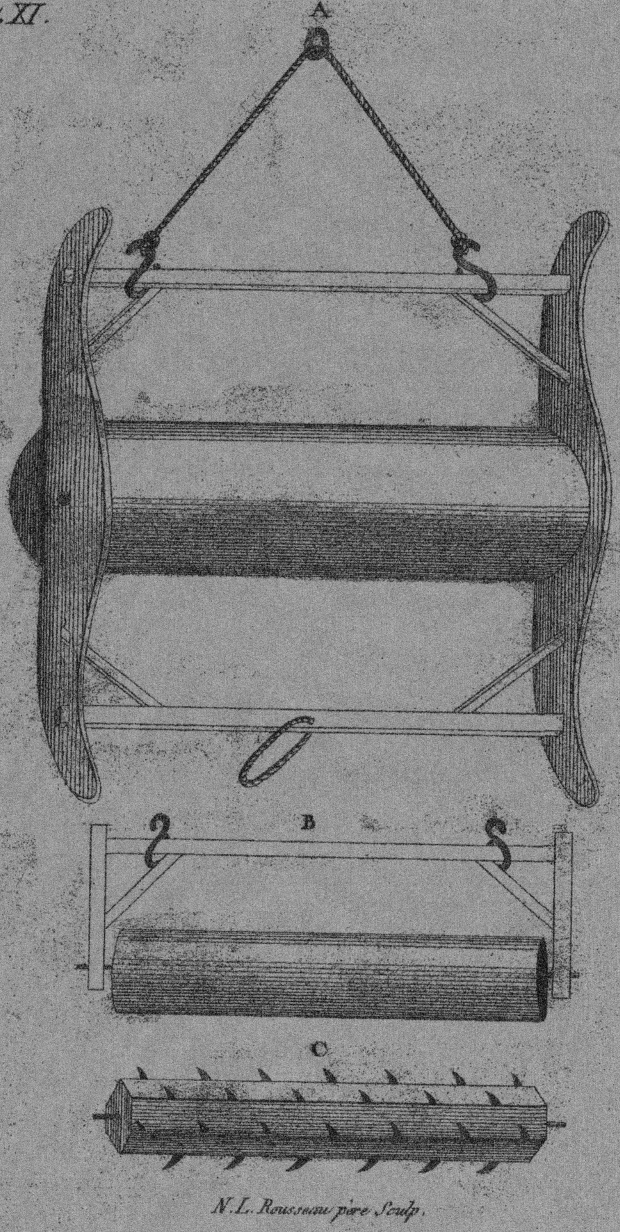


N. L. Rousseau père Sculp.

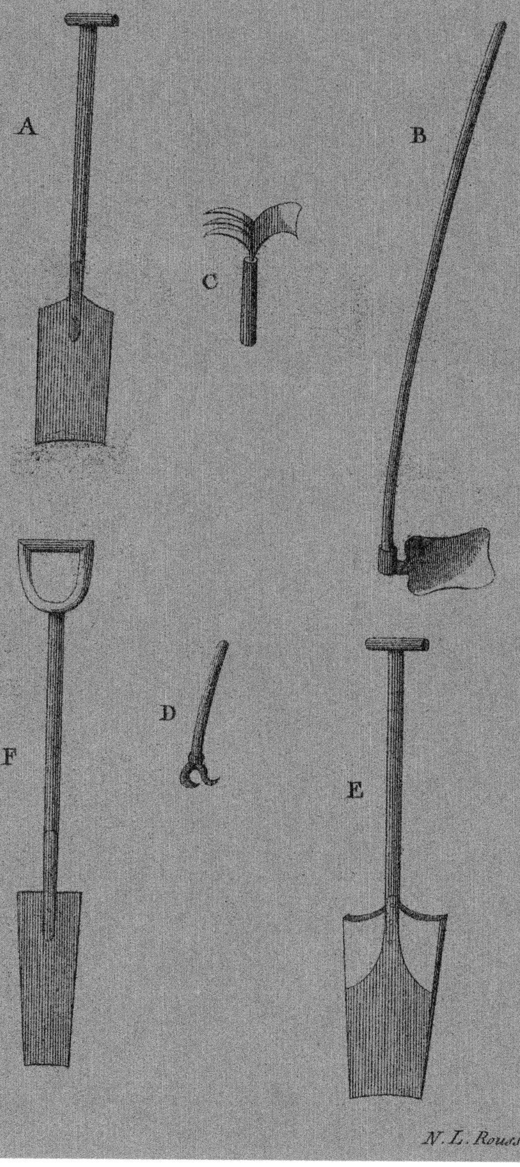


N. L. Rousseau père Scu

Pl. XIII.

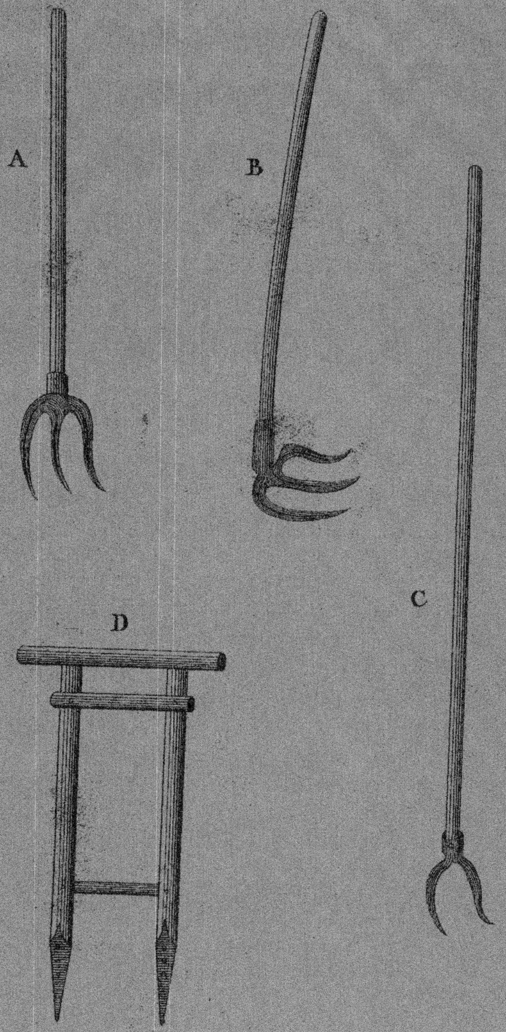

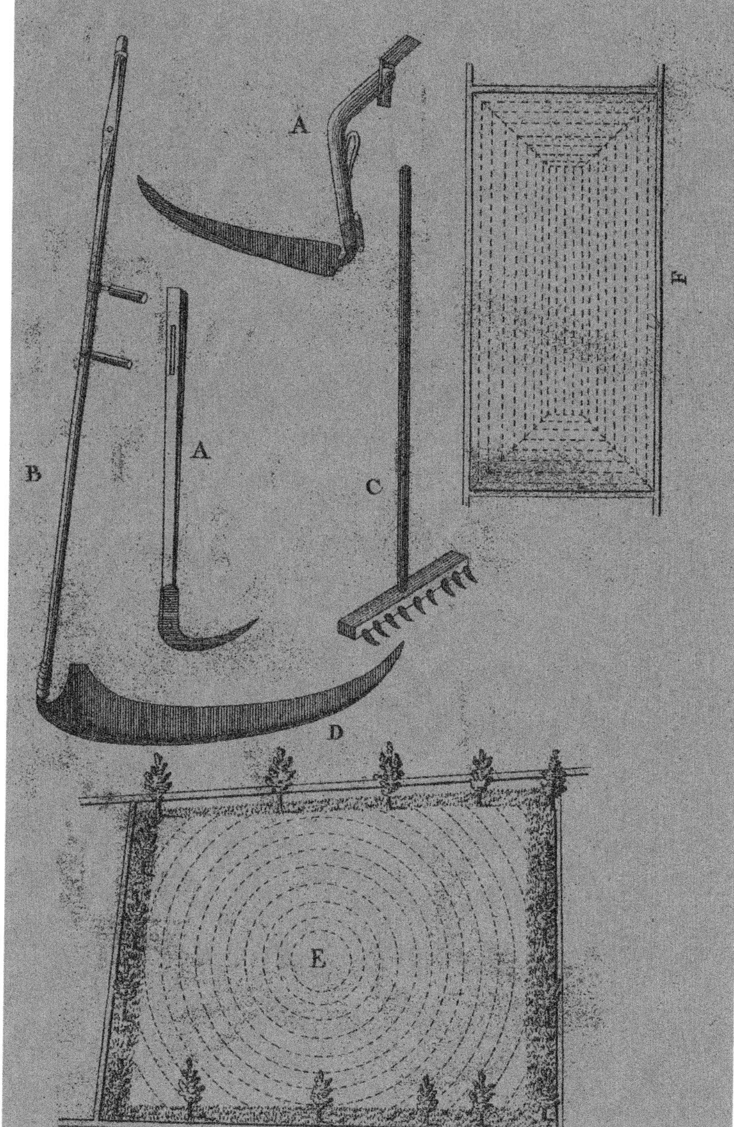
A
A
B
C
D
E
F

N. L. Rousseau père Sculp
l. XV.

Pl. XVI.

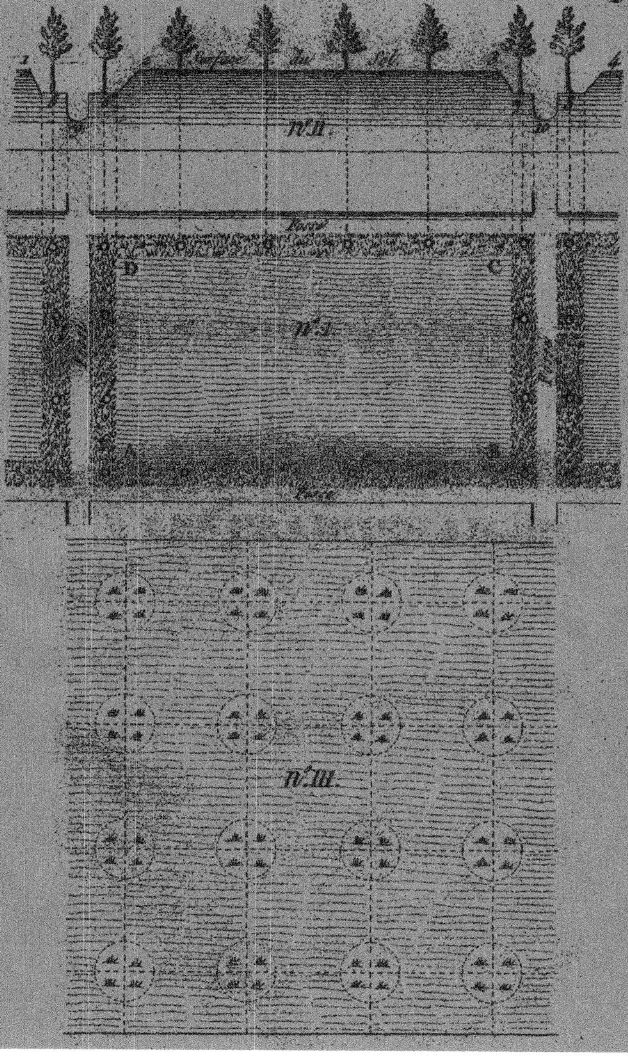

# SUPPLÉMENT

## A L'AGRICULTURE PRATIQUE DE LA FLANDRE,

CONTENANT LE MÉMOIRE

# SUR LES PRAIRIES AIGRES.

IMPRIMERIE
DE MADAME HUZARD (NÉE VALLAT LA CHAPELLE),
rue de l'Eperon, n° 7.

# L'AGRICULTURE

PRATIQUE

# DE LA FLANDRE,

PAR M. J.-L. VAN AELBROECK.

---

## SUPPLÉMENT

CONTENANT

LE MÉMOIRE SUR LES PRAIRIES AIGRES,

DU MÊME AUTEUR.

PARIS,

MADAME HUZARD (NÉE VALLAT LA CHAPELLE), LIBRAIRE,

RUE DE L'ÉPERON, N° 7.

1835.

## AVIS DE L'ÉDITEUR.

M. van Aelbroeck, aujourd'hui membre du Conseil de régence de la ville de Gand, publia, dans le courant de 1823, en idiome flamand, un volume de trois cent quatorze pages in-8° de texte, trente-deux pages d'introduction et observations préliminaires, et dix-neuf planches, sur l'*Agriculture pratique de la Flandre*. Cet ouvrage, imprimé à Gand, obtint le plus grand succès. Les journaux scientifiques le signalèrent comme un traité bien conçu, profond, exact et complet: on reconnut que l'auteur n'omettait rien d'essentiel; qu'il donnait tous les détails d'une ferme bien réglée, selon les usages de la Flandre, la terre classique de l'agriculture, et qu'il en parlait en habile propriétaire-agronome, en praticien éclairé qui, après avoir long-temps étudié, comparé, apprécié toutes les méthodes, fait connaître à ses compatriotes le résultat d'une longue expérience. Pour se rendre utile, d'une manière plus certaine, aux cultivateurs des deux anciens départemens français de l'Escaut et de la Lys, où cette classe d'habitans a conservé le dialecte ancien et vulgaire du pays, M. van Aelbroeck écrivit en sa langue maternelle, que l'on n'a pas même cessé de parler habituellement dans quelques parties de la Belgique, cédées à la France depuis la paix des Pyrénées en 1659, ou par les traités d'Aix-la-Chapelle et de Nimègue, en 1668 et 1678; surtout à Dunkerque, Bailleul, Steenvoorde, Cassel, et jusqu'aux portes de Saint-Omer.

On ne tarda guère à manifester le désir de voir paraître la traduction française d'un traité qui contenait tant d'observations, dont les agriculteurs pouvaient tirer parti, soit aux environs de Bruxelles, et dans les anciens départemens de Jemmapes, de l'Ourthe, de Sambre-et-Meuse, des Forêts, devenus partie intégrante du royaume des Pays-Bas, lors des traités de 1814 et 1815, et où l'on n'entend point le flamand, soit en plusieurs contrées de la France qui ont à peu près le même sol et le même climat que la Belgique. M. Wallez, aujourd'hui conseiller de légation de S. M. le Roi des Belges près le gouvernement britannique, et neveu de M. van Aelbroeck, habitait Paris depuis 1820, époque où sa longue opposition aux mesures politiques et financières des ministres hollandais l'avait forcé à se réfugier en France. Connu, chez nous, par des traductions de plusieurs ouvrages de littérature anglaise et allemande; auteur de quelques écrits sur l'histoire et la diplomatie, ainsi que de divers essais en botanique et dans les sciences naturelles; lié d'ailleurs depuis long-temps avec des membres distingués de

l'Institut royal de France, particulièrement avec M. François de Neufchâteau, ancien ministre de l'Intérieur, président de la Société royale d'agriculture de la Seine, il fut invité à nous donner en français le traité sur l'agriculture de son pays natal, dont il savait très bien l'idiome vulgaire. Feu M. Challan, vice-secrétaire de la Société d'agriculture de la Seine, dans un des rapports sur les travaux de cette Académie, s'exprime en ces termes: « M. le comte François de Neufchâteau,
» notre président, qui nous fait partager les re-
» grets si vifs qu'il éprouve lui-même, de ce que
» l'état de sa santé ne lui permet pas d'assister à
» nos séances, s'y rend cependant présent autant
» qu'il le peut, par des communications écrites,
» que la Société apprécie, et c'est par là qu'elle a
» reçu encore dernièrement un ouvrage ayant
» pour titre *l'Agriculture pratique des Flamands;*
» il est écrit dans cette langue; M. van Aelbroeck
» en est l'auteur, et M. Wallez le traducteur. Ce
» travail est le fruit d'une longue expérience,
» acquise dans un pays où l'agriculture est si flo-
» rissante; non seulement l'ouvrage dit tout ce
» qui s'y pratique par rapport à elle, mais il
» donne un *Calendrier agricole* détaillé pour les
» douze mois de l'année, et il traite beaucoup de
» questions qui intéressent l'économie domestique
» et commerciale. »

Ce livre fut publié, à Paris, en 1830, à la librairie de madame Huzard : il contient trois cent cinquante-deux pages in-8° de texte, en y comprenant une explication des planches ; une liste alphabétique des végétaux dont il fait mention, avec les noms botaniques ; une table détaillée des matières ; un grand nombre de notes, fournies par l'auteur, qui font, en quelque sorte, de la traduction française le type d'une seconde édition, *revue* et *corrigée ;* enfin, cinquante-six pages de préface, introduction et observations préliminaires, et seize planches où l'on a réuni tous les objets représentés dans les dix-neuf planches du texte original. L'édition de Paris, tirée à un grand nombre d'exemplaires, est presque entièrement épuisée ; mais, avant de la réimprimer, comme on se le propose, et d'ajouter à cette réimpression un *Mémoire* du même auteur sur les *prairies aigres*, mémoire qui présente un grand intérêt, l'éditeur a voulu procurer aux premiers acquéreurs de l'ouvrage l'occasion de se compléter sans les contraindre à des sacrifices pécuniaires qui, peut-être, ne leur paraîtraient pas suffisamment justifiés par d'autres avantages. C'est un procédé auquel, depuis plus de quarante années d'établissement, la librairie de madame Huzard se flatte d'avoir accoutumé les personnes qui lui accordent leur confiance.

Le *Mémoire sur les prairies aigres* avait été annoncé dans l'édition de 1830, vers la fin d'un paragraphe qui traite de la manière d'améliorer les prairies dont le gazon est usé : on y lit (page 47) une note ainsi conçue : « Si l'on veut » avoir une idée plus complète de ce qui concerne

» les mauvaises qualités des prairies ou des pâtu-
» rages, et les moyens d'y remédier, on peut
» consulter le *Mémoire sur les prairies aigres*, au-
» quel a été adjugée la médaille offerte par l'Acadé-
» mie royale des Sciences et des Arts, à Bruxelles,
» qui avait proposé un prix sur cette question,
» pour le concours de 1828. Ce mémoire, cou-
» ronné, a été rédigé en flamand par M. J.-L.
» van Aelbroeck, auteur de l'*Agriculture pratique*
» *de la Flandre.* »

Au moment où l'on imprimait cette note, l'éditeur croyait que la traduction française du *Mémoire sur les prairies aigres*, presque achevée par M. Wallez, pourrait être publiée immédiatement après le traité de l'*Agriculture pratique*. Mais, à la suite des évènemens de juillet 1830, le traducteur ayant quitté la France, pour prendre une part très active à la révolution belge de la même année, ses occupations, soit comme secrétaire du comité diplomatique, à Bruxelles, soit comme secrétaire de légation à Londres, lui firent perdre de vue les travaux littéraires dont il s'était chargé. Sur l'invitation pressante de l'éditeur, le manuscrit du *Mémoire* soumis à l'inspection de M. van Aelbroeck est arrivé enfin à Paris, et on s'empresse de le publier.

En 1831, la Société royale et centrale d'agriculture de la Seine, voulant reconnaître les avantages que trouvaient les agronomes français dans l'étude et la pratique de diverses méthodes indiquées par M. van Aelbroeck, décerna au traducteur la distinction que la Société accorde, chaque année, aux écrivains qui mettent à la portée de nos cultivateurs les ouvrages d'un grand mérite et d'une véritable utilité, publiés en langue étrangère dans les autres pays. Le procès-verbal de la séance publique, tenue par la Société royale et centrale d'agriculture, le 10 avril 1831, contient, à ce sujet, le passage suivant :

« La Société royale, etc...., décerne une grande » médaille à M. Wallez, à Bruxelles, pour la » traduction française qu'il a publiée d'un ou- » vrage en langue flamande, ayant pour titre : » *Agriculture pratique de la Flandre*, par M. van » Aelbroeck. » Cette décision avait été prise d'après le rapport fait à la Société, par trois de ses membres, et conçu en ces termes :

» Messieurs, vous nous avez chargés de vous » faire un rapport sur un ouvrage publié en idiome » flamand, ayant pour titre : l'*Agriculture prati- » que de la Flandre*, par M. van Aelbroeck, » traduit en français par M. Wallez, neveu de » l'auteur.

» L'auteur a adopté, dans son ouvrage, la » forme du dialogue, comme la plus propre à le » rendre populaire et à atteindre le but qu'il » s'était proposé. Il met en scène un proprié- » taire instruit et un habile praticien, qui pas- » sent successivement en revue, dans six chapi- » tres, toutes les parties de l'agriculture : labours, » assolemens, engrais et amendemens, choix de » semences, prairies naturelles et artificielles,

» manière de gouverner une laiterie, éducation » des bestiaux, conduite des arbres fruitiers, » instrumens aratoires, clôtures; enfin, rien de » ce qui tient à l'art agricole n'est omis dans cet » important ouvrage, qui doit être considéré » comme un traité complet sur l'agriculture fla- » mande.

» M. Wallez s'est appliqué non seulement à tra- » duire ce livre avec exactitude, mais encore » il l'a accompagné de notes et réflexions im- » portantes pour l'intelligence du texte. En » donnant au public une bonne traduction fran- » çaise du livre de M. van Aelbroeck, M. Wallez » a rendu un véritable service à notre agricul- » ture...... Nous avons l'honneur de vous pro- » poser de lui accorder une médaille de première » classe (1). »

Le témoignage rendu au mérite du Traité sur l'*Agriculture de la Flandre*, par une Société savante de Paris, ne tardera point à être confirmé dans la Grande-Bretagne et aux États-Unis d'Amérique, si l'on imprime bientôt à Londres, comme on nous l'annonce, la traduction anglaise du livre de M. Van Aelbroeck, d'après le texte français. Déjà, depuis long-temps, les voyageurs anglais, qui s'occupent d'agriculture, prenaient

---

(1) Voyez *Mémoires d'agriculture, d'économie rurale et domestique, publiés par la Société royale et centrale d'agriculture.* Année 1831. (Paris, chez Madame *Huzard*), pag. 5 et 107.

pour guide l'ouvrage de cet agronome, dans leurs excursions en Belgique, et cherchaient à se mettre en rapport avec l'auteur; ils lui communiquaient leurs observations et lui adressaient quelquefois des notes détaillées sur ce qu'ils avaient vu et remarqué. Les suffrages de tant de propriétaires et amateurs éclairés, soit de la Grande-Bretagne, soit de l'Irlande, paraissent avoir fixé l'attention d'un éditeur à Londres, qui entreprend, dit-on, de publier une traduction de l'*Agriculture des Flamands*. On croit que le traducteur anglais donnera quelques notes relatives aux pratiques sur lesquelles on est plus ou moins d'accord, dans l'intérieur de l'Angleterre, avec les cultivateurs belges, ou que l'on regarde comme plus ou moins applicables au sol et au climat des deux pays. Un agronome distingué, le révérend W.-L. Rham, recteur anglican, de la paroisse de Winkfield, près de Windsor, un des rédacteurs de l'ouvrage intitulé : *Penny Cyclopœdia*, auquel il a fourni beaucoup d'articles d'agriculture, entre autres les articles remarquables : *Barley* (orge), *Beans* (fèves), *Bete* (betteraves), *Bedford*, *Berkshire*, *Berwick* (agriculture des comtés de), et *Arable lands* (terres labourables), s'était rendu, en 1834, chez M. van Aelbroeck, qui passe l'été à sa maison de campagne de Gendbrugge (village situé à une demi-lieue de Gand, rive droite de l'Escaut, près de la grande route de Bruxelles), et il avait examiné en détail tout ce qui concerne l'agriculture des environs. Lors de son retour à Londres, il remit au traducteur français une série de notes manuscrites sur l'ouvrage de l'agronome flamand : son but était d'indiquer les points où les usages de la Flandre diffèrent de la pratique anglaise, mais sans prétendre décider entre les deux méthodes. En résumé, l'écrivain anglais semble regarder l'Irlande comme celui des trois royaumes britanniques où le système général d'agriculture flamande pourrait le plus facilement s'introduire, sans beaucoup de restriction, et il termine par ces mots : « Tout cultivateur trouvera dans ce » livre des indications utiles et des règles très » saines pour la pratique. Je connais peu d'ou» vrages sur l'agriculture où l'on présente moins » de points de fait et d'expériences qui ne puis» sent aisément se concilier avec les règles de l'art » et les bonnes doctrines (1). »

On a des motifs de croire que M. van Aelbroeck, dans une seconde édition française de son ouvrage, répondrait aux agronomes anglais, s'ils inséraient dans une traduction anglaise du Traité sur l'*Agriculture de la Flandre*, ou s'ils publiaient ailleurs des notes raisonnées, comme celles du révérend recteur de Winkfield, et qu'il réfuterait, au besoin, les observations qui lui

(1) « Every farmer will find hints and sound practical rules » in this book. There are few agricultural works, which » contain fewer practices which cannot readily be reconciled » to scientific rules. »

sembleraient erronées. On espère aussi que, pour cette nouvelle édition, il voudra bien entrer en quelques détails sur des objets qui, en Belgique, peuvent avoir éprouvé des changemens, soit en bien, soit en mal, depuis quelques années, par suite de nouvelles mesures législatives : tels sont, peut-être, l'état des distilleries d'eau de vie de grains, considérées comme fournissant le moyen d'élever de nombreux bestiaux et de se procurer une grande quantité de fumier, la situation des ouvriers flamands qui s'occupent de filer du lin et de fabriquer les toiles, ainsi que les résultats probables des lois sur l'exportation du lin et des céréales. Ces points importans ont été traités plus d'une fois par M. van Aelbroeck, contradictoirement avec d'autres économistes ou avec des commissions nommées d'office, quand il remplissait, avant 1830, les fonctions auxquelles il a renoncé, de membre des États provinciaux de la Flandre orientale et de secrétaire de la Commission royale d'agriculture.

Paris, 15 septembre 1835.

# MÉMOIRE

SUR

# LES PRAIRIES AIGRES,

PAR M. J.-L. VAN AELBROECK,

AUTEUR

DE L'OUVRAGE INTITULÉ :

L'AGRICULTURE PRATIQUE

DE LA FLANDRE.

# INTRODUCTION.

L'Académie royale de Bruxelles, dans sa séance du 7 mai 1827, avait offert une médaille d'or pour le meilleur *Mémoire* qui lui serait parvenu, en 1828, en réponse à la septième question proposée par la classe des sciences, et conçue en ces termes :

« Quelle est la raison physique qui donne à quelques unes » de nos prairies la qualité pernicieuse qui les fait désigner » ordinairement sous le nom de *prairies aigres* (en flamand, » *zuur-bemden*)? Quels sont les moyens les plus simples, les » plus économiques et les plus faciles pour corriger ces défauts » et favoriser le développement des plantes qui fournissent au » bétail une nourriture plus avantageuse ?

» L'auteur de la réponse donnera la topographie des lieux » auxquels son travail se rapporte, relativement aux lieux » circonvoisins ; il déterminera, par analyse, la constitution » du sol, et, par suite, indiquera les moyens de remédier à » ses défauts : il désignera aussi les plantes nuisibles qui s'y » trouvent, leur proportion relative aux bonnes, et celles » qui peuvent les remplacer avantageusement, eu égard à la » nature du sol. »

Dans son assemblée générale du 7 mai 1828, en faisant connaître les conditions du concours de 1829, l'Académie publia son jugement sur les mémoires qu'elle avait reçus en conséquence du programme de l'année précédente. Voici l'extrait littéral qui concerne la question d'agriculture.

Septième question relative aux *prairies aigres*. — Mémoire ayant pour épigraphe : *Fabricando fabri fimus*.

« L'Académie a considéré que ce mémoire était très bien » traité sous le rapport de la science agricole, mais qu'il ne » l'était pas également bien sous le rapport chimique, qui, » dans l'intention de l'Académie, et d'après l'esprit de son » institution, est une branche importante de la question, et » elle regrette de n'avoir pu lui adjuger que la médaille » d'argent. L'auteur est M. Van Aelbroeck, secrétaire de la » commission d'agriculture, à Gand. »

Ne serait-il pas permis de croire que l'Académie, en prenant cette décision, s'est laissé entraîner par un scrupule exagéré? La rédaction originale du programme de 1827 annonçait bien, d'une certaine manière, que l'on désirait une espèce d'analyse chimique; mais on sait que les cultivateurs sont rarement chimistes, de même que fort peu de chimistes sont agriculteurs : ce sont là des connaissances d'une nature différente, que l'on ne doit guère s'attendre à rencontrer chez les mêmes personnes, et dont on ne peut exiger la réunion. L'auteur pensa qu'il pouvait se borner à indiquer, en agronome, la constitution du sol, et il eut soin de donner, en peu de mots, les motifs pour lesquels il s'était abstenu de traiter la question sous le rapport scientifique. D'ailleurs, il avait présenté, avec plus de détail et d'étendue, quelques considérations dans le même sens, quand il publia son Traité de l'*Agriculture pratique de la Flandre*, pages 4, 5, 6 et 7 du texte flamand. (*Werkdadige Land-bouw-kunst der Vlamingen*, Gand, 1823, in-8°.) Voyez les pages 4, 5, 6, 7 et 8 de la traduction française (publiée en 1830, à Paris, chez Madame *Huzard*), et surtout la note de la page 6-7, envoyée au traducteur, par l'auteur, à l'occasion du livre de M. Chaptal (*Chimie appliquée à l'agriculture*), ouvrage dont la première édition avait paru en 1823, postérieurement à la publication du texte original de l'*Agriculture pratique de la Flandre*, et qui a été réimprimé en 1829; 2 vol. in-8° (Paris, chez Madame *Huzard*).

# MÉMOIRE

# SUR LES PRAIRIES AIGRES,

EN RÉPONSE

A LA QUESTION PROPOSÉE PAR L'ACADÉMIE ROYALE DE BRUXELLES.

(CONCOURS DE 1828.)

---

La question qui vient d'être proposée présente un véritable intérêt, puisque les prairies sont d'une grande importance dans notre agriculture, soit qu'on les fauche, soit qu'on les emploie comme pâturages. Il n'y a pas de plus belles et de plus riches propriétés; le produit en est considérable, et elles exigent beaucoup de soin et d'attention, tant de la part du propriétaire que du fermier.

L'objet de ce programme s'est déjà trouvé indiqué par plusieurs sociétés savantes, et spécialement par la première classe de l'institut royal des Pays-Bas, à Amsterdam, qui avait offert une médaille d'or, de la valeur de cinq cents florins, pour le mémoire le plus satisfaisant; mais la médaille n'a pas été adjugée (1). En remettant au concours le même sujet l'année suivante, l'Académie des sciences, à Bruxelles, nous prouve com-

---

(1) L'auteur n'avait pas concouru lors du concours d'Amsterdam: il ne s'est mis sur les rangs qu'à Bruxelles.

bien les hommes éclairés attachent de prix à la solution des difficultés qu'on rencontre en cette matière, et combien ils sont persuadés que son examen approfondi procurera de grands avantages au public.

Il y a peut-être quelque témérité de ma part à essayer de répondre aux vues de l'Académie; mais j'espère qu'elle me saura gré d'une tentative que je hasarde, avec l'espoir de me rendre utile. Enhardi par ce motif, je me crois obligé, cependant, de déclarer que je considère la question sous le seul rapport des connaissances pratiques en agriculture, et que je m'abstiendrai de toutes les spéculations de théorie. Sans m'arrêter à des dissertations scientifiques, je me bornerai, dans mes remarques, aux notions que m'ont fait acquérir une expérience de quarante années et les opérations réelles auxquelles je me suis livré pendant un si long espace de temps. Ces leçons de l'expérience fournissent, en plus d'un cas, un enseignement meilleur que celui des théories. Sans doute, l'étude sérieuse des principes de l'agriculture mérite d'être encouragée; mais si elle amène beaucoup de bonnes réflexions, elle n'en laisse pas moins subsister bien des doutes, qui ne peuvent être levés que par les expériences et les essais. Il n'en est pas ici comme de la mécanique, où il suffit de connaître la force déterminée d'une roue, pour savoir de quelle manière tourneront les autres. Il y a une diversité infinie, et souvent une contradiction étonnante, dans les résultats que l'on obtient de la culture des terres et dans leurs productions, selon que varient les années, les saisons et les localités. En agriculture, et en tout ce qui se rapporte à cet art, il n'y a rien de plus instructif que la leçon de l'expérience : on ne saurait suivre un meilleur guide.

Après avoir établi ces préliminaires, je dirai qu'à mon avis, pour atteindre le but que l'Académie se propose, il importe, avant tout, de déterminer la situation locale des prairies dont il s'agit de corriger les défauts, et qui semblent susceptibles d'améliorations importantes. Je commence donc par assigner le centre de la Flandre orientale comme la position choisie pour cet essai (1).

Dans le sens le plus strict de la question proposée, je regarde comme tout à fait inutiles, ou du moins comme peu importantes, et les descriptions détaillées des lieux dont je parle, et l'analyse rigoureuse du sol : je pense que je me suis renfermé, à cet égard, dans de justes bornes. Il me semble que l'Académie n'a désiré que la désignation des causes auxquelles il faut attribuer les défauts à corriger, et qu'elle demande simplement l'exposé des moyens les plus propres à remédier au mal. Qu'il me soit permis d'ajouter que l'analyse chimique du sol et la description minutieuse des parties dont il se compose présenteraient, à chaque pas, des diffférences plus ou moins notables, et serviraient plutôt à satisfaire la curiosité qu'à produire un avantage réel pour la pratique de l'agriculture. Tout bon cultivateur, dans son canton, reconnaît au premier coup-d'œil, non par la théorie, mais par une expérience exer-

---

(1) C'est dans la Flandre orientale et dans la Flandre occidentale que se trouvent le plus de prairies aigres, de mauvais herbages pour le foin et de mauvais pâturages de toute espèce : la nature de leur sol et leur situation varient à l'infini : ces prairies sont surtout celles qui se trouvent le long des ruisseaux, dans le pays d'Alost, le long du Bas-Escaut et du canal du Sas de Gand, sur les bords du canal dit *Moer-Vaert*, et de la rivière de Leede, soit Longue-Leede, soit Leede méridionale, et, en général, dans les bas-fonds.

cée, quelle est la nature du sol, à quel usage il est propre, et quels produits doivent y réussir le mieux.

Arrivé ainsi à l'examen de la question, je commence par établir que les causes naturelles des mauvaises qualités de quelques prés désignés communément sous le nom de *prairies aigres* ont principalement pour origine

1°. LE GISEMENT DÉSAVANTAGEUX DU SOL;

2°. LA MAUVAISE NATURE DU SOL.

Ces deux causes principales donnent lieu à plusieurs espèces d'effets nuisibles, dont l'origine varie beaucoup, et contre lesquels il faut employer, par conséquent, des remèdes différens. Il est donc nécessaire de traiter séparément chacun des défauts qui peuvent se présenter. On commence ici par les causes particulières que l'on comprend dans la PREMIÈRE CATÉGORIE (*le gisement désavantageux du sol*), et on les divise en quatre paragraphes.

## § Ier.

D'abord la position du sol est quelquefois trop basse; il en résulte alors que les eaux pluviales, faute d'une dérivation convenable et d'un écoulement obtenu à temps utile, continuent de séjourner, et qu'elles s'élèvent à une telle hauteur que le sol tarde trop longtemps à sécher au printemps, et qu'il ne sèche pas jusqu'à la profondeur nécessaire pour que la racine des bons herbages s'y développe et y pousse avec succès. Le sol qui se trouve sujet à un pareil inconvénient, quand même la nature du terrain serait fort bonne, ne produit que de l'herbe dont les racines, aigries par les eaux stagnantes, tombent bientôt en pourriture, et qui se trouve, à la fin, remplacée par une infinité de plantes aquatiques, telles que les roseaux, les joncs, la plante dite *queue-de-chat*, le chardon des champs, et une foule d'autres.

Pour remédier, autant qu'on le peut, à ce défaut, il convi nt d'examiner si l'on n'a pas le moyen de faire descendre les eaux superflues vers des terres situées encore plus bas, soit en creusant des fossés ou des rigoles, soit par des conduits ou tuyaux souterrains. Est-on parvenu ainsi à mettre à découvert la surface du sol, au point que, dès le printemps, la partie séchée se trouve à un pied au dessus du niveau des eaux stagnantes; les joncs et les autres grosses plantes aquatiques ne se sont-ils pas trop multipliés, on extirpe ces plantes jusque sous leurs racines, au moyen de la bêche; on remplit de bonne terre sèche les trous que l'on vient de former, et on y jette de la graine de foin. Au mois de février, on répand sur le sol quatre à cinq voitures de cendres de savon, et deux voitures de cendres de Hollande pour chaque bonnier (1); et, au bout de trois ans, on renouvelle cette quantité des deux espèces de cendres. L'aigreur produite par les eaux superflues s'infiltre dans les terres et disparaît; le sol perd sa moiteur, et il devient plus fertile chaque année. En fauchant tous les ans le foin, en laissant paître le bétail dans la prairie, et en la faisant jouir du bienfait que procure la cendre jetée à la surface, on verra s'anéantir les plantes d'eau et les mauvaises herbes, en même

---

(1) Le bonnier de 3 arpens (1 hectare 34 ares 37 centiares). On entend par *une voiture* de cendres la charge de deux chevaux dans les chemins de terre.

temps que la motte de gazon se montrera plus pure et serrée.

## § II.

Si le sol dont on vient de parler était trop mauvais, ou si l'ivraie, le foin aigre, les joncs et les plantes d'eau y dominaient trop pour que le remède bien simple que l'on vient d'indiquer pût paraître suffisant, il faudrait jeter dans la prairie, dès le mois d'octobre, quatre à cinq voitures de chaux éteinte par bonnier; retourner en planches de jachère, de 4 pouces de profondeur, au moyen de la charrue, la motte de gazon défectueux, et laisser le tout en cet état jusqu'au mois de mars ou d'avril, époque à laquelle il serait nécessaire de faire un second labour de 6 à 7 pouces. On planterait dans ce terrain des pommes de terre, en leur saison convenable; et, après les avoir recueillies, on labourerait encore le sol en planches de jachère, de 4 à 5 pouces, qui seraient laissées en repos jusqu'au mois d'avril de l'année suivante. Parvenu à cette époque, il faudrait donner au sol un nouveau labour, et on y semerait de l'avoine à l'instant même. Alors on prendrait le parti de briser la terre à la herse, ou en y faisant passer le traîneau de branchage (1); ainsi aplanie, on y semerait 24 à 26 livres de graine de foin, qui devrait être serrée et refoulée dans le sol par le rouleau. Quelques semaines plus tard, lorsqu'on veut ôter de

---

(1) Voyez, pour la manière de *briser* ou *rompre* la surface d'une prairie, la page 34 du traité de l'*Agriculture pratique de la Flandre*; et, pour l'instrument aratoire nommé *traîneau de branchages*, la page 88 et la planche X du même ouvrage de M. van Aelbroeck. (Paris, madame *Huzard*, 1830, in-8°.) Le *rouleau* y figure à la planche XI.

l'avoine les mauvaises herbes qui repoussent, il faut avoir soin de n'arracher que les plantes les plus grosses, afin de ne point endommager ce qui doit devenir de bon foin. Quand l'avoine est récoltée, on jette sur le sol, redevenu libre, deux voitures de cendres de Hollande, et on y fait passer de nouveau le grand rouleau, afin de refouler et de raffermir la racine de la nouvelle motte de gazon, après que l'on a de nouveau arraché la plus grosse ivraie (1). Ces travaux présenteront le résultat suivant : 1° la chaux et la cendre, qui ont été répandues, réchauffent le sol et opèrent, comme dissolvant, sur tout ce qu'une terre de cette espèce contient ordinairement d'acide, en même temps qu'elles réduisent à l'état de putréfaction les germes, filamens, racines et radicules des mauvaises herbes et des plantes d'eau que la charrue a retournées (2). 2°. Cette putréfaction

---

(1) Voyez, sur l'emploi de ce mot *Ivraie*, la liste alphabétique des noms de végétaux mentionnés dans l'*Agriculture pratique de la Flandre*, page 331.

(2) Toutes les substances qui contiennent une assez grande quantité d'alcali peuvent servir à combattre l'aigreur et l'humidité froide qui détériorent beaucoup de terres : tels sont surtout la chaux éteinte, les diverses espèces de cendres, la suie des cheminées, le fumier de moutons, de chevaux et de pigeons; l'engrais liquide, provenant des latrines, la cendre de savon, c'est à dire le résidu des savonneries; le résidu des fabriques d'amidon, des imprimeries d'indiennes, des raffineries de sucre, surtout de ces raffineries où l'on emploie les os broyés et calcinés : tout cela réchauffe le sol; tout cela fait grand bien aux bons herbages et détruit l'ivraie, les joncs, les plantes d'eau et la mousse. Les mêmes substances modifient ce qui, dans les parties nitreuses, sulfureuses ou huileuses des terres labourables ou des prairies, excède les besoins et peut nuire à la fertilité. Les personnes qui désirent améliorer ces sortes de terres peuvent donc se servir de l'une ou de l'autre des matières indiquées, en choisissant celles que l'on se procure avec le plus de facilité dans le voisinage, ou celles que l'expérience a fait reconnaître comme les plus utiles, d'après la

est accélérée ou même causée, en grande partie, par le second labour donné au sol, par la plantation des pommes de terre et par l'avoine qui a été semée : toutes ces choses contribuent à diminuer l'humidité froide du sol et à le rendre plus fertile. 3°. Peu de temps après la récolte des produits qu'on a semés, récolte qui compense très amplement tous les frais, l'herbe repousse et elle présente déjà un bon pâturage ; mais comme l'on sait que toute graine de foin contient une grande quantité de semences diverses de mauvaise herbe, laquelle réussit plus ou moins d'après la nature des diverses terres, et selon que celles-ci en contiennent plus ou moins le germe ou la racine, on sent la nécessité d'extirper de nouveau cette ivraie, au mois de mai ou de septembre. Si l'on procède ainsi, on est sûr d'avoir de bon foin ou un bon pâturage, et on voit, pendant deux ou trois années, l'herbage gagner continuellement en qualité comme en quantité ; car, en fauchant le foin tous les ans, et encore mieux en y laissant paître le

---

nature du sol. Il est entendu que, pour la quantité des divers amendemens indiqués dans ce mémoire, surtout pour la cendre de savon et la chaux, elle doit être modifiée selon les circonstances, et se proportionner au plus ou moins d'humidité du terrain, à la quantité de mauvaises herbes, des joncs et des diverses plantes aquatiques dont le sol est infecté. Il est bon de remarquer aussi, 1° que la cendre de savon produit un plus grand effet, la seconde année, que dans l'année même où l'on s'en est servi ; 2° qu'il faut se garder avec soin de répandre la cendre de savon ou la chaux sur un sol aride ou sablonneux, attendu qu'elles y feraient plus de mal que de bien ; 3° que la cendre de savon devient aujourd'hui si mauvaise, dans les fabriques du pays, que l'on commence à ne plus vouloir en faire usage et à préférer l'emploi de la chaux éteinte ou de la cendre ordinaire ; enfin, qu'à défaut de cendres de Hollande, on y supplée par la cendre ordinaire du bois ; mais que, dans le cas où l'on aurait le dessein d'employer la cendre des charbons de terre, il faudrait en prendre le double de la quantité des cendres de Hollande.

bétail, on donne à la motte de gazon le moyen de se fortifier et de croître; et, à mesure qu'elle se ferme davantage, elle acquiert la force d'étouffer l'ivraie. Si toutefois on trouve, après ces opérations, que le sol n'est pas encore assez purgé des mauvaises herbes, ou que l'avoine semée l'a épuisé trop, alors il est bon d'y jeter un engrais composé d'une quantité mélangée de six voitures de fumier consommé de chevaux, et de trois voitures de fumier de moutons; après cela, on y ressème de l'avoine ou de l'orge, avec de la graine de foin. Pour peu que, l'année suivante, on veuille répandre sur le tout cinquante hectolitres d'engrais liquide de vaches, vers la fin du mois de mars ou d'avril, l'amélioration aura été effectuée d'une manière plus complète et plus rapide.

## § III.

Dans le cas où les obstacles que présente le gisement du sol empêchent de faire écouler, par le procédé indiqué, toutes les eaux superflues, il ne reste plus d'autre moyen que de pratiquer au travers de la prairie, soit en long, soit en large, un certain nombre de fossés qui la divisent en bandes plus ou moins étroites, le tout pendant un été bien sec. La terre provenant de ces rigoles creusées à la bêche est superposée sur la partie du sol qui restait, en bandes oblongues, entre les fossés : la prairie est ainsi exhaussée, de manière qu'au printemps elle s'élève à un pied au dessus du niveau de l'eau. Assurément, la confection de ces fossés indispensables occasione une grande perte de terrain, puisque l'on anéantit ou que l'on rend improductive une grande partie de la surface du sol; mais, en compensation, les parties qui restent, pour la reproduction de l'herbage, et qui ont pris la forme de nos prairies, employées pour le blanchissage des toiles, se trouvent améliorées considérablement; et le bon foin qu'elles produiront en plus grande quantité dédommagera bien le propriétaire. S'il arrive que la terre tirée des fossés creusés à la bêche ne soit pas d'une bonne qualité, on ne la jettera point sur la partie de sol destinée à rester en herbage, mais on retournera cette même partie du sol jusqu'à 8 ou 10 pouces de profondeur, et l'on mettra la bonne terre à la surface. Un habile ouvrier sait arranger cela d'après les circonstances, et il règle son travail à la bêche d'après la nature du sol et la situation. Plus tard, on laboure le sol, dans un temps sec, au mois d'avril ou de mai; on y répand trois ou quatre voitures de chaux, et l'on y plante des pommes de terre, auxquelles on donne la moitié d'un engrais ordinaire, en fumier de cheval. Les pommes de terre étant recueillies, on laboure le terrain au mois d'octobre, et l'on y sème de l'orge d'hiver, avec de la graine de foin, sans engrais ou avec un demi-engrais (1). Il est certain que le produit de ces deux ou trois diverses récoltes rapportera bien au delà du montant des frais, à moins d'accidens extraordinaires, et l'on sera parvenu à porter une mauvaise prairie ou un mauvais pâturage au plus haut degré de perfection dont cette propriété fût susceptible.

## § IV.

Il existe une autre espèce de prairies dont le gisement

(1) Si le sol est passablement bon, le cultivateur fera bien d'y planter encore des pommes de terre la seconde année, et d'y semer du froment ou de l'orge, la troisième année, après un demi-engrais de fumier de cheval ou de mouton.

particulier donne aux herbages les plus mauvaises qualités, entre autres l'aigreur et l'àcreté. Ce sont les prairies situées au pied d'une montagne ou sur la pente d'une colline, surtout si des sources d'eau vive ou des eaux qui traversent le sol se joignent à ce premier inconvénient. La couche inférieure d'un terrain situé ainsi est ordinairement trop dure et trop compacte; cette circonstance et une position trop escarpée empêchent les eaux de s'infiltrer dans la terre, et ne leur permettent que de glisser avec lenteur entre les racines de l'herbe, en tenant la terre dans un état continuel de moiteur, ce qui amène inévitablement une masse de mauvaises herbes de toute espèce, et, dans quelques endroits, cette plante fatale dont le nom botanique est *ranunculus sceleratus*, et que les habitans de nos campagnes désignent sous le nom de *morceau du diable* (1).

Pour obvier, autant que possible, à cet inconvénient, il faut tracer, un peu plus haut que l'endroit où se trouve l'origine du mal, une ou deux fosses transversales, qui soient en ligne parallèle avec les parties du terrain dans lesquelles on s'aperçoit qu'il y a le plus d'aigreur et une plus forte quantité de mauvaises herbes. On donne à ces fossés une profondeur suffisante pour que les eaux qui s'écoulent puissent y être contenues en totalité, jusqu'à ce que l'on parvienne à leur procurer une dérivation, soit vers des fossés voisins, soit vers des fossés que l'on creuse au besoin. Si la situation du sol ne le permet point, ou que la chose ne soit prati-

(1) Le nom flamand de cette plante est *duivels-bete*; le nom français, dans quelques provinces, est *buot*. Linnée la désigne sous le nom de *Ranunculus sceleratus*. Elle est très malsaine pour le bétail, et surtout pour les moutons : elle se trouve dans les terrains marécageux et au bord des digues qui entourent des eaux stagnantes.

cable qu'en partie, on se borne à faire plusieurs petits fossés qui partent du grand fossé transversal, et qui le coupent à angle droit ou bien en diagonale, de manière à passer au travers des parties de la prairie où les mauvaises herbes se montrent avec le plus d'abondance. Un pareil travail, exécuté par un ouvrier intelligent et attentif, qui ait égard aux circonstances locales, suffira pour que l'humidité excessive disparaisse peu à peu, à mesure que les eaux superflues suivent la direction qui leur est donnée au moyen de tous ces conduits. Pendant la même année, on extirpe, à la bêche, les joncs et les autres mauvaises herbes les plus grosses; on répand la chaux et la cendre comme il a été dit ci-dessus; on renouvelle cette dernière opération au bout de trois ans, ou bien on jette sur le sol une quantité de bonne terre, à la hauteur d'un pouce, et l'on voit bientôt la motte de bon gazon y pousser de nouvelles racines, la chaux ayant anéanti, en grande partie, la mauvaise herbe et favorisé la croissance des bons herbages. Mais si le mal est trop invétéré, si les plantes aigres et malfaisantes ont trop pris le dessus, ou si le sol du pâturage paraît trop dur, trop compacte pour que les opérations indiquées, avec le secours des amendemens désignés, amènent la destruction de l'ivraie et le développement des bons herbages, il faut se résoudre à retourner le sol, au moyen de la charrue ou de la bêche, jusqu'à une profondeur de 8 à 10 pouces, plus ou moins, selon ce qu'exige la circonstance, et semer ou planter, pendant deux ou trois ans, les divers produits déjà indiqués : après cela, on peut être assuré qu'on sera parvenu à son but, autant que la chose était possible.

## § V.

Je n'ai pas déterminé ci-dessus, au juste, combien de livres de graine de foin il faut semer par bonnier, cela dépend de la nature de sdiverses prairies : les unes exigent une plus forte quantité de semence que les autres ; d'ailleurs, la graine est d'une qualité inférieure ou meilleure ; elle réussit mieux ou moins bien ; elle fournit un herbage plus ou moins épais. Les espèces que l'on regarde comme les meilleures en Flandre, et que j'emploie moi-même ordinairement, dans les proportions que je vais indiquer, sont :

| | | |
|---|---|---|
| 1°. La plante dite en flamand *Lammersteert* (queue-d'agneau), en français *fléau*, *fléole* ou *phléole* (*Phleum pratense*). . . . . . | 6 livres. | Total : 26 livres par bonnier (1). |
| 2°. Celle qu'on appelle *Vosse-steert* (*Alopecurus pratensis*). . . . . . . . . . | 6 livres. | |
| 3°. Celle qui porte le nom de *beemd-gras*, gazon des prés (*Poa pratensis*, ou *trivialis*). . | 6 livres. | |
| 4°. Celle qu'on appelle *knoop-gras*, gazon à nœuds (*Festuca elatior*). . . . . . . | 4 livres. | |
| 5°. Le trèfle (*Trifolium pratense*, *Trifolium repens*). . . . . . . . . . . . . . | 4 livres. | |

Je trouve utile de mélanger ainsi les diverses espèces de graminées que je viens de nommer, la pratique m'ayant démontré que souvent l'une ou l'autre de ces espèces réussit mieux dans telle ou telle sorte de terrain, y trouve plus facilement les sucs nourriciers qui lui conviennent, s'y développe davantage et y dure

---

(1) La *livre* dont il s'agit vaut 43 grammes 38 centigrammes. Le *bonnier* (de 3 arpens) vaut 1 hectare 34 ares 37 centiares.

plus de temps. — Au reste, il est impossible de prescrire, à cet égard, une règle certaine et invariable : tout cela doit se modifier d'après les localités. Mais il vaut toujours mieux employer trop de semence que d'en jeter trop peu. L'expérience et le jugement dirigeront la conduite du cultivateur : il sait que, dans les divers cantons, les terres ont quelque chose de spécial qui donne plus de force et de valeur à telle ou telle sorte de graminées, et il verra bien quelles sont les diverses espèces de plantes plus particulièrement propres à son terrain, qui repoussent en grande quantité au milieu des semences qu'il a répandues sur le sol. En effet, on dirait que les terres des divers cantons contiennent naturellement le germe de certains herbages qui ne demandent qu'à se développer, et qui, selon les circonstances des saisons et de l'atmosphère, poussent avec plus ou moins de vigueur, au point d'étouffer quelquefois, en de certaines années, les graminées que l'on vient de semer. C'est en me fondant sur cette expérience que je me suis déterminé souvent à prendre, pour l'ensemencement d'un terrain, les précautions suivantes. D'après la quantité de graines dont j'avais besoin, je tenais en réserve quelques *verges* (1) d'un pré où se trouvaient les meilleures sortes d'herbages, et j'y laissais le foin sur pied, pendant dix ou douze jours au delà du temps ordinaire des récoltes, afin de m'assurer que la semence de ces herbages de choix parviendrait à la plus parfaite maturité. La graine étant bien mûre, je faisais faucher le foin réservé, et, du moment où il était sec, je faisais tomber la graine, tout de suite, au moyen du battoir : de cette manière,

---

(1) La verge de Flandre vaut 14 à 15 centiares.

j'obtenais un excellent mélange des meilleures espèces de graminées de mon canton. Je me suis toujours trouvé plus satisfait du résultat, quand j'avais semé la graine récoltée ainsi, que du produit ou de la durée des herbages provenus de quelques autres semences, qui, trop souvent, cessent de repousser la deuxième ou troisième année, principalement le *phleum pratense*. Quand je n'avais pas sous la main ce qu'il me fallait, au temps des semailles, je me contentais de la meilleure graine ramassée dans la poussière qui reste au grenier après que le foin est enlevé. C'était un moyen économique, mais une opération peu profitable : d'abord, il me fallait bien le triple de la quantité ordinaire de semence, puisqu'une grande partie de celle que j'avais ramassée n'était pas suffisamment mûre; et, aprés cela, je voyais repousser une plus grande quantité d'ivraie qu'après avoir semé de la graine pure soigneusement récoltée, ce qui augmentait le travail à l'époque où il fallait nettoyer ma prairie. Quoi qu'il en soit, on ne saurait jamais trop recommander cette opération de sarclage ; il est impossible d'avoir une bonne prairie, si l'on néglige d'arracher la grosse ivraie qui se reproduit dans l'herbage, surtout les deux ou trois premières années : en l'arrachant, on donne à la bonne espèce d'herbes plus d'espace pour se développer, plus de latitude pour se former en masse bien serrée, ce qui empêche le progrés ultérieur des mauvaises plantes.

Il importe beaucoup, quand on veut former un bon pâturage, de bien diviser et de semer d'une manière égale et légère les plus fines espèces de graminées, telles que le *phleum pratense* : il faut, pour cela, que l'ouvrier ait une grande dextérité. Pour obtenir, autant qu'il était possible, cette bonne division des graines, voici comment je m'y prenais quelquefois : je faisais étendre une couche de sciure de bois sur une large pièce de toile étalée par terre ; par dessus la sciure je mettais une couche de semence de foin, répandue avec soin et d'une manière bien égale ; sur la semence venait une nouvelle couche superposée de sciure ou de cendres, de façon qu'il y avait deux fois plus de cendres ou de sciure que de semences de graminées ; je faisais mêler ensemble, à deux mains, ce qui composait les trois couches, et on réunissait le tout dans une cuve ou dans un sac. L'opération se répétait jusqu'à ce qu'il y eût la quantité nécessaire de graines pour le sol que je voulais ensemencer. L'ouvrier pouvait alors, avec toute facilité, répandre convenablement la graine sur le sol, et faire un semis de la plus parfaite égalité.

Quelques personnes diront peut-être que tant d'opérations indiquées, tant de fumier exigé pour le succès des travaux, doivent élever excessivement les frais des améliorations à obtenir. Une pareille objection viendra, surtout, de la part de ces propriétaires et fermiers paresseux ou peu zélés, qui restent attachés, en esclaves, aux anciens usages et à une aveugle routine, sans jamais vouloir prêter l'oreille aux conseils des hommes dont les efforts tendent sans cesse vers le progrès. L'avarice viendra aussi au secours de l'indolence, chaque fois que l'on proposera quelque essai en dehors des travaux journaliers et accoutumés. Pour la satisfaction des amateurs de cette classe, je me bornerai à dire qu'en suivant ma méthode, pour des prairies dont le sol était d'une nature passable, j'ai réussi très souvent à y produire, deux années de suite, de bonnes pommes de terre ou de l'avoine, sans aucune dépense de fumier : je n'avais pas besoin d'autre engrais que de la motte de gazon pourrie, que je faisais retourner en labourant le pré : cela produisait un assez bon effet, quoique, sans doute, à un degré moins satisfaisant qu'avec l'emploi de bons engrais. Il s'ensuit que, dans le cas où l'on n'ait point le fumier nécessaire, ou que l'on désire l'épargner, on peut se livrer aux opérations que je viens d'indiquer, sauf à se dispenser de l'emploi des engrais. L'amélioration qu'éprouveront les prairies compensera au moins le travail, surtout si l'on veut consentir à la faible dépense d'une quantité de chaux éteinte, pour la première année, amendement qui donnera au sol ce qui lui manque de sécheresse et de chaleur, en même temps que les plantes aigres seront anéanties.

Passons à la seconde CATÉGORIE DES CAUSES PRINCIPALES qui donnent aux prairies la qualité de *prairies aigres*.

La DEUXIÈME CAUSE PRINCIPALE de l'*aigreur* des prairies est *la mauvaise nature du sol.*

Les causes particulières qui rentrent dans cette seconde catégorie seront également traitées en quatre paragraphes.

§ I$^{er}$.

La première de ces causes particulières est la maigreur ou l'aridité de quelques prairies, de celles surtout qui contiennent trop de sable ou de sablon, et qui, en hiver, ne reçoivent point les irrigations venant d'un sol composé de bonne terre glaise, ou, d'ailleurs, bien cultivé. Ces pâturages sont très mauvais ; l'herbe en est sèche, mince et aigre, mêlée de diverses espèces de jonc fin et menu. On ne peut guère trouver de remèdes efficaces pour amender, jusqu'à un certain point, de semblables prairies ; les frais dépasseraient la valeur de l'amélioration. Tout ce qu'il est possible d'essayer, avec quelque espoir, se borne à de copieuses aspersions d'urine de vache, et à un engrais composé de résidu des fabriques d'amidon et des raffineries de sucre, de fumier des rues, de fumier de cochons, dans lequel on mêle une grande quantité de terre extraite des fossés autour des champs bien cultivés. Plus on emploie de ces divers engrais, ensemble ou séparément, et plus il y a de chances de succès : elles seront encore plus probables, si le sol contient un peu de terre glaise, et s'il n'est pas d'une aridité excessive. Mais c'est une opération qu'il sera nécessaire de renouveler de temps à autre, par exemple tous les trois ou quatre ans, sous peine de perdre tous les fruits du travail. Quand on s'aperçoit que rien de tout cela ne peut réussir, on n'a plus autre chose à faire que de planter, dans un semblable terrain, un bois taillis d'aunes, avec quelques rangées de saules ; ce qui sera d'un rapport infiniment meilleur qu'un mauvais pâturage.

## § II.

La seconde cause particulière, qui rentre dans la catégorie de la mauvaise nature du sol, est celle qui se présente quand une terre glaise trop lourde et une terre argileuse rendent le sol tellement compacte et dur, que les radicules de la bonne motte de gazon ne peuvent pas s'étendre et se développer assez bien pour y puiser la nourriture dont elles ont besoin ; telles sont ordinairement les terres qui se trouvent encore dans leur état primitif, les terres vierges que le soc de la charrue ou les coups de bêche n'ont jamais entamées, et sur lesquelles, faute d'irrigations, aucune terre nouvelle n'a pu être amenée pour exhausser le sol ancien. Alors le sol est froid, humide, serré au point de ne pas se laisser pénétrer par les eaux pluviales, et de rester inaccessible à l'influence bienfaisante du soleil et de l'air ; les bons herbages continuent d'y languir, tandis que les joncs et toute cette famille de plantes inutiles ou nuisibles se propagent avec plus de facilité. — Il faut également compter au nombre des mauvais pâturages ceux dont le sol se compose d'une trop grande quantité de sable ou de sablon, ou bien qui contiennent une couche de tuf bleuâtre ou blanc peu éloignée de la surface. Rien n'est plus difficile que d'améliorer ces sortes de pâturages d'une manière un peu satisfaisante ; on est bientôt effrayé par la peine et par la dépense, et l'on se dégoûte de l'essai. Voici comment je m'y suis pris quelquefois, en pareille circonstance, et je m'en suis passablement bien trouvé : je faisais labourer mon terrain à une profondeur convenable au moyen de la charrue de Malines (1), ou, ce qui valait encore mieux, je le faisais bêcher ; puis, je le divisais en planches de 20 pieds de largeur, avec des fossés larges de 2 pieds et ayant un pied et demi de profondeur. Après avoir fait étendre sur la surface la terre extraite de ces fossés, je plantais de trois rangées de bois taillis d'aunes chacune des divisions exhaussées entre les fossés : il en résultait, tous les sept à huit ans, une bonne coupe de bois, et chaque année, autant que

---

(1) C'est la charrue à pieds, sans roues, ayant le soc dans une position verticale, pour entrer jusqu'à 10 ou 12 pouces de profondeur : elle est décrite, page 87, et figurée, planche IV du Traité de l'*agriculture pratique de la Flandre*, par M. van Aelbroeck.

possible, une récolte de foin, fauché entre les rangées d'aunes. Ce qu'il y a de meilleur dans ce foin se donne en vert, dans l'étable, aux bêtes à cornes, et sec, pendant l'hiver, aux chevaux et vaches : l'herbage de qualité inférieure est employé dans les étables pour faire litière et se convertir en fumier. A la longue, la couche supérieure du sol finit par s'améliorer, à mesure qu'il est amendé par l'engrais que donnent les feuilles qui tombent et par la superposition des terres extraites des fossés, que l'on a soin de nettoyer à temps. Quelquefois aussi la terre glaise, ou l'argile, n'a pas une si grande dureté, ou bien la mauvaise couche n'est guère que de 8 à 9 pouces : on trouve, plus bas, une espèce de terre glaise moins compacte : il y a peu de sable et de sablon ; il devient possible d'entremêler tout cela, jusqu'à certain point, soit par le labour, soit à la bêche : alors, pendant deux ou trois années, on y plante des pommes de terre : la première année, on répand de la chaux ; plus tard, on emploie un fumier de cheval, et l'on finit par y semer de l'orge ou de l'avoine et de la graine de foin et de trèfle. Toutes ces opérations allègent, ouvrent et sèchent le sol, sans cesse remué et retourné : l'influence du soleil et de l'air s'y fait sentir et le pâturage devient plus productif. Si la terre est encore trop serrée, ou si elle a un gisement trop élevé, trop sec, pour un pré à faucher, au moins elle pourra servir de pâturage, et l'herbe en sera d'une bonne qualité, sèche ; excellente nourriture pour les bêtes à cornes, qui la mangeront avidement.

Si le terrain dont il s'agit se trouvait trop bas ou trop humide pour la culture des pommes de terre, il faudrait, au mois de septembre, jeter sur la mauvaise motte de gazon quatre ou cinq voitures de chaux par bonnier et labourer la terre à 3 ou 4 pouces de profondeur, en la renversant en planche de jachère : on la laisserait jusqu'au mois de mars ou d'avril, époque où il faudrait, pendant un temps bien sec, lui donner un nouveau labour, à 5 ou 6 pouces, la charrue étant suivie par quelques ouvriers chargés de prendre, à la bêche, dans chaque sillon, deux ou trois pelletées de terre et de les poser debout sur le sol labouré : trois semaines plus tard, on briserait, à la herse renversée, les mottes de terre ainsi posées perpendiculairement, et on répandrait sur le tout deux ou trois voitures de cendres hollandaises, ou quatre à cinq voitures de fumier, composé des immondices des rues; entremêlant ces engrais d'une quantité triple ou quadruple de bonne terre sèche; on y semerait deux années de suite de l'orge d'été, ou de l'avoine, après avoir disposé le terrain en planches plus ou moins larges, sur lesquelles il faudrait jeter la terre provenant des sillons, et faire entrer cette terre avec la graine dans le sol, par le moyen de la herse renversée. La seconde année, on semerait la quantité nécessaire de graine de foin dans l'orge d'été ou dans l'avoine, de la manière qui a été indiquée plus haut. Quand l'orge ou l'avoine est mûre et récoltée, on voit les bons herbages en pleine croissance, de même que l'ivraie : on a soin d'extirper celle-ci, au moins les plantes les plus fortes, dès la première quinzaine; et, vers la fin de septembre, on fauche le reste avec le foin qui a poussé, ou bien on y mène paître les bêtes à cornes. C'est ainsi que l'on s'est procuré enfin un pâturage, qui se trouve amélioré, autant qu'il en était susceptible, et les frais de l'amélioration sont compensés par la récolte d'orge ou d'avoine.

## § III.

Il existe une troisième espèce de prairies aigres, dont le sol est aqueux et marécageux : la teinte en est ordinairement d'un brun foncé, entremêlé de veines, tantôt grisâtres et tantôt couleur de rouille ; l'eau qui en sort est d'une teinte rougeâtre ou rousse. Un sol de cette nature est infecté de substances aigres et acides ; on y voit pousser en abondance les joncs, *la queue-de-chat*, le *ranunculus sceleratus*, ainsi que beaucoup d'autres plantes malfaisantes; et, en général, il ne mérite guère l'attention des cultivateurs. Cette sorte de pâturage est d'autant plus mauvaise que les bêtes à cornes, peu accoutumées à une pareille nourriture, âcre et amère, deviennent quelquefois malades par l'usage de ces herbes : elles répandent du sang, mêlé dans les urines, et elles ne fournissent plus de laitage de bonne qualité. Cependant je me suis rendu quelquefois acquéreur de semblables pâturages, à cause du bas prix auquel je pouvais me les procurer, et en considération du succès que je me promettais de mes essais pour les améliorer. Dans cet espoir, je commençais, à l'époque des plus grandes sécheresses d'été, par diviser le sol aqueux en un grand nombre de parties entrecoupées de fossés, afin de parvenir à l'écoulement, au moins partiel, des eaux superflues, qui donnaient au pâturage une aigreur excessive : je tâchais d'amener ces eaux dans les conduits et courans voisins. La terre provenant des fossés que je creusais était jetée sur les digues, et on la remuait à la bêche avec le reste du soï, à une pelletée et demie de profondeur ; de telle façon que la demi-pelletée de terre prise à la surface, et où se trouvait la plus grande quantité d'ivraie et de mauvaises plantes, était retournée la première, les pointes de l'herbe tournées en l'air, et on la déposait au fond du trou préparé ; après quoi, la pelletée entière et complète de l'autre terre était jetée sur la première demi-pelletée, afin que l'ivraie fût d'autant mieux étouffée. Ceci terminé, on répandait de la chaux éteinte, dans la proportion de quatre à cinq voitures par bonnier, et on la mêlait, dans le sol, à coups de herse. Le pâturage restait en cet état jusqu'au mois de mai : alors, je lui donnais un labour de 4 à 5 pouces, et j'y plantais des pommes de terre, auxquelles je donnais un engrais ordinaire de fumier. La seconde année, je cultivais des pommes de terre une seconde fois avec un demi-engrais ; la troisième année, je donnais au sol quelques voitures d'immondices des rues, et je semais de l'orge d'été avec de la graine de foin. La première année, je n'avais que des pommes de terre de médiocre qualité, mais, la seconde année, elles avaient réussi à souhait, tant pour la qualité que pour la quantité ; la troisième année, l'orge me présentait une riche et excellente récolte. Cette orge ayant été enlevée, je voyais prospérer déjà les herbages que j'avais semés, sauf un grand mélange d'ivraie : après quinze jours, l'ivraie ayant pris le dessus, et menaçant d'étouffer l'herbe, je faisais arracher, autant qu'il était possible, ce qu'il y avait de plus fort dans les mauvaises plantes, et je finissais par faire passer le grand rouleau sur le terrain entier, pour raffermir la racine des bonnes jeunes plantes. Au mois de septembre, j'avais déjà une demi-récolte de foin, que je faisais faucher de préférence. Je dis *de préférence*, parce qu'en fauchant on dompte beaucoup mieux l'ivraie que si l'on menait paître le bétail dans le pâturage : les bêtes à cornes éprouvent de l'aversion à l'aspect de plusieurs espèces d'ivraie, et elles ne veulent pas y toucher des dents ; le sol d'ailleurs n'étant pas encore assez raffermi, le piétinement des animaux le rend inégal et endommage l'herbe naissante.

Les fossés que j'avais creusés, le labour et les autres opérations que le sol venait de subir, la présence de la chaux et du fumier, tous ces moyens réunis ne tardaient guère à remédier au mal; on s'apercevait bientôt d'un grand progrès : la terre était moins froide et plus sèche; elle prenait une autre teinte et elle devenait fertile. C'est ainsi que, sans compter le produit des récoltes, qui dépassait les frais, j'ai converti en bonnes prairies, propres à être fauchées ou à servir de pâturages, un terrain presque abandonné : elles ont continué à donner des valeurs quatre fois plus fortes qu'avant les travaux entrepris.

Mais il faut dire aussi que, pour maintenir cette propriété en bon état, je suis obligé de nettoyer, au bout de trois ou quatre ans, tous les fossés d'écoulement, d'en ôter la terre qui peut y être tombée, d'en extraire les mauvaises herbes qui poussaient. De tout cela on forme des tas ou petits monticules avant l'hiver, et, plus tard, on les ouvre et on en répand la masse éparpillée sur le sol, qui en devient chaque fois plus élevé, plus sec et plus fertile. J'ai amélioré de cette manière bien de mauvais pâturages marécageux, et je m'occupe encore actuellement de semblables travaux dans mon district.

Il est vrai que j'ai remarqué plus d'une fois que certaines prairies de cette espèce, formées par des étangs ou des viviers comblés, avaient un sol trop humide et d'une trop grande âcreté pour que les améliorations tendantes à le convertir en pâturage ou en terre labourable fussent de quelque effet après trois ou quatre années : les mauvaises plantes, qui appartiennent plus spécialement à la nature de ces terrains, y repoussaient vite et en abondance. Pour en venir à bout, j'ai imaginé un moyen : quand la prairie excessivement aqueuse avait servi de pâturage pendant trois ans, je la cultivais pendant trois autres années consécutives, comme terre labourable, d'après la méthode indiquée ; après quoi elle redevenait pâturage pour trois ou quatre ans, et ainsi de suite, de manière à changer tout à fait de culture dans chaque intervalle de trois ou quatre années. Cela m'a d'autant mieux réussi, que la motte de gazon, formée dans les trois ou quatre ans, étant labourée ou bêchée, sert d'engrais, et qu'il suffit d'y ajouter un peu de chaux ou de cendres pour y cultiver de nouveau la pomme de terre et plus tard de l'orge, de l'avoine et même du froment. Il est clair que, par ce travail continuel, on améliore le sol de plus en plus.

## § IV.

Maintenant il convient de dire qu'à proximité des meilleures prairies on en trouve souvent de très médiocres, qui donnent de l'herbe excessivement menue et en faible quantité, quoiqu'il y ait peu de différence dans le gisement et dans la qualité du sol des unes et des autres, et quoiqu'elles reçoivent toutes également bien ou mal l'irrigation des rivières ou des sources voisines. Beaucoup de personnes avouent qu'elles ne connaissent point la cause d'un pareil phénomène. Pour peu qu'on y réfléchisse et que l'on ait quelques notions pratiques de ce qui regarde les prairies, on conçoit aisément que l'origine du mal n'étant ni dans le gisement ni dans la nature du sol, c'est à l'impéritie et à la négligence du propriétaire ou du fermier qu'il faut s'en prendre. Puisque ces prairies se trouvent dans le même canton, et souvent à côté l'une de l'autre, enfin, puisqu'il n'y a guère de différence dans la nature du sol, elles pourraient évidemment fournir des herbages de la même valeur, soit pour la qualité, soit pour la quantité. On se trompe, néanmoins, si l'on s'imagine, comme le prétendent bien des gens, que les prairies d'une bonne qualité, qui fournissent du foin d'une excellente espèce, doivent conserver toutes également ces avantages en raison du temps plus ou moins favorable qui règne au printemps et en été. C'est là une erreur grave : dans la nature, tout est sujet à se détériorer, et les prairies ne sont point exceptées de la règle ; tôt ou tard le meilleur gazon finit par vieillir et s'user, comme toute autre chose. Quelques années d'excessives sécheresses ou de fortes gelées, un vent du nord piquant et sec, qui se prolonge pendant les mois d'avril et de mai, tout cela peut agir sur une prairie plus ou moins que sur une autre, et endommager à différens degrés le gazon dont elle se compose. Les eaux trop abondantes, et même les vents, peuvent y amener, en quantité plus forte ou plus faible, des semences d'ivraie et de plantes malfaisantes qui usurpent la place de la motte de gazon usée ou à moitié pourrie : c'est ce que j'ai vu fréquemment. Alors, pour combattre le mal, voici comment j'opérais : j'avais, par exemple, un bonnier de prairie qui, après avoir donné, pendant plusieurs années, beaucoup de foin de la meilleure espèce, ne présentait plus qu'un gazon tout à fait détérioré, en conséquence de l'extrême sécheresse de deux printemps et de deux étés; le foin était devenu si court, si menu, si aride, que je ne récoltais plus un tiers du produit ordinaire : eh bien, au mois de septembre, je prenais dans les fossés voisins, qui avaient besoin d'être nettoyés, quatorze à seize voitures de bonne terre, à laquelle je mêlais trois voitures de fumier de cochon et trois à quatre voitures de chaux; de ce mélange je formais un grand tas; au commencement de mars, cette masse était remuée à la bêche, et l'on brisait en petites fractions la terre et le fumier, qu'on remettait de nouveau en un tas : trois ou quatre semaines plus tard, dans un temps sec, le tout se transportait sur le pré, où le mélange s'éparpillait de façon à exhausser le sol d'environ un pouce. Les racines de la motte de gazon usée y puisaient une nouvelle nourriture et acquéraient de la vigueur; l'herbe repoussait plus fraîche et meilleure; je trouvais bientôt que le foin avait la quantité et la qualité ordinaires. Cette amélioration devenait d'autant plus certaine et plus durable si, l'année suivante, au mois d'avril, je donnais au terrain un arrosement d'urine de vaches. Quand, toutefois, ces moyens me paraissaient trop dispendieux, surtout si les prairies se trouvaient situées de manière à recevoir, en hiver, les irrigations des rivières ou des sources voisines, je me contentais d'un travail plus simple. Au mois de mars, je faisais passer la charrue dans la prairie, à trois pouces de profondeur; et, au moyen de la herse renversée, j'ouvrais et je brisais les mottes de terre, autant que je pouvais : alors j'y semais de l'avoine, à raison de trois sacs par bonnier, avec 12 à 14 livres de bonne et pure semence de foin. Après la récolte de l'avoine, les radicules de la vieille motte de gazon s'étaient déjà renouvelées en grande partie, dans la terre brisée ; l'herbe qu'elles faisaient pousser, jointe au produit de la nouvelle graine de foin, donnait, l'année suivante, une assez belle récolte, au moins pour la qualité, quoique peu abondante, par la raison que la jeune motte de gazon, trop peu resserrée la première année, fournissait des brins d'herbe trop isolés. Mais, la seconde année, cet inconvénient disparaissait, et ma prairie devenait aussi bonne qu'auparavant, sans le céder en rien aux autres prairies du canton. Dans l'intervalle, mon avoine récoltée m'avait donné un produit qui valait bien celui d'une bonne année de foin. Il m'est arrivé aussi de semer l'avoine deux années de suite sur de semblables prairies : l'avoine réussissait ordinairement mieux la seconde année, parce que la graine avait joui davantage de l'engrais que fournissait la motte de gazon, retournée par le soc de la charrue et tombée en putréfaction. Ajoutons que, la seconde année, la terre étant mieux rompue et divisée, les racines pouvaient s'étendre plus aisément. Mais si je semais de l'avoine deux fois de suite, sans donner de fumier, dans un terrain qui n'appartenait pas à la meilleure espèce de prairies, le sol s'amaigrissait nécessairement, et je me voyais obligé d'y répandre trois voitures de cendres de Hollande par bonnier (1).

---

(1) Il ne me semble pas inutile de remarquer, ici, que l'expérience m'a fait connaître à quel point, dans les travaux d'amélioration des prairies, on peut tirer parti des jets que l'on détache de l'orge employée par les brasseurs de bière. Ces jets d'orge sont telle-

Je viens d'exposer tout ce que j'ai fait, et tout ce que j'ai vu faire dans mon canton, depuis quarante ans, pour améliorer les prairies. Mais il est impossible de suivre toujours et partout, à la lettre, ce que je viens de dire : la quantité ou l'espèce de fumier, les travaux plus ou moins complets, tout cela est subordonné aux circonstances ; il faut que l'ouvrier ait assez de jugement pour modifier les moyens d'amélioration, en raison des besoins et des localités ; on ne peut jamais lui recommander assez d'y mettre toute son attention et tous ses soins.

Pour stimuler davantage le zèle des cultivateurs, je leur présenterai les observations suivantes :

1°. La valeur des divers produits agricoles, semés ou plantés, afin d'améliorer le sol et l'herbe des prairies, présentera, dans le temps des récoltes, à peu près l'équivalent de tous les frais, des contributions foncières et du prix de bail.

2°. Il n'existe point de terres d'une nature tellement mauvaise, qu'elles ne soient susceptibles d'améliora-

---

ment utiles, que j'ai toujours tâché de m'en procurer la plus grande quantité possible, au mois d'avril, pour les faire mettre sur mes prés, à raison de quatre-vingts à cent sacs par bonnier. Comme il est difficile de les répartir avec égalité sur tous les points du sol qu'on veut amender, je les fais éparpiller, au moyen d'un balai de bouleau, dans les endroits où ils sont tombés en masse trop épaisse. Au bout de quinze jours, pour peu qu'il y ait eu quelque bonne pluie, tout le monde paraît étonné du changement favorable qui s'est opéré dans les herbages couverts de jets d'orge, en comparaison des herbages pour lesquels on n'a pas fait cet essai, que je recommande fort à tous les cultivateurs. Cependant ces jets d'orge, que chacun pouvait se procurer à peu près *gratis* à l'époque où l'on commençait à les employer, ont fini par être si fort recherchés, que les brasseurs ne les cèdent plus qu'à raison de 50 à 60 centimes le sac, ce qui en diminue l'usage.

tions plus ou moins satisfaisantes sous la charrue d'un bon agriculteur. Lorsqu'on aura quelques doutes sur le succès éventuel des moyens que proposent ou qu'imaginent les hommes de l'art, on fera très bien de s'en rapporter à sa propre expérience, dont les enseignemens sont toujours plus sûrs que la leçon fondée sur des théories : que l'on essaie donc les remèdes indiqués, mais en commençant l'épreuve sur une fraction peu importante du terrain où le besoin d'une amélioration se fait sentir ; on verra, par le résultat, jusqu'à quel point il conviendra d'appliquer à toute l'étendue de la propriété les opérations tentées sur une partie du sol.

Comme développement de mon mémoire et pour éclaircir encore la question posée, j'ajouterai :

1°. Que l'on ne saurait trop insister sur l'avantage qu'une longue expérience m'a fait trouver dans l'expédient de convertir en terre labourable, pendant deux, trois ou quatre années, le sol des prairies aigres, afin de l'améliorer ainsi et d'extirper les mauvaises espèces de foin ou d'herbages qu'elles produisent, ainsi que l'ivraie qui s'y multipliait ; on peut y cultiver des pommes de terre ou des céréales : un agronome intelligent se décide sur la préférence à donner aux unes et aux autres, d'après le gisement et la nature du sol, circonstances qui l'éclaireront de même sur le mode le plus avantageux de diriger cette culture.

2°. Quand je me déterminais à convertir des prairies en terres labourables, et que mon terrain me paraissait également propre à la culture de l'orge et à celle de l'avoine, je donnais quelquefois la préférence à l'orge, dès qu'il s'agissait des derniers travaux à faire sur le sol : l'orge arrivant très vite à sa maturité complète, et pouvant se récolter trois mois plus tôt que l'avoine, il en résulte que la graine de foin a le temps de mieux pousser la même année (1). Cependant j'obtenais d'ordinaire, dans les terres dont je viens de parler, une récolte d'avoine plus abondante et meilleure que mon orge. Cela tenait uniquement à ce que le sol n'était pas suffisamment nettoyé des matières aigres, par la culture qu'on lui avait donnée, tandis que l'orge est d'une nature très délicate, et souffre beaucoup de la présence de toutes ces acidités. Il faut y faire une grande attention quand on veut semer cette espèce de céréales.

3°. Plus mon sol était de mauvaise qualité, et plus volontiers je donnais la préférence à la culture des pommes de terre ; bien entendu, quand le gisement n'était pas trop bas et qu'il n'y avait pas trop d'humidité, ou du moins quand il devenait possible de faire disparaître

---

(1) Quelques personnes m'objecteront peut-être que l'opération qui consiste à semer du foin dans l'avoine ou dans l'orge n'est pas des meilleures; que le chaume de ces deux céréales contribue trop à rendre le sol léger, et qu'alors la motte de gazon ne peut se resserrer assez bien : c'est un point auquel j'attache peu d'importance. Il n'y a pas de mal à ce que l'herbe nouvelle repousse, la première année, dans un sol un peu léger; elle y développera d'autant mieux ses racines et radicules. D'ailleurs, pendant cette première année, on peut raffermir suffisamment le terrain au moyen du grand rouleau; et, la seconde année, le chaume, tombé en pourriture, donne quelque engrais au sol et à l'herbage. — Les années suivantes, le sol se resserre assez bien de lui-même, selon la manière dont il se trouve composé. J'admets, cependant, qu'après avoir employé son terrain pendant deux ou trois années, comme terre labourable, et quand on l'a purgé, autant que cela était possible, de ce qu'il contenait d'aigre et d'acide, on peut bien faire le sacrifice d'une dernière récolte, soit d'avoine, soit d'orge ou de pommes de terre, et se borner à semer du foin, au mois de mars ou d'avril, dans un sol bien préparé et bien travaillé. J'avoue aussi que, ce foin croîtra d'une manière plus égale que le foin semé dans l'avoine ou dans l'orge; mais, cette première année, la quantité sera moindre.

ces inconvéniens au moyen de la division en planches de 3 ou 4 pas de largeur, séparées par des rigoles intermédiaires, larges d'un pied, et ayant un pied et demi de profondeur : je procurais ainsi à mon plant de pommes de terre le degré de sécheresse dont il avait besoin.

Il m'est arrivé de planter des pommes de terre, deux ou trois années de suite, dans les mauvaises prairies de cette espèce : la première année, avec un amendement de chaux; la seconde année, sans aucun engrais; la troisième, avec du fumier de cheval ou de vache. Au mois d'octobre, après la récolte des dernières pommes de terre plantées, on enlevait du sol toutes les mauvaises herbes, et je le faisais aplanir à la herse; après quoi, on y jetait les diverses espèces de meilleures semences de foin. S'il survenait une grande sécheresse ou une forte gelée qui fît périr une grande partie de l'herbe semée, au point que, la première année, ma récolte de foin ne fût que très médiocre, j'éprouvais une perte d'autant plus grande que je n'avais gagné pendant ce temps ni orge ni avoine; et les mauvaises herbes n'étaient pas moins abondantes qu'elles n'eussent été si j'avais semé le foin dans l'avoine ou dans l'orge ou dans le froment, selon que l'exigeait mon terrain. Mais une nouvelle épreuve, dans une autre année, donnait bientôt un résultat plus favorable; et cette dernière méthode, de semer le foin après la récolte des pommes de terre, n'est pas sans quelque avantage : bien entendu quand le sol n'est pas sujet à l'inondation; autrement les eaux des rivières et des sources entraîneraient l'herbe trop jeune et trop peu raffermie par sa racine.

Je pense bien que toutes les opérations indiquées ne plairont pas au même degré à tous les cultivateurs. Il est dans la nature de l'homme, et dans les habitudes surtout de la plupart des cultivateurs, de chercher des objections et des difficultés quand il s'agit d'expériences qu'ils n'ont pas encore faites. Il vaudrait mieux qu'ils eussent un peu plus de zèle et d'activité, un peu moins d'indolence, un goût moins prononcé pour la parcimonie mal entendue, et qu'ils voulussent écouter plus souvent la voix de l'expérience. Les opérations indiquées, si elles sont faites d'après les circonstances particulières qui appartiennent au sol, produisent incontestablement le meilleur effet sur les prairies où l'on essaie de pareils moyens d'amendement : il est également vrai, en général, que toutes les mauvaises terres, à mesure qu'on les travaille à la bêche, qu'on les laboure, qu'on les brise continuellement, gagnent chaque jour quelque chose ; les eaux pluviales s'y infiltrent avec plus de facilité, l'influence bienfaisante du soleil et de l'air atmosphérique s'y fait mieux sentir (1). Quand on sait comment à ces travaux il faut ajouter le secours d'un engrais convenable, et quand on continue pendant un petit nombre d'années la culture du sol, quoiqu'il paraisse bien ingrat, on finit par réveiller en lui les principes de fécondité, par l'animer et le forcer à répondre aux soins d'un propriétaire persévérant.

C'est ainsi que tant de terres, autrefois incultes, regardées en Flandre pendant long-temps comme trop mauvaises pour être cultivées, et que l'on abandonnait à la commune, afin de ne pas devoir payer les impôts fonciers, sont devenues enfin depuis et à force

---

(1) L'influence de l'air atmosphérique est un des points que M. van Aelbroeck a traités avec prédilection dans son *Agriculture pratique de la Flandre*. Voyez pages 75, 76, etc.

de travail, ou des champs bien cultivés, ou de bonnes prairies. Ceux qui possèdent parmi nous des terres de mauvaise qualité, ou des prairies improductives, devraient encourager leurs fermiers à y essayer des améliorations : quand même il faudrait soutenir ces entrèprises au moyen de secours pécuniaires, la spéculation serait encore bonne, et l'on se trouverait bientôt indemnisé par l'augmentation de valeur donnée à la propriété.

IMPRIMERIE DE Mme HUZARD (NÉE VALLAT LA CHAPELLE),
RUE DE L'ÉPERON-SAINT-ANDRÉ, N° 7.

Printed in Dunstable, United Kingdom

91220849R00278